建筑职业技能培训教材

木 工

（技师　高级技师）

建设部人事教育司组织编写

中国建筑工业出版社

图书在版编目（CIP）数据

木工（技师、高级技师）/建设部人事教育司组织编写.
北京：中国建筑工业出版社，2005
（建筑职业技能培训教材）
ISBN 978-7-112-07647-5

Ⅰ. 木… Ⅱ. 建… Ⅲ. 建筑工程-木工-技术培训-教材 Ⅳ. TU759.1

中国版本图书馆 CIP 数据核字（2005）第 131874 号

建筑职业技能培训教材
木　工
（技师　高级技师）
建设部人事教育司组织编写

*

中国建筑工业出版社出版、发行（北京西郊百万庄）
各地新华书店、建筑书店经销
霸州市顺浩图文科技发展有限公司制版
廊坊市海涛印刷有限公司印刷 *
开本：850×1168 毫米　1/32　印张：13　字数：347 千字
2006 年 1 月第一版　　2014 年 12 月第二次印刷
定价：**23.00** 元
ISBN 978-7-112-07647-5
（13601）

版权所有　翻印必究
如有印装质量问题，可寄本社退换
（邮政编码 100037）

本社网址：http://www.cabp.com.cn
网上书店：http://www.china-building.com.cn

本书根据建设部最新颁布的《职业技能标准、职业技能鉴定规范和职业技能鉴定试题库》，由建设部人事教育司组织编写。本书主要内容包括：建筑识图、建筑材料、力学知识、建筑结构、家具设计、水准测量、木结构工程、木装修工程、木模板工程、中国古建筑木工工艺、木雕刻、施工方案的编制与实施等。

本书可作为木工技师、高级技师培训教材，也可作为相关专业工程技术人员参考书。

* * *

责任编辑：朱首明　牛　松

责任设计：董建平

责任校对：李志瑛　张　虹

建设职业技能培训教材编审委员会

顾　　　问： 李秉仁
主任委员： 张其光
副主任委员： 陈　付　　翟志刚　　王希强
委　　　员： 何志方　　崔　勇　　沈肖励　　艾伟杰　　李福慎
　　　　　　　　杨露江　　阚咏梅　　徐　进　　于周军　　徐峰山
　　　　　　　　李　波　　郭中林　　李小燕　　赵　研　　张晓艳
　　　　　　　　王其贵　　吕　洁　　任予锋　　王守明　　吕　玲
　　　　　　　　周长强　　于　权　　任俊和　　李敦仪　　龙　跃
　　　　　　　　曾　葵　　袁小林　　范学清　　郭　瑞　　杨桂兰
　　　　　　　　董海亮　　林新红　　张　伦　　姜　超

出版说明

为贯彻落实《中共中央、国务院关于进一步加强人才工作的决定》精神,加快培养建设行业高技能人才,提高我国建筑施工技术水平和工程质量,我司在总结各地职业技能培训与鉴定工作经验的基础上,根据建设部颁发的木工等16个工种技师和6个工种高级技师的《职业技能标准、职业技能鉴定规范和职业技能鉴定试题库》组织编写了这套建筑职业技能培训教材。

本套教材包括《木工》(技师 高级技师)、《砌筑工》(技师 高级技师)、《抹灰工》(技师)、《钢筋工》(技师)、《架子工》(技师)、《防水工》(技师)、《通风工》(技师)、《工程电气设备安装调试工》(技师 高级技师)、《工程安装钳工》(技师)、《电焊工》(技师 高级技师)、《管道工》(技师 高级技师)、《安装起重工》(技师)、《工程机械修理工》(技师 高级技师)、《挖掘机驾驶员》(技师)、《推土铲运机驾驶员》(技师)、《塔式起重机驾驶员》(技师)共16册,并附有相应的培训计划和大纲与之配套。

本套教材的组织编写本着优化整体结构、精选核心内容、体现时代特征的原则,内容和体系力求反映建筑业的技术和发展水平,注重科学性、实用性、人文性,符合相应工种职业技能标准和职业技能鉴定规范的要求,符合现行规范、标准、新工艺和新技术的推广要求,是技术工人钻研业务、提高技能水平的实用读本,是培养建筑业高技能人才的必备教材。

本套教材既可作为建设职业技能岗位培训的教学用书,也可供高、中等职业院校实践教学使用。在使用过程中如有问题和建议,请及时函告我们。

建设部人事教育司
2005 年 9 月 7 日

前 言

建筑业作为国民经济的支柱产业，在社会主义现代化建设中发挥着越来越大的作用。随着我国建筑业的飞速发展，人们生活水平的提高，特别是改革开放以来，在建筑工人的努力下我国的城乡面貌发生着翻天覆地的变化。随着建筑业的发展，从业人员的增多，同时也明显体现出建筑工人队伍中的技术力量薄弱问题。据有关统计表明，时下建筑队伍中高、中、初级及初级以下等级的工人的比例与建设部要求的技术队伍中高、中、初级的比例相差甚远。为此，提高工人技术素质，对建筑大军进行职业教育是提高劳动者素质、"科教兴国"的十分重要的措施和当务之急。

本教材是依据建设部新颁的《建设行业职业技能标准》和《建设职业技能岗位鉴定规范》，主要对象是技师和高级技师而编写。主要内容有：建筑制图与识图知识；建筑材料知识；建筑结构和建筑力学一般知识；人体工程学与家具设计的知识；水准测量的方法；木结构工程；木装修工程；木模板工程；古建筑工程；木雕刻工艺；工程施工方案编制的相关内容等。

本教材虽为技师以上等级编写，但针对目前建筑施工操作人员参与技术培训学习较少，技术素质相对偏低，所以本教材有些内容则从较初步的知识点起步，逐步升高，以使学习者便于理解。本教材亦可作为高、中级工人学习的参考书；经删减某些难点后，又可作为高级技工培训学习之用。

由于编者水平有限，如有不当之处，望业内人士提出宝贵意见，进一步提高本教材水平，以利职业培训事业发展。

目 录

一、建筑制图与识图基础 ……………………………………… 1
 （一）建筑制图知识 ………………………………………… 1
 （二）投影的基本原理 ……………………………………… 13
 （三）正投影的特性 ………………………………………… 16
 （四）三面正投影图 ………………………………………… 19
 （五）建筑工程图的分类与阅读 …………………………… 23
 （六）图纸会审 ……………………………………………… 44
 复习思考题 …………………………………………………… 46

二、建筑材料 ……………………………………………………… 47
 （一）建筑材料的基本性质 ………………………………… 47
 （二）胶凝材料 ……………………………………………… 62
 （三）木材 …………………………………………………… 78
 （四）建筑用钢材 …………………………………………… 82
 （五）钢筋混凝土 …………………………………………… 88
 复习思考题 …………………………………………………… 89

三、力学知识 ……………………………………………………… 92
 （一）力与力学在工程中的应用 …………………………… 92
 （二）平面力系与力矩、力偶 ……………………………… 97
 （三）桁架内力计算与内力分析 …………………………… 107
 复习思考题 …………………………………………………… 114

四、建筑结构 ……………………………………………………… 115
 （一）建筑结构与荷载 ……………………………………… 115
 （二）钢筋混凝土受弯构件 ………………………………… 116
 （三）钢筋混凝土受压构件 ………………………………… 124

（四）砌体结构 …………………………………………… 126
　　　复习思考题 ……………………………………………… 132
五、家具设计的基础知识 ………………………………………… 133
　　　（一）古典家具简介 ……………………………………… 133
　　　（二）人体工程学与家具功能的设计 …………………… 141
　　　（三）人体工程学在家具设计上的应用 ………………… 146
　　　（四）色彩在家具设计中的作用 ………………………… 153
　　　（五）家具的造型 ………………………………………… 156
六、水准测量 ……………………………………………………… 170
　　　（一）水准仪的使用和维修 ……………………………… 170
　　　（二）一般工程的抄平放线 ……………………………… 181
　　　（三）皮数杆制作与测设 ………………………………… 184
七、木结构工程 …………………………………………………… 186
　　　（一）大跨度木屋架的制作、安装 ……………………… 186
　　　（二）马尾屋架的制作、安装 …………………………… 198
　　　（三）屋面木基层制作 …………………………………… 206
　　　复习思考题 ……………………………………………… 214
八、木装修工程 …………………………………………………… 215
　　　（一）木地板工程 ………………………………………… 215
　　　（二）木花格隔断施工技术 ……………………………… 235
　　　（三）装饰墙板、隔声门、木柱、微薄木施工技术 …… 240
　　　（四）异形窗扇的制作 …………………………………… 254
　　　（五）护墙板、门窗贴脸板、筒子板的制作 …………… 263
　　　（六）木楼梯 ……………………………………………… 268
　　　复习思考题 ……………………………………………… 277
九、木模板工程 …………………………………………………… 278
　　　（一）模板设计基本知识 ………………………………… 278
　　　（二）模板的施工方法 …………………………………… 284
　　　（三）组合钢模板 ………………………………………… 315
十、中国古建筑木工工艺 ………………………………………… 323

（一）古建筑的构造方式 …………………………… 323
　　（二）古建筑木工工艺的基本知识 …………………… 328
　　（三）斗栱 …………………………………………… 343
　　（四）隔扇 …………………………………………… 357
　　（五）挂落 …………………………………………… 361
　　（六）六角亭的木作施工 …………………………… 363
　　复习思考题 …………………………………………… 377
十一、木雕工艺 ………………………………………… 378
　　（一）木雕的分类 …………………………………… 378
　　（二）木雕作品的构思 ……………………………… 381
　　（三）木工雕刻的艺术 ……………………………… 383
　　（四）木雕制作工艺顺序和技巧 …………………… 388
十二、施工方案的编制与实施 ………………………… 390
　　（一）施工组织设计与现场施工准备 ……………… 390
　　（二）建筑工程定额与预算 ………………………… 398
　　（三）木作工程施工方案的编制 …………………… 402
参考文献 ………………………………………………… 404

一、建筑制图与识图基础

(一) 建筑制图知识

建筑工程中,无论是建造工厂、商住楼、学校或其他建筑物,都要根据图纸施工。工程图纸是不可缺少的重要技术文件,是表达和交流技术思想的重要工具。因此,工程图样被喻为"工程师的语言"。

为了使工程图纸达到统一,符合施工要求和便于交流,我国颁布了《房屋建筑制图统一标准》,并于 2001 年修订为《房屋建筑制图统一标准》(GB/T 50001—2001),自 2002 年 3 月 1 日起实施。

1. 图幅、图线、比例

(1) 图幅

图幅的规格见表 1-1。

图幅规格　　　　　　　表 1-1

基本图幅代号	A0	A1	A2	A3	A4
$b \times L$	841×1189	594×841	420×594	297×420	210×297
c			10		5
a			25		

注:b—图幅短边;L—图幅长边;单位是 mm。

图纸幅面如图 1-1 所示。

图纸的标题栏应放在图纸右下角,如图 1-2 所示。图纸会签

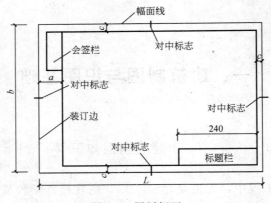

图 1-1 图纸幅面

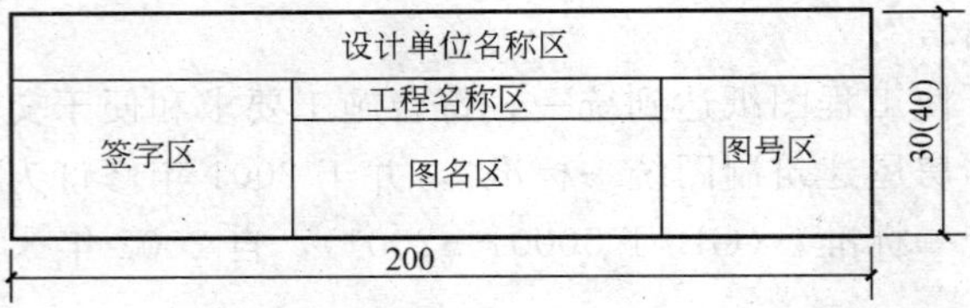

设计单位名称区		
签字区	工程名称区	图号区
	图名区	

图 1-2 标题栏

栏应竖放在图纸左上角,如图 1-3 所示。

图 1-3 会签栏

(2) 图线

为了清楚地表达图纸中的内容,在工程图中使用不同的线型，见表1-2。

图 线 表1-2

名称		线型	线宽	一般用途
实线	粗	———————	b	主要可见轮廓线
	中	———————	$0.5b$	可见轮廓线
	细	———————	$0.25b$	可见轮廓线、图例线
虚线	粗	- - - - - - -	b	见各有关专业制图标准
	中	- - - - - - -	$0.5b$	不可见轮廓线
	细	- - - - - - -	$0.25b$	不可见轮廓线、图例线
单点长画线	粗	—·—·—·—	b	见各有关专业制图标准
	中	—·—·—·—	$0.5b$	见各有关专业制图标准
	细	—·—·—·—	$0.25b$	中心线、对称线等
双点长画线	粗	—··—··—	b	见各有关专业制图标准
	中	—··—··—	$0.5b$	见各有关专业制图标准
	细	—··—··—	$0.25b$	假想轮廓线、成型前原始轮廓线
折断线		～	$0.25b$	断开界线
波浪线		∽∽∽	$0.25b$	断开界线

（3）比例

比例是指图中图形与实物尺寸之比。比例的大小即比值的大小，1∶1叫原比例，比值大于1的比例称之为放大比例，比值小于1的比例称为缩小比例。建筑施工图中常用的比例见表1-3。

绘图所用比例 表1-3

图名	比例
常用比例	1∶1、1∶2、1∶5、1∶10、1∶20、1∶50、1∶100、1∶150、1∶200、1∶500、1∶1000、1∶2000、1∶5000、1∶10000、1∶20000、1∶50000、1∶100000、1∶200000
可用比例	1∶3、1∶4、1∶6、1∶15、1∶25、1∶30、1∶40、1∶60、1∶80、1∶250、1∶300、1∶400、1∶600

2. 尺寸标注

图中尺寸是施工的依据，因此，标注尺寸必须认真、细致，书写清楚，正确无误。否则，会给施工造成困难和损失。

(1) 尺寸的组成

尺寸标注是由尺寸线、尺寸界限、尺寸起止符号和尺寸数字四部分组成，如图1-4所示。

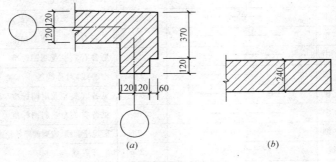

图1-4 尺寸标注

(2) 尺寸数字的标注

尺寸数字的标注与方向，如图1-5、图1-6所示。

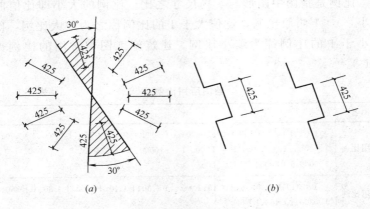

图1-5 尺寸数字的标注方向

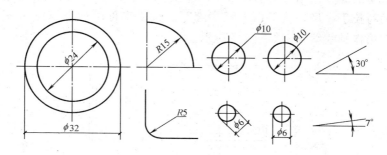

图 1-6　直径、半径、角度的标注

3. 标高、定位轴线

（1）标高

标高是表明建筑物以某点为基准的相对高度。标高有两种：

1）绝对标高：它是以我国青岛黄海平均海平面作为标高零点，由此而引出的标高，称为绝对标高。

2）相对标高：标高基准面是根据工程需要而自行选定的称为相对标高。建筑上一般把房屋底层室内地坪面定为相对标高的零点（±0.000）。

标高符号的具体画法为一等腰三角形，高约 3mm，尖端可向上或向下，如，总平面图上的绝对标高则用涂黑的三角形表示，标高数字应以米为单位，注写到小数点后三位。在总平面图中，可注写到小数点后二位。零点标高写成±0.000，正数标高前不需标注"＋"，负数标高前应注"－"，如－3.000、－2.400等。

（2）定位轴线

定位轴线用以表示建筑物的主要结构或墙体的位置的线，也是建筑物定位的基准线。定位轴线应编号，编号注写在轴线端部的圆圈内。定位轴线用细点划线绘制，圆圈用细实线绘制，直径8mm。平面图上定位轴线的编号，宜标注在图样的下方或左侧。

横向的编号应用阿拉伯数字,从左至右顺序编写;竖向编号应用大写拉丁字母,从下向上顺序编写。拉丁字母中的I、O、Z不得用作轴线编号,如图1-7所示。

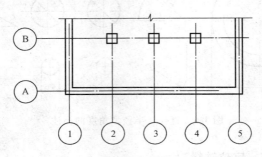

图1-7 定位轴线编号顺序

4. 各种常见符号、代号、图例

(1) 各种常见符号
常见符号见表1-4。

各种常见符号　　　　　　　　表1-4

符号名称	符号标志	说　　明
剖面剖切符号	建施-5 (图示)	由剖切位置线及剖视方向线组成,均应以粗实线绘制,编号应注写在剖视方向的端部
断(截)面剖切符号	结施-8 (图示)	只用剖切线位置表示,以粗实线绘制,编号应注写在剖切位置的一侧,并为该断(截)面的剖视方向

6

续表

符号名称		符号标志	说明
索引符号	详图在本张图纸上	 ⑤/—	上半圆中数字系该详图的编号;下半圆中的一横代表在本张图纸上
	详图不在本张图纸上	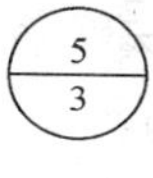 ⑤/3	上半圆中的数字系该详图编号;下半圆中的数字系该详图所在图纸的编号
	详图在标准图上	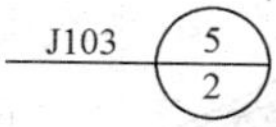 J103 ⑤/2	圆圈内数字同上,在水平直径延长线上标注的数字为标准图册的编号
	索引剖面图	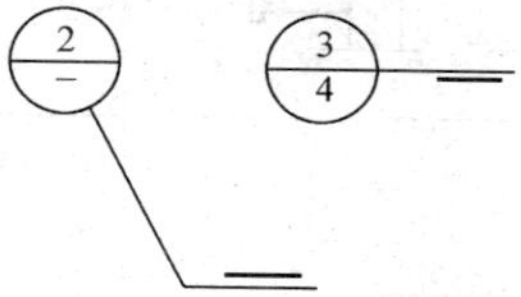 ②/— ③/4	以引出线引出索引符号,引出线所在的一侧应为剖视方向
详图符号	详图与被索引的图样在同一张图纸内	 ⑤	圆内数字标注详图的编号
	详图与被索引的图样不在同一张图纸内	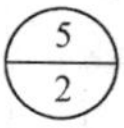 ⑤/2	上半圆注明详图的编号,下半圆注明被索引图样的图纸编号
引出线	文字说明引出线	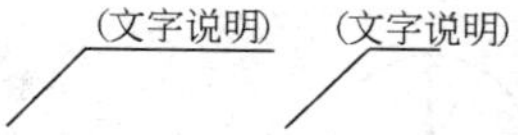 (文字说明) (文字说明)	文字说明标注在横线上方或尾部
	索引详图引出线	 12/5	引出线对准符号圆心
	同时引出几个相同部位的引出线	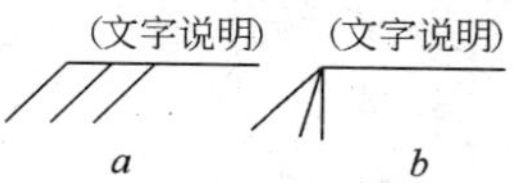 (文字说明) (文字说明) a b	可平行,也可一点反射引出,文字说明标注在上方

7

续表

符号名称		符号标志	说 明
引出线	多层构造引出线	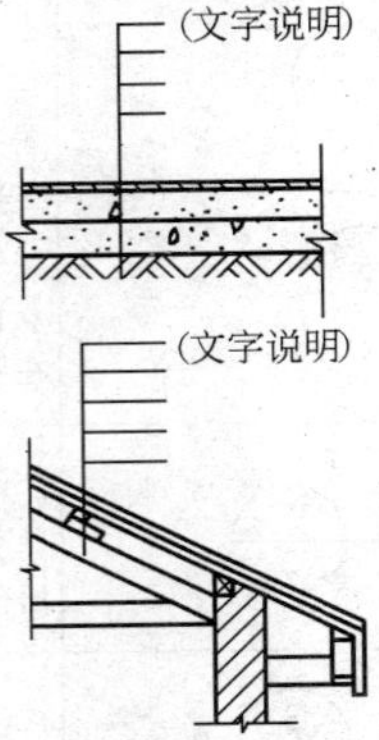 (文字说明)	多层共同引出线应通过被引出的各层,说明顺序应由上至下,并与被说明的层次相互一致
	对称符号		表示两侧的部位,其状态、尺寸完全对称,只需画出一半即可
	连续符号	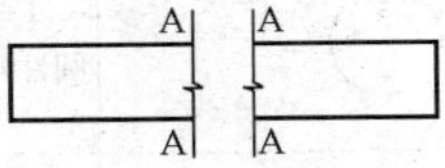 A A A A	以折断线表示需要连接的部位。两个被连接的图样,必须用相同的字母编号
	指北针		一般出现在总平面图和平面图中,用以表示场地的方向或示意建筑物的朝向

(2) 常见构件代号

常见构件代号见表 1-5。

(3) 建筑材料图例

常用建筑材料图例见表 1-6。

常见构件代号　　　　　　　　表 1-5

序号	名称	代号	序号	名称	代号
1	板	B	22	屋架	WJ
2	屋面板	WB	23	托架	TJ
3	空心板	KB	24	天窗架	CJ
4	槽形板	CB	25	框架	KJ
5	折板	ZB	26	刚架	GJ
6	密肋板	MB	27	支架	ZJ
7	楼梯板	TB	28	柱	Z
8	盖板或沟盖板	GB	29	基础	J
9	挡雨板或檐口板	YB	30	设备基础	SJ
10	吊车安全走道板	DB	31	桩	ZH
11	墙板	QB	32	柱间支撑	ZC
12	天沟板	TGB	33	垂直支撑	CC
13	梁	L	34	水平支撑	SC
14	屋面梁	WL	35	梯	T
15	吊车梁	DL	36	雨篷	YP
16	圈梁	QL	37	阳台	YT
17	过梁	GL	38	梁垫	LD
18	连系梁	LL	39	预埋件	M
19	基础梁	JL	40	天窗端壁	TD
20	楼梯梁	TL	41	钢筋网	W
21	檩条	LT	42	钢筋骨架	G

常用材料图例　　　　　　　　表 1-6

序号	名称	图例	备注
1	自然土壤		包括各种自然土壤
2	夯实土壤		
3	砂、灰土		靠近轮廓线绘较密的点
4	砂砾石、碎砖三合土		
5	石材		

续表

序号	名称	图例	备注
6	毛石	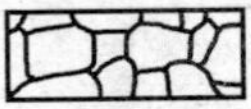	
7	普通砖	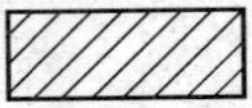	包括实心砖、多孔砖、砌块等砌体。断面较窄不易绘出图例线
8	耐火砖		包括耐酸砖等砌体
9	空心砖	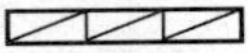	指非承重砖砌体
10	饰面砖		包括铺地砖、马赛克、陶瓷锦砖、人造大理石等
11	焦渣、矿渣		包括与水泥、石灰等混合而成的材料
12	混凝土	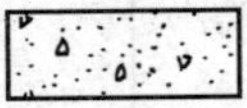	1. 本图例指能承重的混凝土及钢筋混凝土 2. 包括各种强度等级、骨料、添加剂的混凝土 3. 在剖面图上画出钢筋时,不画图例线 4. 断面图形小,不易画出图例线时,可涂黑
13	钢筋混凝土		
14	多孔材料		包括水泥珍珠岩、沥青珍珠岩、泡沫混凝土、非承重加气混凝土、软木、蛭石制品等
15	纤维材料	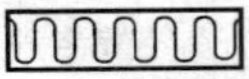	包括矿棉、岩棉、玻璃棉、麻丝、木丝板、纤维板等
16	泡沫塑料材料	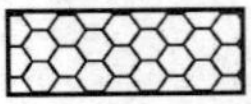	包括聚苯乙烯、聚乙烯、聚氨酯等多孔聚合物类材料
17	木材		1. 上图为横断面,上左图为垫木、木砖或木龙骨 2. 下图为纵断面
18	胶合板		应注明为×层胶合板

续表

序号	名称	图例	备注
19	石膏板		包括圆孔、方孔石膏板、防水石膏板等
20	金属		1. 包括各种金属 2. 图形小时,可涂黑
21	网状材料		1. 包括金属、塑料网状材料 2. 应注明具体材料名称
22	液体		应注明具体液体名称
23	玻璃		包括平板玻璃、磨砂玻璃、夹丝玻璃、钢化玻璃、中空玻璃、加层玻璃、镀膜玻璃等
24	橡胶		
25	塑料		包括各种软、硬塑料及有机玻璃等
26	防水材料		构造层次多或比例大时,采用上面图例
27	粉刷		本图例采用较稀的点

注:序号1、2、5、7、8、13、14、16、17、18、22、23图例中的斜线、短斜线、交叉斜线等一律为45°

(4) 建筑构件及配件图例

常用建筑构件及配件图例见表1-7。

常用建筑构件及配件图例　　表1-7

序号	名称	图例	说明
1	隔墙		1. 包括板条抹灰、木制、石膏板、金属材料等隔断 2. 适用于到顶与不到顶隔断

11

续表

序号	名称	图例	说明
2	检查孔	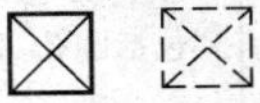	左图为可见检查孔；右图为不可见检查孔
3	孔洞	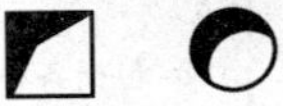	
4	通风道	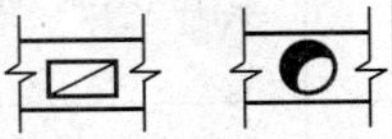	
5	空门洞		
6	单扇门（包括平开或单面弹簧）	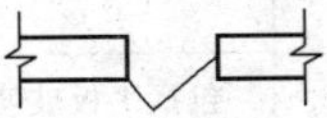	1. 门的名称代号用 M 表示 2. 剖面图上左为外、右为内，平面图上下为外、上为内 3. 立面图上开启方向线交角的一侧为安装合页的一侧，实线为外开，虚线为内开 4. 平面图上的开启弧线及立面图上的开启方向线在一般设计图上不需表示，仅在制图上表示 5. 立面形式应按实际情况绘制
7	双扇门（包括平开或单面弹簧）		
8	单扇双面弹簧门	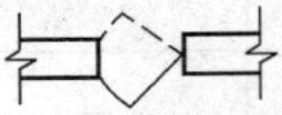	
9	双扇双面弹簧门	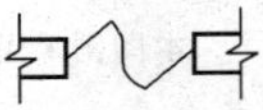	
10	单层固定窗	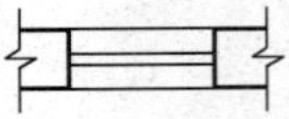	1. 窗的名称代号用 C 表示 2. 立面图中的斜线表示窗的开关方向，实线为外开，虚线为内开；开启方向线交角的一侧为安装合页的一侧，一般设计图中可不表示 3. 剖面图上左为外、右为内，平面图上下为外、上为内 4. 平、剖面图上的虚线仅说明开关方式，在设计图中不需表示 5. 窗的立面形式应按实际情况绘制
11	单层外开平开窗	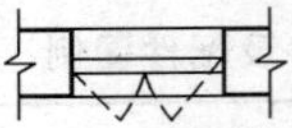	
12	百叶窗	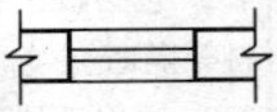	

（二）投影的基本原理

我们看到的用照片或绘画的方法来表现物体，其形象都是立体的，如图1-8所示。这种图和我们看实际物体所得到的印象比较一致，物体近大远小，很容易看懂。但是，这种图不能把物体的真正尺寸、形状准确地表示出来，不能全面地表达设计意图，不能指导施工。

图1-8　某住宅楼

建筑工程的图纸，大多是采用正投影的方法，用几个图综合起来表示一个物体，这种图能准确地反映物体的真实形状和大小，如图1-9所示。投影原理是绘制正投影图的基础。

投影原理来源于生活。光线照射物体，在地面或墙面上就会出现影子，当光源中心的位置改变时，影子的形状、位置也随之改变，我们从这些现象中可以认识到光源、物体和影子之间存在着一定的联系，可以总结出它们的基本规律。

如图1-10所示，灯光照射地面，在地面上就会出现影子，

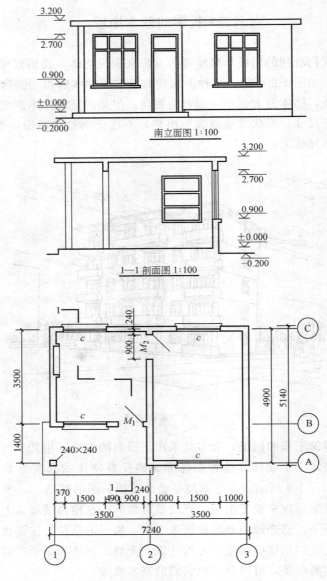

图 1-9 用正投影图表示建筑物

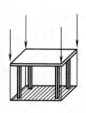

图 1-10　影子大小与光源的关系

影子比桌面大。如灯的位置在桌面正中上方，则它与桌面距离越远，影子就愈接近桌面的实际大小。如我们假想用一束垂直于地面和桌面的平行光照射桌面，地面上就会出现和桌面大小相等的影子，如图 1-11b 所示。所以说，影子是可以反映物体的大小和外形的。

物体的影子只是灰黑的轮廓，不能反映物体上的内部情况〔图 1-11 (a)、(b)〕。如果假设按规定方向射来的光线能透过物体，这样影子不但能反映物体的外形，同时也能反映物体上部和内部的情况，这样形成的影子就称为投影〔图 1-11 (c)、(d)〕。我们把表示光源的线称为投射线，把落影平面称为投影面，把所产生的影子称为投影图。

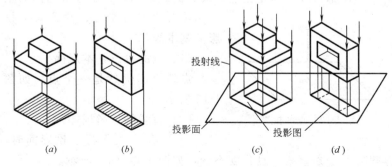

图 1-11　物体的影子与投影

用投影表示物体的方法称为投影法，简称投影。投影分为中心投影和平行投影两大类。由一点放射光源所产生的投影称为中心投影，如图 1-12（a）所示；由相互平行的投射线所产生的投影称为平行投影。平行投影又分为斜投影（图 1-12b）和正投影（图 1-12c）。一般的工程图纸都是用正投影的方法绘制出来的。

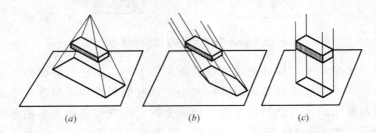

图 1-12　中心投影、斜投影、正投影示意
（a）中心投影；（b）斜投影；（c）正投影

（三）正投影的特性

1. 点、线、面正投影的基本规律

物体都可以看作是由点、线、面组成的，为了理解物体的正投影，首先要分析点、线、面正投影的基本规律。

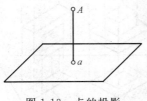

图 1-13　点的投影

（1）点的投影基本规律

点的投影仍然是一个点，如图 1-13 所示。

（2）直线的投影规律

1）一条直线平行于投影面时，其投影是一条直线，且长度不变，如图 1-14（a）所示。

2）一条直线倾斜于投影面时，其投影是一条直线，但长度缩短,如图1-14（b）所示。

3）一条直线垂直于投影面时,其投影是一个点,如图1-14（c）所示。

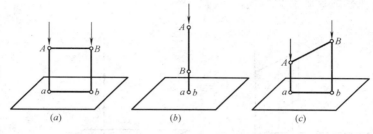

图1-14 直线的投影

(3) 平面的投影规律

1）一个平面平行于投影面时,其投影是一个平面且反映实形,如图1-15（a）所示。

2）一个平面倾斜于投影面时,其投影是一个平面但面积缩小,如图1-15（c）所示。

3）一个平面垂直于投影面时,其投影是一条直线,如图1-15（b）所示。

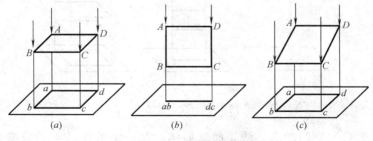

图1-15 平面的投影

2. 投影的积聚与重合

(1) 一个面与投影面垂直,其正投影为一条线。这个面上的任意一点、线或其他图形的投影也都积聚在这条线上（图1-16a）；一条直线与投影面垂直，它的正投影成为一个点，这条线上的任意一点的投影也都落在这一点上［图1-16（b）］。这种特性称为投影的积聚性。

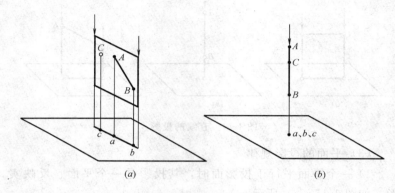

图1-16 投影的积聚

（2）两个或两个以上的点、线、面的投影叠合在同一投影面上，叫投影的重合性，如图1-17所示。

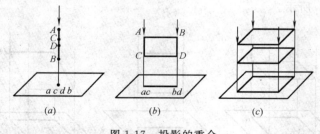

图1-17 投影的重合

（3）空间的点、线、面或形体，在一定的条件下，只要确定了投影方向和投影面的位置就可以有完全确定的投影；但反过来说，如果只根据它们的一个投影，却不能确定点、直线、平面或形体在空间的位置和形状，此道理参照图1-17就不难理解。

(四)三面正投影图

1. 形体的单面投影

如用一长方体为投影物(图1-18a),于其下部设有一投影面,由上向下做水平投影,该投影面称为水平投影面(图1-18b),该平面记为 H 面。而得到的投影称为水平投影,简称 H 投影(图1-18c)。

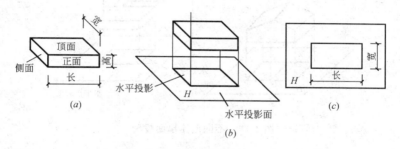

图1-18 形体单面投影

H 投影只能反映物体的长度和宽度,而不能反映物体的高度。由于某些物体的形体虽然不同,但其某一投影却相同,如图1-19所示。故单面投影不能确切反映空间物体的形状和大小。

2. 形体的三面投影

单面投影不能确切反映空间形体的形状和大小,有些形体用两个投影即能确切地表现形体的形状和大小(如圆柱体、圆锥体),但大多数形体均需至少三个方向的投影才能确切地表现出形体的真实形状和大小。

三面投影是从三个不同方向全面地反映出形体的顶面、正面和侧面的形状和大小。即以物体的单面投影面(H 面)为基础,

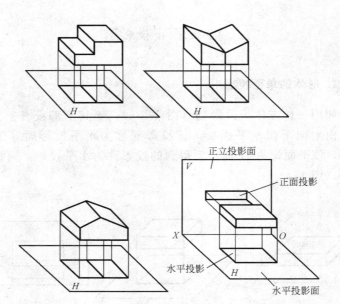

图 1-19　不同形体单面投影

增加一个与 H 面垂直且与形体正面相平行及增加一个与 H 面相垂直且与形体侧面相平行的两个平面。用这样形成的每相邻的两个平面相垂直的三个平面，围就的三维空间作为物体的三个投影面。平行于形体正面的投影称正立投影面，简称立面，记为 V 面；平行于形体侧面的投影称侧立投影面，简称侧面，记为 W 面。这样就得到形体的三面正投影。如图 1-20 所示。H 面与 V 面相交的投影轴用 X 表示，简称 X 轴；W 面与 H 面相交的投影轴用 Y 表示，简称 Y 轴；W 面与 V 面相交的投影轴用 Z 表示，简称 Z 轴。X、Y、Z 轴分别表示形体长、宽、高三个方向的尺度，其交点称为原点。三个投影面也可看作是坐标面，投影轴就相当于坐标轴，其中 OX 轴就是横坐标轴，OY 轴就是纵坐标轴，OZ 轴就是竖坐标袖。三个轴的交点。就是坐标原点。

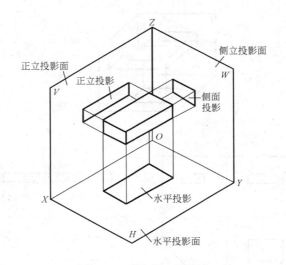

图 1-20　形体的三面投影

3. 三面正投影图的展开

作为三维空间的投影不方便施工，为得到在同一平面上的施工图，将投影面展开在同一平面上。方法是将 OY 轴一分为二，为 OY_H 轴和 OY_W 两轴。再分别以 OX 轴为轴心将 H 面向下旋转 $90°$，再由 Y 以 OZ 轴为轴心向后旋转 $90°$。即得到在一个平面上的三个投影面。如图 1-21 所示。

4. 三面投影的特点

（1）正立投影反映形体的长度、高度和形体上、下、左、右关系；水平投影反映形体长度、宽度和形体前、后、左、右关系；侧立投影反映形体高度、宽度和形体上、下、前、后关系。

（2）正立投影和水平投影都反映形体的长度，因此，这两个投影在沿长度方向应左右对正，称为"长对正"；正立投影和侧立投影都反映形体的高度，所以，这两个投影在高度方向要上下

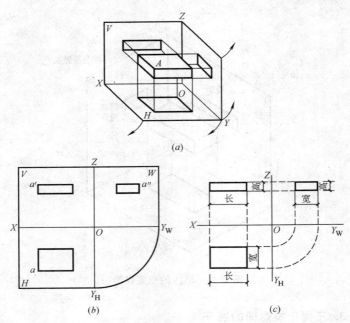

图 1-21 三面投影的展开

平齐,称为"高平齐";水平投影和侧立投影都反映形体的宽度,故这两个投影在宽度方向应等宽,称为"宽相等"。

(3) 长对正、高平齐、宽相等称为三视图的"三等关系",是三面投影的重要原则,也是检测投影正确与否的依据。

5. 三面投影图的绘制步骤

(1) 首先画出两条垂直相交的十字线作为投影轴,如图1-22 (a) 所示;

(2) 由 O 点向斜下方作与 Y_H 轴呈 45°角的一斜线;

(3) 先依投影原理作 H 面(或 V 面投影);

(4) 再依投影的三等关系(V 面投影与 H 面投影画过渡线控制等长)作 V 面投影(或 H 面投影);

(5) 最后作 W 面投影, V 面与 W 面等高做水平控制过渡线；H 面与 W 面的等宽过渡线先水平，遇斜线后折转向上作垂直过渡线，如图 1-22（b）、图 1-22（c）所示；

（6）投影为中实线，过渡线使用细实线。

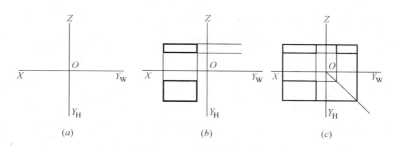

图 1-22 三面投影图绘制

（五）建筑工程图的分类与阅读

1. 建筑工程图的分类

（1）建筑工程图的分类和顺序

建筑工程图是一整套图纸，其依专业不同可分为：建筑施工图（简称"建施"），结构施工图（简称"结施"），给排水施工图（简称"水施"），暖气通风施工图（简称"暖施"），电器照明施工图（简称"电施"）。其各专业图内又分为基本图和详图两部分。基本图表示全局性的内容，详图表示某些构配件和局部节点构造等的详细情况。

（2）施工图一般的编排顺序

一套施工图由各个专业几张、几十张甚至几百张图纸组成。为了识读方便，应按首页图（包括图纸目录、施工总说明、材料做法表等）、总平面图、建筑施工图、结构施工图、给排水施工图、采暖通风施工图、电气施工图等顺序来编排。各专业施工图应按图纸内容的主次关系来排列，如，基础图在前，详图在后；

总体图在前，局部图在后；主要部分在前，次要部分在后；先施工的图在前，后施工的图在后等。

（3）施工图的识图方法

识读整套图纸时，应按照"总体了解、顺序识读、前后对照、重点细读"的读图方法。

1）总体了解。一般是先看目录、总平面图和施工总说明，可以大致了解工程的概况，如：工程设计单位、建设单位、新建房屋的位置、周围环境、施工技术要求等。对照目录检查图纸是否齐全，采用了哪些标准图并备齐这些标准图。然后看建筑平、立、剖面图，大体上想像一下建筑物的立体形象及内部布置。

2）顺序识读。在总体了解建筑物的情况以后，根据施工的先后顺序，从基础、墙体（或柱）结构平面布置、建筑构造及装修的顺序、仔细阅读有关图纸。

3）前后对照。读图时，要注意平面图、剖面图对照读、土建施工图与设备施工图对照读，做到对整个工程施工情况及技术要求心中有数。

4）重点细读。根据工种的不同，将有关专业施工图的重点部分再仔细读一遍，将遇到的问题记录下来，并及时向设计部门反映。对于木工人员，要重点了解墙的厚度，门窗洞口的位置、尺寸、编号以及门窗的开启方向，在门窗表中了解各种门窗的编号、高宽尺寸、樘数，了解楼梯的布置等。

识读一张图纸时，应按由外向里看，由大到小看，由粗至细看，图样与说明交替看，有关图纸对照看的方法。重点看轴线及各种尺寸关系。

2．施工图的阅读

（1）查看图纸目录

图纸目录起到组织编排图纸的作用。从图纸目录可以看出该工程是由哪些专业图纸组成，每张图纸的图别编号和页数，以便于查阅。

(2) 建筑总平面图的阅读

了解新建工程的性质与总平面布置，了解各建筑物及构筑物的位置、道路、场地和绿化等布置情况以及各建筑物的层数等。明确新建筑工程或扩建工程的具体位置以及新建房屋底层室内地面和室外整平地面的绝对标高。

(3) 建筑平面图的阅读

建筑平面图是表达建筑物各层平面形状和布置的图。图1-23是某职工宿舍的底层平面图。平面图上指北针方向表明建筑物方位是上北下南的位置，主要出入口放在南面，底层平面布置主要是宿舍、盥洗、厕所以及楼梯、走道。从轴线看，①～②轴属于宿舍的公共卫生设施，③～⑨轴是南北12间宿舍，②～③轴靠北面设楼梯，供上楼使用。

由于底层平面图是从底层窗台上方的水平剖切，所以楼梯段只画出第一段楼梯的下半部分并用折断线折断。图中"上20步"是指从底层到二层这两个楼梯段共有20级踏步，"详建施11"表示详见楼梯详图第11张建筑施工图。

底层室内平面标高为±0.000，厕所，盥洗室为−0.020，箭头表示泛水坡度方向。底层室外标高为−0.300，说明室内外高差为0.30m。平面图上大厅进口处的二根细线，表示有二级踏步。底层平面图上 $\frac{1}{9}$、$\frac{2}{10}$ 是指花栅、花台的细部构造，用详图索引标志，将它们索引到其他图纸中详细绘出。如 $\frac{1}{9}$ 表示该详图在建施第9张中的第1详图。

从图中可看出，底层的砖墙厚度为240mm，还可以看出各种门窗的布置，门窗的尺寸、门窗的编号，一般用门窗表列出。图中还表示了室外散水及水落管的位置及做法。平面图上④～⑤轴中的"Ⅰ—Ⅰ"，表示在此位置有剖切面，并且剖切后向右投影。

在建筑平面图中，外墙尺寸有三道，最外边的一道叫外包尺寸，表明建筑物的总长和总宽（轴线间距离），中间一道是轴线

25

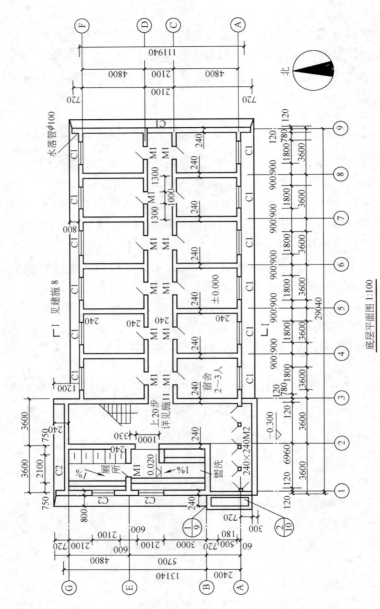

图 1-23　某宿舍楼底层平面图

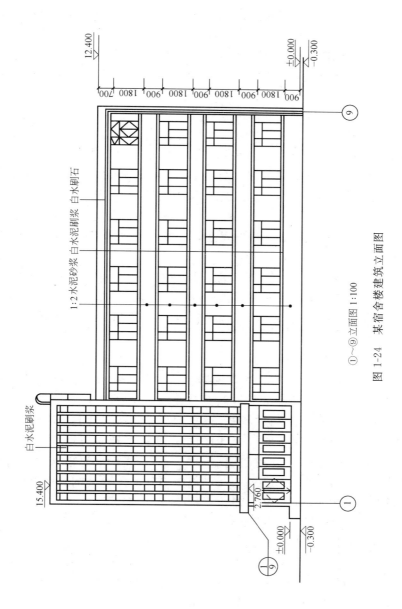

图 1-24 某宿舍楼建筑立面图

尺寸，表明开间和进深的大小，最里面一道是门窗洞口和墙垛尺寸，是砌墙和安装门窗的主要依据。其他各层平面图的表示方法和底层平面图的表示方法基本相同，在二层平面图上应画出底层进出口处的雨篷，其次，楼梯段的表达情况和底层相比也有些不同。

(4) 建筑立面图的阅读

建筑立面图是平行于建筑物各墙面的正投影图。它用来表示建筑物的体型和外貌，并表示外墙面装饰情况。图 1-24 表示某宿舍的南立面图，是该宿舍的主要立面图。识读时，可将该立面图与平面图对照，可看出建筑物南立面的基本情况。立面图上画有门窗、台阶、雨篷、花隔栅、上高跨屋面的钢爬梯，还标注着各部分的用料及立面的装饰做法，一般可用文字说明。较复杂的装饰要结合详图一同阅读。

立面图上的尺寸一般用标高标注，如檐口标高，女儿墙标高，雨篷标高，腰线标高，门窗洞口顶及窗台标高，台阶及室外地面标高等。看立面图时，要注意轴线的排列方向以免混淆了立面图的方向。

(5) 建筑剖面图的阅读

看剖面图主要是了解建筑物的结构形式和分层情况。从图 1-25 剖面图可以看到，该建筑共分四层，每层高 3.0m，图中还标注出底层地面所用材料及做法。如素土夯实、C10 混凝土厚 60mm、面层砂浆厚 20mm。图中二三四层楼地面为预应力空心板，厚≥110mm，板底刮缝刷白，上抹 1∶2 水泥砂浆 20mm 厚。顶层做法为预应力空心板，厚≥110mm，板底刮缝刷大白；板上浇筑 80mm 厚矿渣混凝土，抹 1∶2 水泥砂浆 20mm 厚找平层。其上做二毡三油防水层，撒豆石。

(6) 楼梯详图的阅读

楼梯详图一般由楼梯平面图、剖面图和节点详图组成。楼梯详图分建筑详图与结构详图。楼梯详图主要表示楼梯的类型、结构形式及梯段、栏杆扶手、防滑条、底层起步梯级等的详细构造

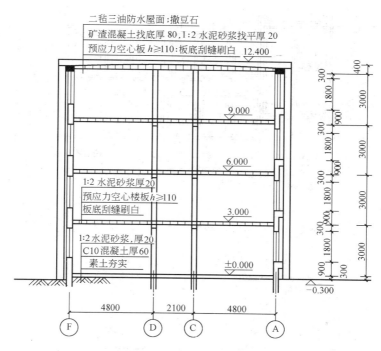

图 1-25 某宿舍楼建筑剖面

方式、尺寸和材料。

（7）结构施工图的阅读

1）基础图。基础图是结构施工图纸中的主要图纸之一，包括基础平面图、剖面图和文字说明三部分。图 1-26 为某宿舍基础图。看基础图应先看基础平面图，如图 1-26（a）所示。当采用条形基础时，平面图中的粗线表示基础墙的边缘线，两边的细线表示基础宽度的边缘线。平面图中的轴线表明墙、柱与轴线间的关系，是施工放线的重要依据。

从图 1-26（a）可知，该基础平面图中有 1—1、2—2 两个剖面，表示了基础的类型、尺寸、做法和材料，如图 1-26（b）所示。在读基础详图时，应注意详图编号，墙厚与轴线的关系，大

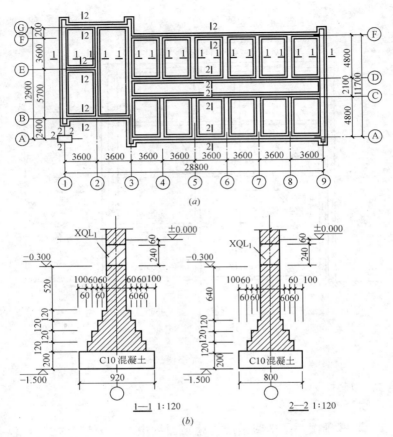

图 1-26 某宿舍基础图
(a) 基础平面图（1：100）；(b) 基础详图

放脚形式与尺寸，垫层材料的尺寸，基底标高，室内外地面标高，防潮层做法和位置等。

2) 楼层结构平面布置图。楼层结构图包括结构布置图和构件图，有时还有构件统计表和文字说明书。看结构布置图要搞清楼层结构的做法和各种构件之间的关系。以钢筋混凝土楼盖为例，要分清哪些部分是现浇，哪些部分是预制的，现浇部分的配

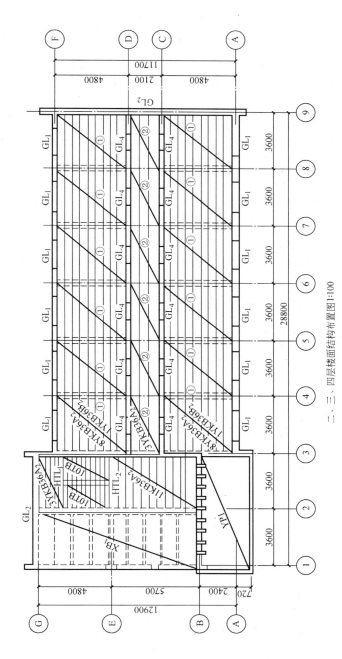

图 1-27 二三四层楼面结构布置图

筋、厚度，预制构件的型号和数量。由于结构布置图的绘制比例一般较小，图中的钢筋混凝土构件往往用代号来表示。

采用预制板时，往往在采用范围画一个对角线，在线上方或下方注出预制板的规格、数量，如图 1-27 所示。当采用通用预制板时，结构布置图中只需要注出该通用板的型号即可，不必另画预制板的配筋图。标注通用板的方法，不同地区有不同的规定，所以，看图时一定要搞清楚编号中的文字、数字和字母的含义。以图 1-27 中所注 8YKB36A2 为例，表示在对角线范围内放 8 块预应力空心板，板的长度为 3600mm，A 表示该板宽度为 500mm，2 表示该板荷载等级为 2 级，250kg/m^2。

现浇板受力钢筋的配筋形式一般有弯起式和分离式两种，如图 1-28 所示。板内配筋一般在板的结构平面详图内采用侧倒剖面的图示方法直接表明，每种配筋往往只画一根示意（图 1-29），有时还辅以文字说明和节点详图说明。

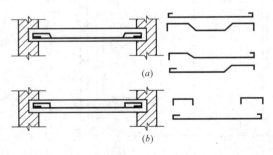

图 1-28　板的配筋形式
(a) 弯起式；(b) 分离式

在板的详图中，一般画出配筋详图，表明受力钢筋的配置和弯起情况，注明编号、直径、间距。弯钩向上的钢筋配置在板底，弯钩向下的钢筋配置在板面。对于弯起钢筋，要注明梁边到弯起点的距离以及弯筋伸入支座的长度。

(8) 钢筋混凝土构件详图

1) 柱：图 1-30 是某职业中专实训楼钢筋混凝土柱 Z_1 的结

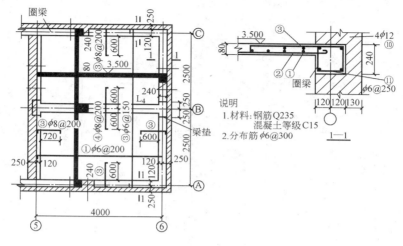

图 1-29 板的结构平面图

构详图。从图中可以看出,轴线 D 不在 Z_1 的中心位置,该柱从 ± 0.000 起到标高 14.680 止,截面尺寸为 350mm×350mm,柱中纵筋配四根直径 16mm 的Ⅰ级钢筋,即 $2\times 2\phi 16$,其下端与柱下基础搭接,搭接情况可从图 1-31 基础 J_1 详图中看出。除柱的终端外,纵筋上端伸出每层楼面 600mm,以便与上一层钢筋搭接,搭接区内箍筋为 $\phi 6@100$、柱内箍筋为 $\phi 6@200$。柱 Z_1 的一侧与梁 L_1 和 WL_1 连接,Z_1 与 QL 和 WQL 的连接图中用虚线部分表示圈梁的位置。

2)梁:钢筋混凝土梁的图纸一般包括立面图、剖面图,有时还有钢筋详图,如图 1-32 所示。

(A)立面图。主要表示梁的轮廓,梁、板等属现浇构件,还要用虚线画出楼板。此外,还要表示梁内钢筋的布置,支座情况以及标高、轴编号等。

(B)剖面图。表示梁的剖面形状、宽度和钢筋排列。在梁的剖面图和立面图中,可以看出该梁有三种不同的编号,即有三种不同的钢筋。由这些编号可根据钢筋详图或钢筋表进行下料。

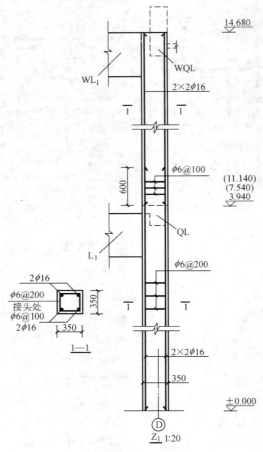

图 1-30 钢筋混凝土柱结构详图

（C）钢筋详图。表明各种钢筋的形状、粗细、长度、弯起点等，以便在施工时进行钢筋翻样。钢筋详图应按照钢筋在梁中的位置由上而下逐类画出，用粗实线依次画在立面图的下方，比例同立面图。它的位置与梁立面图内的相应钢筋对齐。同一编号的钢筋只画出一根。图 1-32 中梁内的钢筋除箍筋外共有三种编号，故详图中只画出三根。从图上的标注可看出：①号钢筋共 2

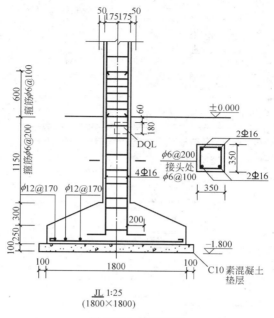

图 1-31 柱基础图

根，Ⅰ级钢筋，直径 12mm，总长为 3640mm；②号钢筋是一根弯起钢筋，直径为 12mm，Ⅰ级钢筋，总长为 4204mm。钢筋每分段的长度直接标注在各段处，不必画尺寸线，弯起处用表示斜度的方法，直接注写两直角边长的数字（200×200）。弯钩尺寸不必标出，根据规范规定制作。箍筋的详图，一般不单独画出。③号钢筋共 2 根，Ⅰ级钢筋，直径 6mm，总长为 3560mm。

（D）板详图。钢筋混凝土结构板详图通常采用结构平面图或结构剖面图表示。在钢筋混凝土板结构板平面图中，能表示出轴线网、承重墙或承重梁的布置情况。当板的断面变化大、或板内配筋较复杂时，常采用板的结构剖面图表示。在板结构剖面图中，除能反映板内配筋情况外，板的厚度变化、板底标高也能反映清楚。

图 1-33 是某楼层现浇板的结构平面图。从图中可以看出板

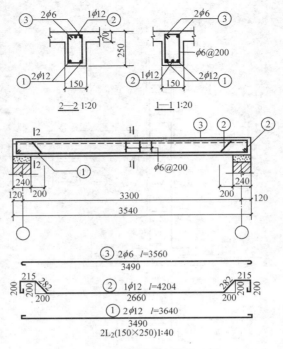

图 1-32 钢筋混凝土梁施工图

底的重合断面形状，且看出板与墙上圈梁一起现浇。板底纵向布筋 φ8@170，横向布筋 φ6@180，板四周沿墙配置构造筋 φ6@200，长度为 750mm。且增设构造筋 φ8@120，长度为 2800mm。

（E）楼梯结构详图：楼梯结构详图由楼梯结构平面图和楼梯结构剖面图组成。

楼梯结构平面图是表明各构件（如楼梯梁、楼段板、平台板及楼梯间的门窗过梁等）的平面布置代号、大小和定位尺寸及它们的结构标高的图样，如图 1-34 所示。

楼梯结构平面布置图因采用的比例较小（1∶100），仅画出了楼梯间的平面位置，楼梯构件的平面布置和详细尺寸尚需用较大的比例（如 1∶50）的楼梯结构平面图来表示。楼梯结构平面图的图示要求与楼层结构平面布置图基本相同，它是用剖切在层

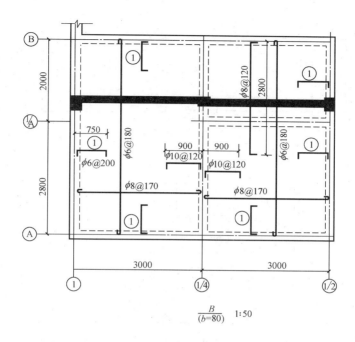

图 1-33 钢筋混凝土板结构详图

间楼梯平台上方的一个水平剖面图来表示的。

各层楼梯结构都不相同,因此采用分层表达的方法;楼梯平台均铺设空心板,楼梯为板式,即不带斜梁;梯段板有六种不同型号(即 TB_1、TB_2、…TB_6),楼梯梁也有六种型号(TL_1、TL_2、…TL_6)(图 1-35)。

楼梯结构剖面图是表明各构件的竖向布置与构造,梯段板、梯段梁的形状和配筋(当平台板和楼板为现浇板时的配筋)的大小尺寸、定位尺寸、钢筋尺寸及各构件的结构标高等的图样。它是垂直剖切在楼段上所得到的剖面图。

3. 工业厂房建筑图的阅读

图 1-36 为单跨工业厂房的立体图。

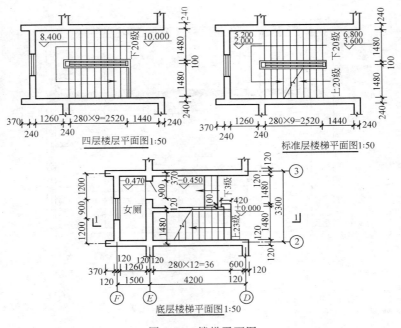

图 1-34　楼梯平面图

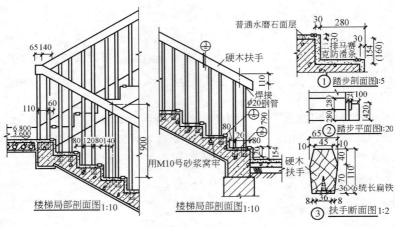

图 1-35　楼梯节点详图

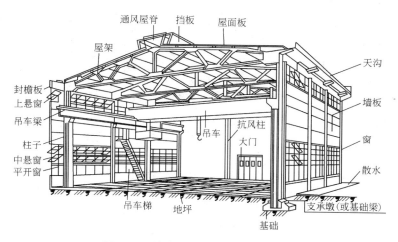

图 1-36 单跨工业厂房的组成与名称

(1) 建筑平面图的阅读

从图中可以了解厂房的各组成部分。车间为单垮，平面为矩形，横向有 11 条轴线共十个开间，柱子轴线之间的距离为 6000mm，按柱网布局，两端柱子与轴线有 500mm 的距离。纵向轴线Ⓐ、Ⓑ通过柱子外侧表面与墙的内沿。厂房内设一台吊车，并注明了吊车的起重量为 $Q=5t$，如图 1-37 所示。

从图中可看到吊车的轨道（$L_K=16.5m$），平面图上室内两侧的粗点画线，表示吊车轨道的位置，也就是吊车梁的位置。上下吊车用一部工作梯，它的位置设在②~③轴开间的轴线内沿，从 J410 图集选用型号。车间的四边墙上各设折式外开大门一个，大门编号 M3030。门入口处设置坡道。室外四周设散水。平面图上的剖切位置 1—1 用黑线表示，该剖面图用 1∶200 另行画出。

(2) 建筑立面图的阅读

立面图表示建筑物的外貌和室外装修情况。从该立面图中主要可以看到条板外墙和窗位及其规格编号。从勒脚至檐口有 QA600、QB600 和 FBI 三种条板和 CF6009、CF6012 两种条窗，

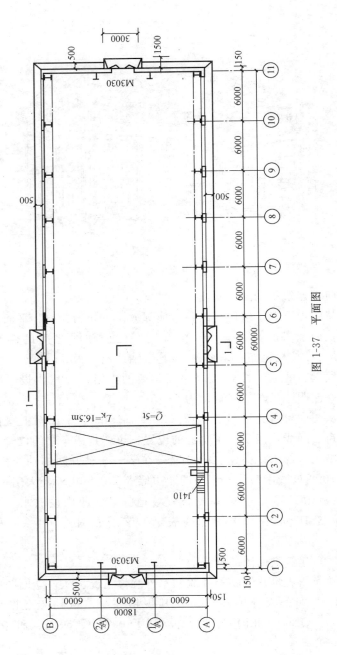

图 1-37 平面图

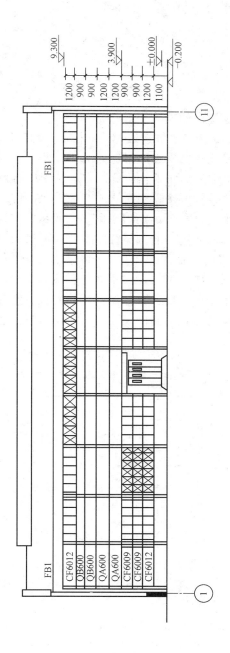

图 1-38 立面图

屋面除两端开间外均设有通风屋脊。立面图上标出了上下两块条板（或条窗）的顶面与底面标高，中间注出条板墙和条窗的高度尺寸。条板墙、条窗、压条和大门的规格与数量，均另列表说明。如图 1-38 所示。

(3) 建筑剖面图的阅读

看剖面图主要是为了了解建筑物的结构形式和厂房内部情况。首先，要注意总高及室内各层标高，室内外高差及门窗洞口的高度。如图 1-39 中的 I—I 剖面为一阶梯剖面。从图中可以看到带牛腿柱子的侧面，T 形吊车梁搁置在柱子的牛腿上，桥式吊车则架设在吊车梁的轨道上（吊车用立面图所表示）。从图中还可看到屋架的形式、屋面板的布置、通风屋脊的形式和檐口天沟情况。剖面图上反映出，室内地面为±0.000，室外为－0.200，高差为 0.200m；雨篷标高为 3.900；屋架下弦标高为 9.300。应仔细看读单层厂房剖面图中的主要尺寸，如柱顶、轨顶、室内外地面的标高和墙板，门窗各部位的高度尺寸等均应予以注意。

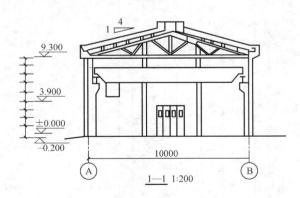

图 1-39　单层工业厂房剖面图

(4) 基础施工图的阅读

单层工业厂房一般都由排架结构承重，荷载通过柱子传递到基础，因此，多采用独立基础。

基础施工图包括基础平面图、基础详图和文字说明三个部

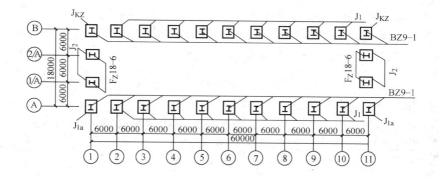

图 1-40 基础平面图

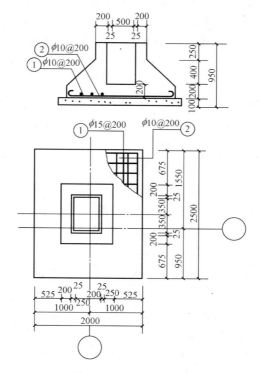

图 1-41 柱基础结构图

分。图 1-40 所示为一单层单跨车间的基础平面图。图中的□表示单独基础的外轮廓线，其中"I"是工字形钢筋混凝土柱的截面。基础沿定位轴线布置：代号及编号为 J_1、J_{1a} 及 J_2，其中 J_1 有 18 个，布置在②～⑩轴线间，分成两排；J_{1a} 有 4 个，分布在车间四角；J_2 也有 4 个，布置在轴线①/A、②/A 上。独立基础的做法，另用详图表示。

基础详图主要包括基础的模板图和基础配筋图。图 1-41 是钢筋混凝土杯形基础 J_1 的结构详图。

立面图画出基础的配筋轮廓及杯口的形状。从图中看出，J_1 基础底部纵横两方向配有两端带弯钩而直径和间距都相等的 $\phi10$、间距为 200mm 的钢筋，构成钢筋网，是基础的主要受力钢筋。基础详图要将整个基础尺寸、配筋和定位轴线到基础边缘尺寸（如图中 950mm 和 1550mm）以及杯口等细部尺寸标注清楚。由于独立柱基础配筋一般比较简单，故不必画出钢筋详图。

（六）图 纸 会 审

1. 图纸会审步骤

审核图纸一般要经过熟悉、汇总、统一、建议四个步骤。

（1）熟悉：各级技术人员，包括施工人员、预算员、质检员等，在接到施工图后要认真阅读，充分熟悉，并重点分析实施的可能性和现实性，了解施工的难点、疑点。

（2）汇总：对提出各类问题进行系统整理。

（3）统一：对审核图纸提出的问题、统一意见、统一认识。

（4）建议：对统一后的意见，提出处理的建议，在图纸会审时提出，并进行充分地讨论，在征得设计单位和建设单位同意后，由设计单位进行图纸修改，并下达变更通知书后，方可实施。

2. 审核图纸应注意的事项

（1）建筑物结构及各类构配件的位置。要注意各部分之间的尺寸，如墙、柱和轴线的关系，以及圈梁、门窗、梁、板等的标高，要认真核对。

（2）建筑的构造要求。包括现浇梁、柱、梁、板之间的节点做法，墙体与梁、板结构的连接，各类悬挑结构的锚固要求，地下室防水构造等。

（3）注意建筑物的地下部分是否穿越原有各类管道。如电缆、煤气管、自来水管等，应注意保护以免损坏。

（4）了解土建和设备的关系。例如各种穿墙或穿过楼层、屋盖管道的做法，各类预留洞的处理，设备对设备基础的要求等。

（5）建筑结构和装饰之间的关系。例如，各种结构在不同功能时的装饰要求以及结构在不同位置（如地下室）时，对装饰的要求。土建应为装饰提供各类方便，如预埋件、预埋木砖、预留洞口等。

（6）应注意对结构材料及装饰材料的要求。例如，各类结构对混凝土和钢筋的强度等级要求，各类材料特别是装饰材料的质量要求，产地及施工要求，以及施工中所涉及的防火材料、绝缘材料、保温以及外加剂等的使用、检测乃至采购、保管等。

（7）建筑结构图和建筑施工图之间是否有矛盾，所涉及的建筑构件各类型号是否齐全，施工的技术要求是否符合现行规范等。

（8）注意所需预埋件的类型，预埋件位置和预留洞口是否有矛盾，以及预埋件是否有遗漏或交代不清等。

（9）对涉及的新材料、新工艺要了解发展现状，使用效果，实施的技术要求，施工时的技术关键，质量要求等。研究与本单位施工技术水平的差距，以确定如何采用。

（10）应研究施工时是否会产生困难。例如，流水作业的安排，吊车运行的路线能否顺利进出，大体积混凝土施工时的降温措施，设计的构件现场能否加工，要求的精度能否满足，混凝土浇捣后能否顺利拆模等。

总之，图纸会审是一项细致而复杂的工作，特别对木工来说，不仅涉及混凝土的支模、拆模，而且还涉及一定的装修工程等，所以必须要认真熟悉图纸，以确保施工的顺利进行。

复习思考题

1. 图样的尺寸由哪几部分组成？标注尺寸应注意哪些内容？
2. 三个正投影图之间有怎样的投影关系？

二、建筑材料

(一) 建筑材料的基本性质

建筑材料的种类繁多，各种材料的性质存在很大差异，尽管如此，但也有许多共同的、最基本的性质。所谓材料的基本性质，是指工程选材时通常所要求的，或者在评价材料时首先要考虑到的最根本的性质。材料的基本性质包括物理性质、化学性质、力学性能及耐久性能等。

1. 材料的物理性质

(1) 密度、表观密度与堆积密度

材料单位体积的质量是评定材料的重要物理性质指标之一。而材料的体积一般分为自然状态下的体积与绝对密实状态下的体积。所谓自然状态下的体积即包括材料结构内部的空隙，而绝对密实状态下的体积不包括材料结构内部的空隙。对于结构完全密实的材料如钢铁、玻璃等，其自然状态与绝对密实状态的体积相等。

1) 密度

材料在绝对密实状态下单位体积内的质量，称为密度。密度用下式表示：

$$\rho = \frac{m}{V} \tag{2-1}$$

式中 ρ——密度（g/cm^3）；

m——材料的质量（g）；

V——材料在绝对密实状态下的体积（cm³）。

2）表观密度

材料在自然状态下单位体积的质量，称为表观密度。表观密度可按下式计算：

$$\rho_0 = \frac{m}{V_0} \tag{2-2}$$

式中 ρ_0——表观密度（g/cm³）；

m——绝对密实状态下材料的质量（g）；

V_0——自然状态下材料的体积（cm³）。

3）堆积密度

散粒材料在一定的疏松堆放状态下，单位体积的质量，称为堆积密度。堆积密度用下式表示：

$$\rho_0' = \frac{m}{V_0'} \tag{2-3}$$

式中 ρ_0'——堆积密度（kg/m³）；

m——材料的质量（g）；

V_0'——散粒状材料的堆积体积（cm³）。

（2）密实度与孔隙率

1）密实度

是指材料总体积内固体物质所充实的程度。密实度可用材料的密实体积与其总体积之比表示：

$$D = \frac{V_S}{V} \times \% \tag{2-4}$$

式中 D——材料的密实度，常以%表示；

V——材料的总体积（cm³）；

V_S——固体物质的体积（cm³）。

2）孔隙率

孔隙率是指固体材料总体积内孔隙体积占材料总体积的比

例。常以%表示：

$$P = V_V/V = (V - V_S)/V \quad P = \frac{V_V}{V} = \frac{V - V_S}{V} \quad (2\text{-}5)$$

式中　P——材料的孔隙率，常以%表示；
　　　V_V——孔隙体积（cm^3）；
　　　V——材料的总体积（cm^3）。

故，孔隙率与密实度的关系为：

$$P = 1 - D \text{ 或 } P + D = 1 \quad (2\text{-}6)$$

（3）吸水性及吸湿性

1）吸水性

材料在水中吸收水分且能将水分存留一段时间的性质，称为吸水性。例如，将一块砖放入水中，待其吸水饱和后取出放在空气中，若砖中的水分仍然能保留在砖内一段时间，则说明砖具有吸水性。吸水性的大小常用吸水率 W 来表示。吸水率又分质量吸水率与体积吸水率两种。

质量吸水率：材料吸收水分的质量与材料烘干后质量的百分比。常按下式计算：

$$W_m = \frac{m - m_s}{m_s} \times \% \quad (2\text{-}7)$$

体积吸水率：材料吸收水分的体积占烘干时自然体积的百分比。按下式计算：

$$W_v = \frac{m - m_s}{V} \times \% \quad (2\text{-}8)$$

式中　W_m——材料的质量吸水率（%）；
　　　W_v——材料的体积吸水率（%）；
　　　m——材料吸水饱和后的质量（g）；
　　　m_s——材料在烘干至恒重后的质量（g）；
　　　V——材料自然状态下的体积（cm^3）。

对于某些轻质材料，如加气混凝土、泡沫塑料、软木、海绵等，由于材料本身具有很多微细、开口、连通的孔隙，其吸水后的质量往往比烘干时的质量大若干倍，计算出的质量吸水率将会超过 100%，因此，在这种情况下，用体积吸水率表示它们的吸水性较好。

2) 吸湿性

材料在潮湿的空气中吸收空气中水分的性质称为吸湿性，吸湿性的大小常用含水率（或叫湿度）来表示。含水率是材料吸收空气中水分的质量占材料烘干时质量的百分比，通常按下式计算：

$$W_{含} = \frac{m_{含} - m_{干}}{m_{干}} \times \% \tag{2-9}$$

式中　$W_{含}$——材料的含水率（%）；

　　　$m_{含}$——材料吸收空气中水分后的质量（g）；

　　　$m_{干}$——材料烘干的质量（g）。

含水率的大小，同样取决于材料本身的成分、组织构造等，此外与周围空气的相对湿度和温度也有关系。气温愈低，相对湿度愈大，材料的含水率也就愈大，含湿状态也会导致材料性能上的多种变化。

材料的吸湿性对施工生产影响较大。例如，木材由于吸收或蒸发水分，往往造成翘曲、裂纹等缺陷；又如，石灰、水泥等，因吸湿性较强，容易造成材料失效，从而导致经济损失。因此，不应忽视吸湿性对材料质量的影响。

(4) 耐水性、抗冻性、抗渗性

1) 耐水性

耐水性指材料吸水至饱和后能够抵抗水的破坏作用并能维持原有强度的性质。耐水性的大小常以软化系数 $K_{软}$ 来表示：

$$K_{软} = \frac{R_{饱}}{R} \tag{2-10}$$

式中 $K_软$——材料的软化系数；

$R_饱$——材料在吸水饱和状态下的抗压极限强度（MPa）；

$R_干$——材料在烘干至质量恒重状态下的抗压极限强度（MPa）。

上式表明，$K_软$ 值的大小能够说明材料吸水后强度降低的程度。$K_软$ 值一般在 0~1 之间，$K_软$ 值越小，说明材料的耐水性越差，吸水后强度下降得越多。所以，在工程设计中，特别是在潮湿环境下，软化系数常是选择材料的重要依据。材料随含水量的增大，其内部分子间的结合力将减弱，强度会有不同程度的降低。如长期浸泡在水中的花岗石，其强度约降低 3% 左右。至于普通黏土砖、木材等所受到的影响则更为明显，因此，对长期浸水或处于潮湿环境中的重要结构物，须选用软化系数不低于 0.85 的材料建造；次要或受潮较轻的结构物也要求材料的软化系数不低于 0.75。通常可以认为，软化系数值大于 0.8 的材料是具备了相当耐水性的材料。

2）抗冻性

抗冻性指材料在吸水饱和状态下，能经受多次冻结和融化作用（冻融循环）而不破坏，也不严重降低强度的性质。

北方地区许多建筑物中位于砖砌外墙的外表面及与地面接触部分的砖，常出现表面酥松、脱皮的现象，这往往是经受多次冻融的结果。冰冻的破坏作用，是由于材料微小孔隙中的水分，在冻结时产生了体积膨胀（体积约增大 9%），对孔壁形成了很大的压力，致使孔壁开裂，材料遭到破坏。而在融化时，由于融化过程是从外向内逐层进行的，内外层之间形成了压力差和温度差，从而又加速了材料的进一步破坏。

由于材料毛细孔隙中水的冰点在 −15℃ 以下，所以材料的抗冻性试验要求在低于此温度下冻结，在 20℃ 的温水中融化，每冻融一次就称作一次冻融循环。材料抵抗冻融循环的次数越多，说明材料的抗冻性越好。

材料的抗冻性能用"抗冻等级"表示，是以材料所能承受的冻融循环次数来划分的。如 F_{10}、F_{15}……F_{100} 等，分别表示材料能经得起 10 次、15 次……100 次的冻融循环，且未超过规定的损失程度。对于冻融的温度及时间、冻融的循环次数，冻后的损失程度等，不同材料均有各自的具体规定。例如，普通黏土砖的冻融试验，是在 $-15℃$ 冻 3h，在 $10\sim20℃$ 水中融 3h，经 15 次循环，按质量损失率及裂纹程度来评定的。加气混凝土的试验，则是在 $-20℃$ 冻 7h，在 $20±5℃$ 水中融 5h，经过 15 次循环后，按质量及强度的损失程度确定其抗冻性能。抗冻性良好的材料，在抗低温变化、干湿交替变化、风化等方面，其性能均较强，故抗冻性也是评价材料耐久性的综合指标。

对于冬期室外设计温度低于 $-15℃$ 的重要工程，其墙体材料、覆面材料的抗冻性必须符合要求。

3）抗渗性

材料在水、油、酒精等液体压力作用下抵抗液体渗透的性质，称为抗渗性。

材料的抗渗性能常用"抗渗等级"来划分。抗渗等级是在标准试验方法下，以材料不透水时所能承受的最大水压力（MPa）来确定的。若某材料能够抵抗 0.2MPa 的压力水，则其抗渗等级记作 P_2。抗渗性也常用"渗透系数" K 来表示，按下式计算：

$$K = \frac{Q}{At} \cdot \frac{d}{H} \qquad (2-11)$$

式中　K——渗透系数（cm/h）；

　　　Q——渗水量（cm³）；

　　　A——渗水面积（cm²）；

　　　d——试件厚度（cm）；

　　　H——水头差（cm）；

　　　t——渗水时间（h）。

材料抗渗性能的好坏，与材料的孔隙率、孔隙特征关系较大。绝对密实或具有封闭式孔隙的材料，实际上是不透水的。而那些具有连通孔隙、孔隙率较大的材料,其抗渗性就较差。

各种防水材料在抗渗性能上均有一定的要求。对于地下建筑物、水下构筑物及防水工程等,因经常要受到压力水或水头差的作用,要求所用材料必须具备相应的抗渗性能。

(5) 导热性和热容量

1) 导热性

导热性是指材料本身所具有的传导热量的性质,它表明了材料传递热量的能力,此能力的大小常用导热系数 λ 表示。

试验证明,材料传导的热量与热传导面积、热传导时间及材料两侧表面的温差成正比,与材料的厚度成反比。如图 2-1 所示。

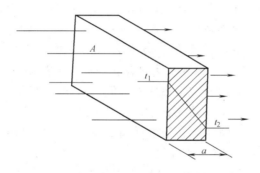

图 2-1 材料导热示意图

设材料的厚度为 a,面积为 A,两侧表面的温度分别为 t_1、t_2,经 Z 小时后通过面积 A 的总热量为 Q,则材料传导热量的大小可用下式表示:

$$Q=\lambda \times \frac{A \times Z(t_2-t_1)}{a} \tag{2-12}$$

则,
$$\lambda = \frac{Qa}{A \cdot Z \cdot (t_2-t_1)} \tag{2-13}$$

式中 λ——材料的导热系数 [W/(m·K)];

Q——材料传导的热 (J);

a——材料的厚度（m）；

A——热传导的面积（m²）；

Z——热传导时间（h）；

t_2-t_1——材料两侧面的温差（K）。

导热系数是热传导的重要参数，它的物理意义是：在规定的传热条件下，单位厚度的均质材料，当其两侧表面的温差为1K时，在单位时间内通过单位面积的热量。

影响材料导热系数的因素很多，λ 值的大小与孔隙率、孔隙特征、含水率等有着密切的关系。密闭孔隙中的空气导热系数很小 [$\lambda=0.025\text{W}/(\text{m}\cdot\text{K})$]，故材料的孔隙率越大，导热系数就越小，材料的保温、隔热性能则越好。粗大或贯通孔隙，因孔内气体产生对流而使导热系数增大，所以，孔隙形状为细微而封闭的材料，其导热系数较小。由于水和冰的导热系数均比空气的导热系数大 [水的导热系数为 $0.6\text{W}/(\text{m}\cdot\text{K})$、冰的导热系数为 $2.20\text{W}/(\text{m}\cdot\text{K})$]，材料在受潮或受冻后，导热系数会因此而大大提高，使材料原有的绝热性能降低。因此，要保证材料具有优良的保温性能，就必须在施工、保温等过程中，注意尽量使材料保持干燥、不受潮湿，在吸水受潮之后，则应尽量避免冰冻的发生。常用材料的导热系数见表 2-1。习惯上常把导热系数小于 $0.15\text{W}/(\text{m}\cdot\text{K})$ 的材料称为保温隔热材料。

几种材料的导热系数及比热　　　　表 2-1

材　料	导热系数 W/(m·K)	比热 J/(g·K)	材　料	导热系数 W/(m·K)	比热 J/(g·K)
铜	370	0.38	泡沫塑料	0.33	1.7
钢	58	0.46	水	0.58	4.2
花岗石	2.90	0.80	冰	2.20	2.05
普通混凝土	1.80	0.88	密闭空气	0.023	1.00
普通黏土转	0.57	0.84	石膏板	0.30	1.10
松木顺纹	0.35	1.63	绝热纤维板	0.05	1.46
松木横纹	0.17				

2) 比热和热容量

热容量是指材料在受热（或冷却）时能够吸收（或放出）热量的性质。常用比热 c 来表示。材料吸收或放出的热量与其质量、温差均成正比，用下式表示：

$$Q = cm(t_2 - t_1) \tag{2-14}$$

式中　Q——材料吸收或放出的热量（J）；

　　　c——材料的比热 [J/(g·K)]；

　　　m——材料的质量（g）；

$(t_2 - t_1)$——材料受热或冷却前后的温差（K）。

由上式可知，比热 c 的计算公式为：

$$c = \frac{Q}{m(t_2 - t_1)} \tag{2-15}$$

比热表示 1g 材料温度升高（降低）1K 时所吸收（放出）的热量。材料的比热 c 与其质量 m 的乘积 $c \cdot m$，称为材料的热容量值。它表示材料在温度升高或降低 1K 时所吸收或放出的热量。热容量值大的材料，能在采暖、空调不均衡时缓和室内温度的变动，有利于保持室内温度的稳定性。例如，在冬期供暖失调时，木地板的房间往往比混凝土地面的房间显得温暖舒适一些，这便是两种材料的不同比热所引起的结果。由表 2-1 可知，松木的比热为 1.63J/(g·K)，大于混凝土的比热 0.88J/(g·K)，即松木比混凝土的热容量值要稍大一些。所有材料中，比热最大的是水，因此，材料的含水率愈大，则其比热 c 也愈大。

2. 材料的力学性质

（1）材料的强度

强度是指材料在外力（荷载）作用下抵抗破坏的能力。当材料承受外力作用时，内部就产生了应力（即单位面积上的分布内力），随着外力的逐渐增加，应力也相应地增大，当应力增大到超过材料本身所能承受的极限值时，材料内部质点间的作用力已不能抵抗这种应力,材料即产生破坏,此时的极限应力值就是材料的极限强度,常用 R 来表。

材料的强度一般是通过破坏性试验测定。将试件放在材料试验机上,施加荷载,直至破坏,根据材料在破坏时的荷载,即可计算出材料的强度。由于材料强度的测定工作一般是在静力试验中进行的,所以常称为静力强度。

根据外力作用方式的不同,材料强度可分为抗压强度、抗拉强度、抗弯(抗折)强度、抗剪强度四种。图 2-2 中列举了几种强度试验时的受力装置,它们很直观地反映了外力的作用形式和所测强度的类别。

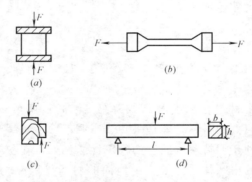

图 2-2 强度试验方式示意
(a) 抗压;(b) 抗拉;(c) 抗剪;(d) 抗弯

材料的抗压、抗拉、抗剪切强度均可用下式计算:

$$R=\frac{F}{A} \tag{2-16}$$

式中 R——材料的抗压、抗拉、抗剪切极限强度(MPa);
F——材料达到破坏时的最大荷载(N);
A——材料的受力截积(mm^2)。

材料抗弯强度的计算比较复杂,在不同的受力情况下有不同的计算公式。现以材料试验中最常采用的方法为例,如图 2-3 所示，即当一个集中外力作用于试件跨中一点，且试件的截面为矩形（包括正方形）时，其抗弯强度由下式计算：

$$R_{弯} = \frac{3FL}{2bh^2} \qquad (2-17)$$

式中　$R_{弯}$——材料的抗弯（抗折）极限强度（MPa）；
　　　F——受弯试件达到破坏时的荷载（N）；
　　　L——试件两支点间的距离（mm）；
　　　b——试件截面的宽度（mm）；
　　　h——试件截面的高度（mm）。

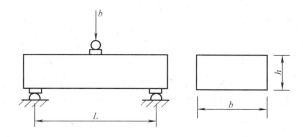

图 2-3　抗弯强度实验示意图

建筑工程中使用各种不同材料，而不同材料所表现出的静力强度性质也不相同。脆性材料如石子、砖、混凝土等，其抗压强度高，而抗拉、抗剪强度都很低，故这类材料在建筑物中只适用于房屋的墙、基础等承受压力荷载作用的部位。又如钢材，因其抗拉、抗压强度均较高，故适用于承受各种外力的构件中。在充分考虑各种材料特点的前提下，常将几种材料复合在一起可以达到发挥各种材料性能的目的。钢筋混凝土构件就是利用钢材的抗拉强度好，混凝土的抗压强度高的特点而组成的一种复合材料。

建筑材料常依据其极限强度值的大小划分为不同的等级或标号，这对于满足工程要求、合理地使用材料是十分必要的。几种常用材料的极限强度值见表 2-2。

材料的极限强度 表 2-2

材料名称	极限强度(MPa)		
	抗压	抗拉	抗弯
花岗石	120~250	5~8	10~14
普通黏土砖	7.5~15	—	1.8~2.8
普通混凝土	7.5~60	1.0~4.0	—
松木(顺纹)	30~50	80~120	60~100
建筑钢材	230~600	230~600	—

材料所具备的强度性能主要取决于材料的成分、结构和构造。不同种类的材料具有不同的强度值，即使是同种类的材料，由于孔隙率及孔隙构造特征的不同，材料表现出的强度性能也都存在着很大的差异。疏松及孔隙率较大的材料，其质点间的联系较弱，有效受力面积较小，故强度较低。孔隙率越大，材料的强度越低。某些具有层状或纤维状构造的材料，往往由于受力方向不同，所表现出的强度性能也不同。当然，材料的强度测定，还受各种试验条件的影响，如试件的大小、材料的含水量、施力速度以及环境温度等，都会对强度值产生影响。因此，必须严格按照规定的试验方法进行测定，才能保证测试值的准确可靠。

为了评价材料的轻质高强性能，往往采用"比强度"这一指标，即材料的抗压强度与其密度之比。"比强度"的值越大，说明材料的轻质高强性能越好。

（2）弹性和塑性

弹性和塑性均指材料受到外力（荷载）作用时的变形性质。

1）材料的弹性

材料在外力作用下产生变形，当外力消除后，能够完全恢复到原来形状的性质称为弹性。而这种完全恢复的变形称为弹性变形（或瞬时变形）。材料的弹性变形曲线，如图 2-4 所示。

2）材料的塑性

材料在外力作用下产生变形，在外力消除后，仍保持变形后的形状及尺寸，而且材料本身也无裂缝产生的性质，称为塑性。

这种不能恢复的变形称为塑性变形（或永久变形）。材料典型的塑性变形曲线，如图 2-5 所示。图中的水平直线 AB 表明，材料在受到一定的外力作用后，在外力不继续增加的情况下，材料仍在继续产生不能恢复的变形，即塑性变形。

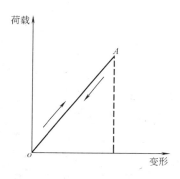

图 2-4 材料的弹性变形曲线

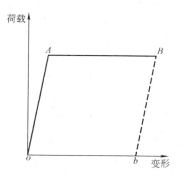

图 2-5 材料的塑性变形曲线
OA—弹性变形；AB—塑性变形

材料的变形性能，同样取决于它们的成分和组织构造。就同一种材料而言，在不同的受力阶段也多表现出兼有上述两种变形的性质。有些材料在受力不大的情况下表现为弹性变形，但在受力超过一定的限度之后，又表现为塑性变形，建筑工程中常用到的低碳钢就是这样。而另外有些材料，在受力时弹性变形与塑性变形同时产生，如图 2-6 所示。若取消外力，则弹性变形 ab 可以恢复，而塑性变形 ob 则不能恢复。混凝土材料在受力后的变形就属于这种类型。

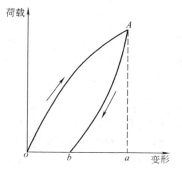

图 2-6 材料的弹塑性变形

当材料处于弹性阶段时，其变形与外力成正比关系，这种性质在物理学中称为虎克定律。虎克定律可用下列的简单方程表达：

$$\sigma = E \cdot \varepsilon \qquad (2\text{-}18)$$

则，
$$E = \frac{\sigma}{\varepsilon} \qquad (2\text{-}19)$$

式中 σ——应力，即材料单位面积上所承受的力（MPa）；

ε——应变，即材料单位长度上所发生的变形；

E——材料的弹性模量，为一常数（MPa）。

工程上常用"弹性模量"来表示材料的弹性性能，由式（2-19）可知，弹性模量就是材料应力与应变的比值，该比值越大，说明材料抵抗变形的性能越强，材料越不易变形。因此，弹性模量 E 是衡量材料抵抗变形能力的重要指标，其值由试验测定，随材料而异。

（3）脆性和韧性

材料在受到外力作用达到一定限度后，突然产生破坏，而在破坏前没有明显的塑性变形征兆的性质，称为脆性。具有这种性质的材料称为脆性材料。如石材、普通混凝土、砖、铸铁、玻璃等。脆性材料的抗压强度往往高于抗拉强度很多倍，其抗拉能力较弱，抵抗冲击、震动荷载的能力也很弱。所以，在工程上脆性材料主要用于承受压力。

在冲击或动力荷载作用下，材料能吸收较大的能量，同时也能产生较大变形而不致破坏的性质，称为韧性（冲击韧性）。具有这种性质的材料称为韧性材料，如建筑钢材、木材等。对用于地面、轨道、吊车梁等有动力荷载作用的部件及有抗震要求的结构，均应考虑材料的韧性。

3. 硬度与耐磨度

硬度是指材料能抵抗其他较硬物体压入的能力。耐磨性是指材料抵抗磨损的能力。

在建筑工程中，某些部位的面层，直接与其他物体接触摩擦，如地面、踏步面层等，必须使用硬度和耐磨性较好的材料。

材料的硬度与耐磨性同它的强度和内部构造有关。

4. 材料的耐久性

材料在长期的使用过程中，除受到各种外力（荷载）的作用外，还会受到各种自然因素的破坏作用。这些破坏作用一般可分为物理作用、机械作用、化学作用和生物作用等几个方面。

（1）物理作用

包括材料所受的干湿变化、温度变化和冻融循环作用。这些变化或使材料发生体积的收缩或膨胀，或使材料内部裂缝逐渐开展，经过长期的作用之后，材料即发生破坏。

（2）机械作用

包括持续荷载、反复荷载对材料的破坏作用，这些作用将引起材料的疲劳、冲击疲劳和磨损等。

（3）化学作用

包括酸、碱、盐等物质的水溶液和有害气体的侵蚀作用。这些侵蚀作用使材料逐渐发生质变而引起破坏。

（4）生物作用

主要是指由于昆虫或菌类的危害所引起的破坏作用。

使用中的材料所受到的破坏作用，常常是上述几种破坏因素的联合作用。如石材、砖瓦、混凝土、砂浆等，当它们暴露在大气中时，既要受到物理破坏作用，又会受到大气中某些气体的腐蚀作用；若在水中，除物理作用外，还要受到环境水的化学侵蚀作用；而在严寒地区，还会受到冻害的破坏。材料在这几种因素的共同作用下，往往很快就产生了严重的破坏。

综上所述，所谓材料的耐久性，即：使用中的材料，在上述各种因素的作用下，且在规定的使用期限内不破坏也不失去原有性能的性质。

耐久性是材料的一项综合性质,诸如抗冻性、抗风化性、抗老化性、耐化学腐蚀性等,均属于耐久性的范围。另外,材料的强度、抗渗性、耐磨性等均与材料的耐久性有着很密切的关系。

另外,材料的耐久性是一项综合的性能,而不同的材料的耐久性往往是有不同的具体内容。如混凝土的耐久性,主要是以抗渗性、抗冻性、抗腐蚀性和抗碳化性所体现;钢筋的耐久性,主要决定于抗锈蚀性;而沥青的耐久性主要决定于其大气的稳定性和温度的敏感性。

提高建筑材料的耐久性,不仅对延长建筑物的正常使用年限具有重大意义,而且也是节约建筑材料的重要措施之一。为此,应根据具体的使用情况以及材料特点而采取相应的措施,可设法减轻大气或其他介质对材料的破坏作用,如降低湿度、排除侵蚀性物质等;还可以考虑提高材料本身对大气作用的抵抗能力,如提高材料的密实度,适当改变材料成分,进行防腐处理等;另外,用其他材料作为主体材料的保护层,可达到使主体材料尽量少受破坏的效果,如覆面、油漆等。

(二) 胶 凝 材 料

工程中主要起粘结作用的一大类材料,统称为胶凝材料。胶凝材料是指那些经过自身的物理、化学作用后,能够由液态或半固体状态变成具有一定强度的坚硬固体,并能够在硬化过程中把散粒的或块状的材料胶结成为一个整体的物质。建筑工程中常用的胶凝材料按其化学成分可分为有机胶凝材料和无机(矿物)胶凝材料两大类。无机胶凝材料的品种较多,按其硬化条件的不同又可以分为气硬性胶凝材料与水硬性胶凝材料。

所谓气硬性胶凝材料,是一种只能在空气中硬化、产生强度并长期保持或继续提高其强度的无机胶凝材料,如石灰、石膏、水玻璃、镁质胶凝材料等。气硬性胶凝材料一般抗水性差,不宜在潮湿环境、地下工程及水中工程中使用。

1. 石灰

石灰是一种古老的建筑材料，其原料分布广泛，生产工艺简单，使用方便，成本低廉，属于量大面广的地方性建筑材料，目前仍广泛地应用于建筑工程中。

（1）石灰的烧制及对使用的影响

石灰的原料多采用石灰岩等以含碳酸钙为主的天然岩石，其成分除碳酸钙外还含有不同程度的黏土、碳酸镁、硅石等杂质。原料越纯，即所含碳酸钙越多，得到的有效成分氧化钙才能越多。杂质会使石灰的质量降低。如杂质少、含碳酸钙多的石灰岩，会烧出有效成分高的钙质石灰；含碳酸镁多的石灰岩，会烧出镁质石灰，含黏土、硅石多的石灰岩，会烧出硅质石灰。所以，在评价石灰的好坏时，往往先考虑产地和原料。石灰岩经煅烧分解，放出二氧化碳气体，得到的产品即为生石灰，其反应式如下：

$$CaCO_3 = CaO + CO_2 \uparrow$$

煅烧时，石灰岩中所含的少量碳酸镁也随着在较低的温度下分解，其反应式如下：

$$MgCO_3 = MgO + CO_2 \uparrow$$

生石灰的主要成分是氧化钙，其次是氧化镁。从理论上讲，碳酸钙的分解温度为 $898.6℃$，但在实际生产中应根据窑炉的类型、石灰石的密实度以及块度等因素控制煅烧温度，石灰的煅烧温度常在 $1000\sim1200℃$。由于碳酸镁的分解温度是 $700℃$，故很容易引起过烧，形成消解能力很低的过火氧化镁。为克服因氧化镁的含量过多而造成的有害影响，国家标准在钙质石灰中限定其含量要小于或等于 5%。另外，当石灰石中的杂质含量较多时，应适当降低煅烧度。

当石灰的原料和窑炉的形式确定之后，煅烧工作就成为影响石灰质量的关键因素，因此，在评价石灰的质量时，也要注意窑炉的类型及煅烧时的火度。煅烧良好的石灰块，火度均匀，质地较轻（容重为 800～1000kg/m³），断面呈均匀的白色或灰色，硬度一致且容易熟化。煅烧时，若温度太低，则会发生欠火现象，生成的欠火石灰中含有大量未分解的碳酸钙，既不能消解也无法使用，是生石灰中的废品；若温度太高，则会发生过火现象，生成的过火石灰因黏土杂质和氧化钙在高温下形成的熔融物包裹在石灰颗粒的表面，其熟化过程非常缓慢。后期熟化的石灰往往使已硬化的制品产生隆起、崩裂或局部脱落甚至全面破坏等，严重影响工程的质量。因此，在石灰的煅烧过程中，应密切注意煅烧温度以确保生石灰的质量。

（2）石灰的熟化和硬化

生石灰为块状物，使用时，必须将其变成粉末状，一般常采用加水消解的方法。生石灰加水消解为熟石灰的过程，称为石灰的消解或熟化过程。其反应式如下：

$$CaO + H_2O = Ca(OH)_2 + 64.83kJ$$

熟化后的石灰称为熟石灰，其成分以氢氧化钙为主。根据加水量的不同，石灰可被熟化成粉状的消石灰、浆状的石灰膏和液体状态的石灰乳。

生石灰在熟化过程中放出大量的热量，形成蒸气，体积也将膨胀 1.5～2.0 倍。因此，在化灰时要严守操作规程，注意劳动保护。在估计熟石灰的贮器时，应充分考虑体积膨胀问题。

为保证石灰的充分熟化，进一步消除过火石灰的危害，必须将石灰在化灰池内放置两周以上，这一储存期在工程上常称为"陈伏"。

石灰的硬化包括氢氧化钙的结晶与碳化两个同时进行的过程。

结晶，是指石灰浆中的水分在逐渐蒸发，或被砌体吸收后，氢氧化钙从饱和溶液中析出，形成结晶。

碳化，是指氢氧化钙吸收空气中的二氧化碳，生成不溶解于

水的碳酸钙结晶,析出水分并被蒸发,其反应式如下:

$$Ca(OH)_2 + CO_2 + nH_2O = CaCO_3 + (n+1)H_2O$$

空气中二氧化碳的含量很低,约为空气体积的万分之三,石灰的碳化作用也只发生在与空气接触的表面,表面碳化后生成的碳酸钙薄膜阻止二氧化碳向石灰内部继续渗透,同时也影响石灰内部水的蒸发,所以,石灰的碳化过程十分缓慢。而氢氧化钙的结晶作用则主要是在内部发生,其过程也比碳化过程快得多。因此,石灰浆体硬化后,是由表里两种不同的晶体组成的,氢氧化钙结晶连生体与碳酸钙结晶互相交织,使硬化后的石灰浆具有强度。

石灰浆在干燥后,由于大量水分蒸发,将发生很大的体积收缩,引起开裂,因此一般不单独使用净浆,常掺加填充或增强材料,如与砂、纸筋、麻刀等混合使用,可减少收缩、节约石灰用量;加入少量水泥、石膏则有利于石灰的硬化。

(3) 石灰的质量标准

我国于 1992 年颁发了《建筑石灰》(JC/T 481—1992)、《建筑生石灰》(JC/T 479—1992)、《建筑消石灰》(JC/T 480—1992)标准。其中规定:建筑石灰按品种可分为生石灰、消石灰粉;按石灰中氧化镁含量的多少可分为钙质石灰、镁质石灰、白云石石灰,具体指标见表 2-3。

钙质、镁质、白云石消石灰的分类界限 表 2-3

品　种	MgO 指标	品　种	MgO 指标
钙质消石灰粉	≤4%	白云石消石灰粉	25%～30%
镁质消石灰粉	4%～24%		

标准对生石灰、消石灰粉两种产品的分等及技术指标均作出了规定。对生石灰的技术要求共有两项,一项是有效成分含量的多少,另一项是不能消解的残渣含量的多少。有效成分含量大,表示石灰的活性高,质量好;未消解的残渣含量大,表示杂质

多，石灰的质量差。生石灰的等级及其技术指标见表2-4。标准对消石灰粉的技术要求除有效成分的含量外，对其细度和含水率也作出了必要的规定，具体指标见表2-5。生石灰及消石灰粉各项技术指标的鉴定，均需按标准进行。

生石灰的技术指标　　　　　　　　　表 2-4

项目	钙质石灰			镁质石灰		
	优等	一等	二等	优等	一等	二等
有效钙加氧化镁含量不小于(%)	90	85	80	85	80	75
未消化残渣含量(5mm 圆孔筛的筛余)不大于(%)	5	7	9	6	8	10
0.90mm 筛筛余量(%)不大于(细度)	0.2	0.5	1.5	0.2	0.5	1.5

消石灰粉的技术指标　　　　　　　　表 2-5

项目		钙质消石灰粉			镁质消石灰粉			白云石消石灰粉		
		优等品	一等品	合格品	优等品	一等品	合格品	优等品	一等品	合格品
CaO+MgO 含量不小于(%)		70	65	60	65	60	55	65	60	55
游离水(%)		0.4~2	0.4~2	0.4~2	0.4~2	0.4~2	0.4~2	0.4~2	0.4~2	0.4~2
体积安定性		合格	合格	—	合格	合格	—	合格	合格	—
细度	0.9mm 筛筛余量(%)不大于	0	0	0.5	0	0	0.5	0	0	0.5
	0.125mm 筛筛余量(%)不大于	3	10	15	3	10	15	3	10	15

（4）石灰的应用及贮运

石灰的用途很广，可制造各种无熟料水泥及碳化制品、硅酸盐制品等。以石灰为原料可配制成石灰砂浆、石灰水泥混合砂浆等，常用于砌筑和抹灰工程。在石灰中掺加大量水，配制出的石灰乳可用于粉刷墙面，若再掺加各种色彩的耐碱颜料，可获得极好地装饰效果。由石灰、黏土配制的灰土，或由石灰、黏土、砂、石渣配制的三合土，都已有数千年的应用历史，它们的耐水性和强度均优于纯石灰膏，一直广泛地应用于建筑物的地基基础和各种垫层。另外，化工厂作为废料排出的电石渣，其主要成分是氢氧化钙，是石灰的良好代用品。使用电石渣，不仅能节省石灰，节省制造石灰的能源及降低工程成本，同时，也利于工业废渣的治理。

石灰遇水后易发生水化作用，因此，生石灰必须储存在干燥的环境中，运输时要做好各项防水工作，避免石灰受潮、淋雨，防止火灾发生或使石灰失去效能。由于石灰遇空气易发生气化作用，因此应避免石灰的露天存放。石灰在库内的存储期也不宜过长，最好做到随到随化，即避免气化的发生，又使熟化进行彻底。

2. 石膏

石膏是一种具有很多优良性能的气硬性无机胶凝材料，是建材工业中广泛使用的材料之一，其资源丰富，生产工艺简单。作为新兴建筑材料的石膏制品，在国外已得到普遍、迅速地发展，近几年来，我国在开发、应用石膏制品方面也取得了很大进展。

（1）石膏的烧制及硬化原理

石膏的原料，主要有天然二水石膏 $CaSO_4 \cdot 2H_2O$（又称生石膏）、天然无水石膏 $CaSO_4$（又称硬石膏）等。石膏的主要生产工序是加热煅烧和磨细，随加热煅烧温度与条件的不同，所得到的产品也不同，通常可制成建筑石膏和高强石膏等，在建筑上使用最多的是建筑石膏。

建筑石膏，是由天然二水石膏在 107～175℃ 温度下煅烧分解而得到的半水石膏，也称熟石膏。使用时，建筑石膏加水后成为可塑性浆体，但很快就失去塑性，以后又逐步形成坚硬的固体。建筑石膏的凝结硬化过程实际上是半水石膏还原为二水石膏的过程。

半水石膏加水后首先进行水化，由于二水石膏在水中的溶解度比半水石膏小得多，所以二水石膏不断地将胶体微粒自过饱和溶液中析出，使原有半水石膏溶液下降为非饱和状态。为保持原有半水石膏的平衡浓度，半水石膏会进一步溶解以补充溶液浓度,这样便加速又一批二水石膏的生成。如此不断地进行半水石膏的溶解和二水石膏的析出,使二水石膏胶体微粒逐步增多并转变为晶体,石膏浆体也随之具有强度。

石膏调浆的水量、加入的外加剂以及周围环境温度,都是影响凝结速度的因素。温度越高,半水石膏的溶解度越低,因而会延缓石膏的凝结速度。加入卤化物、硝酸盐、水玻璃等,可提高石膏的溶解度,从而加速凝结。加入硼砂、动物胶、亚硫酸盐、纸浆废液等,可降低其溶解度,得到缓凝的效果。

(2) 建筑石膏的质量标准

纯净的建筑石膏为白色,密度为 $2.5\sim2.7\mathrm{g/cm^3}$,松散容重为 $800\sim1100\mathrm{kg/m^3}$,紧密容重 $1250\sim1450\mathrm{kg/m^3}$。根据国家标准《建筑石膏》(GB 9776—1988),建筑石膏共分为三等,具体指标见表 2-6。

建筑石膏质量标准　　表 2-6

技术指标		优等品	一等品	合格品
强度(MPa)	抗折强度≥	2.5	2.1	1.8
	抗压强度≥	4.9	3.9	2.9
细度	0.2mm 方孔筛筛余(%)≤	5.0	10.0	15.0
凝结时间(min)	初凝时间≥	6		
	终凝时间≥	30		

(3) 建筑石膏的特性、应用及贮存

建筑石膏的凝结硬化速度很快,其原因在于半水石膏的溶解及二水石膏的生成速度都很快,工程中使用石膏,可得到省工时、加快模具周转的良好效果。

石膏在硬化时体积略有膨胀,不易产生裂纹,利用这一特性可制得形状复杂,表面光洁的石膏制品,如各种石膏雕塑、石膏饰面板及石膏装饰件等。

石膏完全水化所需要的用水量仅占石膏质量的 18.6%,为使石膏具有良好的可塑性,实际使用时的加水量常为石膏质量的

60%～80%。在多余的水蒸发后，石膏中留下了许多孔隙，这些孔隙使石膏制品具有多孔性。另外，在石膏中加入泡沫剂或加气剂，均可制得多孔石膏制品。多孔石膏制品具有容重轻、保温隔热及吸声效果好的特性。

石膏制品具有较好的防火性能。遇火时，硬化后的制品因结晶水的蒸发而吸收热量，从而可阻止火焰蔓延，起到防火作用。

石膏容易着色，其制品具有较好的加工性能，这些都是工程上应用的可贵特性。石膏的缺点是吸水性强，耐水性差。受潮后，建筑石膏晶体间的粘结力削弱，强度显著降低，遇水则晶体溶解，从而引起破坏。石膏制品吸水后强度显著下降并变形翘曲，若吸水后受冻，则制品更易被破坏。因此，在贮存、运输及施工中要严格注意防潮防水，并应注意储期不宜过长。

随着炼铝和制造磷肥等工业的发展，各种副产品如磷石膏、氟石膏等将大量产生，这些副产品是石膏的良好代用品。在我国有些地区已研制成许多磷石膏或氟石膏制品。

建筑石膏的应用很广，工程中宜用于室内装饰、保温隔热、吸声及防火等。建筑石膏加水调成石膏浆体，可用于室内粉刷涂料，加水、砂拌合成石膏砂浆，可用于室内抹灰或作为油漆打底层。石膏板是以建筑石膏为主要原料而制成的轻质板材，具有质轻、吸声、保温隔热、施工方便等特点。我国石膏资源丰富，石膏板加工设备简单、生产周期短，此外，还可利用含硫酸钙的工业废料，因此，石膏板是一种有发展前途的新兴轻质板材。目前，我国生产的石膏板产品，主要有纸面石膏板、空心石膏板、纤维石膏板及石膏装饰板等。

3. 水玻璃

水玻璃又称泡花碱，是一种性能优良的矿物胶，它能够溶解于水，并能在空气中凝结硬化，具有不燃、不朽、耐酸等多种性能。

建筑使用的水玻璃，通常是硅酸钠的水溶液，硅酸钠的分子

式为 $Na_2O \cdot nSiO_2$，式中的 n 为氧化硅（SiO_2）与氧化钠的（Na_2O）的克分子比值，称为水玻璃的硅酸盐模数。n 值的大小决定了水玻璃溶解的难易程度。n 值越大，水玻璃的黏性越大，溶解越困难，硬化也会越快，常用水玻璃的 n 值，一般在 2.5~3.0 之间，大于 3.0 时，需在 4 个表压下才能溶解。

硅酸盐水玻璃的制取方法一般有两种，一种为干法（两步法），即将石英粉或石英岩粉配以碳酸钠或硫酸钠，放入玻璃熔炉内，以 1300~1400℃ 温度融化，冷却后得到固体水玻璃再放入 3~8 个表压的蒸汽锅中溶成黏稠状液体。另一种方法称为湿法（一步法），是将石英砂和苛性钠在蒸压锅内用高压蒸汽加热，直接融成液体的水玻璃。

水玻璃能在空气中与二氧化碳反应生成硅胶，由于硅胶脱水析出固态的二氧化硅而硬化。这一硬化过程进行缓慢，为加速其凝结硬化，常掺入适量的促硬剂氟硅酸钠，以加快二氧化硅凝胶的析出，并增加制品的耐水效力。氟硅酸钠的适宜掺量为水玻璃质量的 12%~15%。因氟硅酸纳具有毒性，操作时应注意劳动保护。凝结硬化后的水玻璃具有很高的耐酸性能，工程上常以水玻璃为胶结材料，加耐酸骨料配制耐酸砂浆、耐酸混凝土。由于水玻璃的耐火性良好，因此，常用作防火涂层、耐热砂浆和耐火混凝土的胶结料。将水玻璃溶液涂刷或浸渍在含有石灰质材料的表面，能够提高材料表层的密实度，加强其抗风化能力。若把水玻璃溶液与氯化钙溶液交替灌入土壤内，则可加固建筑地基。

水玻璃混合料是气硬性材料，因此，养护环境应保持干燥，存储中应注意防潮防水，不得露天长存放。

4. 菱苦土

苛性菱苦土，又名菱苦士、苦土粉。系用菱镁矿（主要成分为碳酸镁）经 750~850℃ 煅烧磨细而制得的白色或浅黄色粉末，其主要成分为氧化镁，属镁质胶凝材料。菱苦土的密度为 $3.2g/cm^3$ 左右，其密度是鉴定煅烧是否正常的重要指标，若密度小于 3.1，说明煅烧温度不够，若密度大于 3.4，说明煅烧温度过高。

在使用时，菱苦土一般不用水调和而多用氯化镁溶液。因为菱苦土加水后，生成的氢氧化镁溶解度小，很快达到饱和状态而被析出，呈胶体膜包裹了未水解的氧化镁微粒，使继续水化发生困难，因而表现为硬化后结构疏松，强度低。再则，氧化镁在水化过程中产生很大热量，致使拌合水沸腾，从而导致硬结后的制品易产生裂缝。采用氯化镁溶液拌合不仅可避免上述危害的发生，而且能加快凝结，显著提高菱苦土制品的强度。

菱苦土能够与植物纤维很好地胶结在一起，且长期不发生腐蚀，又因其加色容易、加工性能良好，故常与木丝、木屑混合制成菱苦土木屑地板、木丝板、木屑板等。用氯化镁溶液调制的菱苦土制品，突出的弱点是抗水性差，若在加氯化镁的同时加入硫酸亚铁，可提高菱苦土制品的抗水性。

菱苦土制品不适于潮湿环境，故不能在水中及地下工程中使用。在运输以及贮存时，应避免受潮，以防苛性菱苦土的活性降低。

5．水泥

水泥属水硬性无机胶凝材料。所谓水硬性无机胶凝材料，是指既能在空气中硬化，也能很好地在水中硬化并长久地保持或提高其强度的无机胶凝材料。这类材料既可用于干燥环境，同时也适用于潮湿环境及地下和水中工程。

水泥与适量水混合后，经物理化学反应，能由可塑性浆体变成坚硬的石状体，并能将散粒状材料胶结为整体的混凝土。

水泥的品种很多，一般按用途及性能可分为通用水泥、专用水泥和特性水泥三类。依主要水硬性物质名称又可分为硅酸盐类水泥、铝酸盐类水泥、硫铝酸盐类水泥等。建筑工程中应用最广泛的是硅酸盐类水泥。

硅酸盐类水泥常用的五大水泥，即硅酸盐水泥、普通硅酸盐水泥、矿渣硅酸盐水泥、火山灰质硅酸盐水泥和粉煤灰硅酸盐水泥。水泥性能、适用范围见表 2-7。

五大水泥的特性和适用范围　　　　表 2-7

	硅酸盐水泥	普通硅酸盐水泥	矿渣硅酸盐水泥	火山灰质硅酸盐水泥	粉煤灰硅酸盐水泥
特性	1. 快硬早强 2. 水化热高 3. 抗冻性好 4. 耐热性差 5. 耐腐蚀性较差	1. 早期强度较高 2. 水化热较大 3. 抗冻性较好 4. 耐热性较差 5. 耐腐蚀与耐水性较差	1. 早期强度低,后期强度增长较快 2. 水化热较低 3. 耐热性较好 4. 耐硫酸盐侵蚀和耐水性较好 5. 抗冻性差 6. 易泌水 7. 干缩性大	1. 抗渗性好 2. 耐热性差 3. 不易泌水 4. 其他同矿渣水泥	1. 干缩性较小,抗裂性较好 2. 抗碳化能力差,其他同火山灰水泥
使用范围	1. 快硬早强工程 2. 配制高强度等级混凝土预应力构件 3. 地下工程的喷射里衬等	1. 一般工程中的混凝土及预应力混凝土结构 2. 受反复冰冻作用的结构 3. 拌制高强度混凝土	1. 高温车间和有耐热要求的混凝土结构 2. 大体积混凝土结构 3. 蒸汽养护的混凝土构件 4. 地上、地下和水中的一般混凝土结构 5. 有抗硫酸盐侵蚀要求的一般工程	1. 地下、水中大体积混凝土结构和有抗渗要求的混凝土结构 2. 蒸汽养护的混凝土构件 3. 一般混凝土结构 4. 有抗硫酸盐侵蚀要求的一般工程	1. 地上、地下、水中及大体积混凝土结构 2. 蒸汽养护的混凝土构件 3. 有抗硫酸盐侵蚀要求的一般工程
不适用范围	1. 大体积混凝土工程 2. 受化学水侵蚀及海水侵蚀的工程 3. 受压力水作用的工程	1. 大体积混凝土工程 2 受化学水侵蚀及海水侵蚀的工程 3. 受压力水作用的工程	1. 早期强度要求较高的工程 2. 严寒地区处在水位升降范围的混凝土结构	1. 处在干燥环境的工程 2. 有耐磨性要求的工程 3. 其他同矿渣水泥	有碳化要求的工程 其他同火山灰水泥

(1) 硅酸盐水泥的主要技术性能

1) 密度与堆积密度

硅酸盐水泥的密度主要取决于熟料的矿物组成、熟料的煅烧程度以及水泥的储存条件、储存时间等。硅酸盐水泥的密度，即水泥在绝对密实状态下单位体积的重量，一般在 $3.1 \sim 3.2 \text{g/cm}^3$ 之间，堆积密度为 $900 \sim 1300 \text{kg/m}^3$，紧密状态下的堆积密度为 $1400 \sim 1700 \text{kg/m}^3$。

2) 细度

细度指水泥颗粒的粗细程度，细度对水泥的凝结硬化速度、强度、需水性及硬化收缩等均有影响。成分相同的水泥，颗粒越细，与水起反应的表面积越大，则凝结硬化速度越快，早期强度越高。但细小颗粒粉磨时，能量消耗较大，故成本较高，而且拌合水用量增大，在空气中硬化后体积收缩率大。

一般认为，水泥的水化速度及强度，主要取决于小于 $40\mu\text{m}$ 的各种粒级的颗粒。国家标准《硅酸盐水泥、普通硅酸盐水泥》(GB 175—1999) 规定，在 0.080mm 方孔筛上的筛余量不得超过 12%。

3) 标准稠度用水量

标准稠度用水量是指水泥净浆达到标准稠度时，所需要的拌合水量占水泥质量的百分率。所谓标准稠度，是人为规定的水泥净浆状态，即按 GB 175—1999 所规定的方法，在特制的稠度仪上，角锥沉入深度达到 $28\pm2\text{mm}$ 时的稀稠状态。

4) 凝结时间

凝结时间是指水泥从加水拌合开始到失去流动性，即从可塑状态发展到固体状态所需要的时间。

水泥的凝结时间，通常分为初凝时间和终凝时间。初凝时间是从水泥加水拌合起，至水泥浆开始失去可塑性所需要的时间；终凝时间则是从水泥加水拌合起，至水泥浆完全失去可塑性并开始产生强度所需要的时间。

水泥的凝结时间在施工中具有重要意义。根据工程施工的要求，水泥的初凝不宜过早，以便施工时有足够的时间来完成搅拌、运输、浇灌、振捣工序等，终凝不宜过迟，以便水泥浆的适时硬化，及时达到一定的强度，以利于下道工序的正常进行，国家标准规定，硅酸盐水泥的初凝时间不得早于45min，一般为1~3h，终凝时间一般为5~8h，不得迟于12h。影响凝结时间的因素主要有，水泥熟料中的矿物成分、水泥细度、石膏掺量及混合材料掺量等。

5）体积安定性

体积安定性是指水泥浆体在硬化过程中体积是否均匀变化的性能。

水泥中含有的游离氧化钙、氧化镁及三氧化硫是导致体积不安定现象发生的重要原因。此外，当石膏掺量过多时，也会引起安定性不良。

国家标准规定，水泥体积安定性用沸煮法检验必须合格。但由于沸煮法仅能检验因游离氧化钙所引起的水泥体积的安定性，所以国家标准还规定，水泥熟料中游离氧化镁的含量不得超过5%，三氧化硫的含量不得超过3.5%。

水泥的体积安定性必须合格，不合格的为废品，工程上不得使用。对安定性发生怀疑或没有出厂证明的水泥，应进行安定性检验。

6）水化热

水泥的水化是放热反应，水泥在凝结硬化过程中放出的热量，称为水泥的水化热，以1g水泥发出的热量（焦耳）（J）来表示。水泥的水化热大部分在水化初期（7d）内放出，以后逐渐减少。影响水化热的因素很多，如水泥熟料的矿物组成、水灰比、养护温度和水泥细度等。

7）强度

水泥的强度是水泥性能的重要指标。硅酸盐水泥的强度主要取决于熟料的矿物成分、细度和石膏掺量。由于水泥四种主要熟料矿物的强度各不相同，故改变它们的相对含量，水泥的强度及其增长速度将随之改变。如硅酸三钙含量大、粉磨较细的水泥，其强度增长较快，最终强度也较高。

水泥产品的强度等级，国家标准（GB/175—1999）规定了水泥强度的检验方法，即水泥与标准砂按1：3的比例配合，加入规定数量的水，按规定的方法制成标准尺寸的试件，在标准温度（20±2℃）水中养护后，进行抗折、抗压强度试验。根据3d、7d和28d龄期的强度，将硅酸盐水泥分为42.5、42.5R、52.5、52.5R、62.5、62.5R 6个强度等级，"R"为早强型。

(2) 掺混合料硅酸盐水泥

1) 普通硅酸盐水泥

由硅酸盐水泥熟料加入少量的混合材料及适量的石膏，磨细制成的水硬性胶凝材料，称为普通硅酸盐水泥，简称普通水泥。

普通硅酸盐水泥与硅酸盐水泥相比，其熟料组分稍有减少，而且其中含有少量的混合材料。由于普通硅酸盐水泥的组成中，仍然是硅酸盐熟料占绝附优势，因此它的主要性能与硅酸盐水泥基本相同。

按国家标准规定，普通水泥共分有32.5、32.5R、42.5、42.5R、52.5、52.5R六个强度等级。

2) 矿渣硅酸盐水泥

凡由硅酸盐水泥熟料和粒化高炉矿渣，加入适量石膏磨细制成的水硬性胶凝材料，称为矿渣硅酸盐水泥，简称矿渣水泥。水泥中粒化高炉矿渣的掺加量按质量百分比计为20%～70%。

3) 火山灰质硅酸盐水泥

凡由硅酸盐水泥熟料和火山灰质混合材料，加入适量石膏磨细制成的水硬性胶凝材料，称为火山灰质硅酸盐水泥，简称火山灰水泥。水泥中火山灰质混合材料掺加量按质量百分比计为20%～50%。

4) 粉煤灰硅酸盐水泥

凡由硅酸盐水泥熟料和粉煤灰，加入适量石膏磨细制成的水硬性胶凝材料，称为粉煤灰硅酸盐水，简称粉煤灰水泥。水泥中粉煤灰掺加量按质量百分比计为20%～40%。

以上三种水泥的强度等级均划分为32.5、32.5R、42.5、42.5R、52.5、52.5R 6个等级，各龄期的强度值不得低于有关标准。

(3) 特性水泥

能够满足建筑工程中的特殊需要，具有一定特殊性能的水泥，简称为特性水泥。目前特性水泥仍是以含硅酸盐矿物成分的硅酸盐系水泥为主，其次是铝酸盐系水泥。利用硅酸盐水泥熟料，通过调整其中的矿物成分，或以硅酸盐熟料为主，通过掺加其他物料或外加剂所生产出的一系列性能不同的水泥，即为硅酸盐系特性水泥。同样，用以铝酸钙为主要成分的熟料作基本组分，通过调整其矿物成分或外加剂等，也可生产出铝酸盐系特性水泥，特性水泥的品种很多，现仅就常用品种加以介绍。

1) 白色水泥及彩色水泥

凡由氧化铁含量少的硅酸盐水泥熟料加入适量石膏，磨细制成的白色水硬性胶凝材料即为白色硅酸盐水泥，简称为白色水泥。

彩色硅酸盐水泥，简称彩色水泥。按其生产方法可分为两类，一类为白水泥熟料加适量石膏和碱性颜料共同磨细而制得。以这种方法生产彩色水泥时，要求所用颜料不溶于水，分散性好，耐碱性强，具有一定的抗大气稳定性能，且掺入水泥中不会显著降低水泥的强度。通常情况下，多使用以氧化物为基础的各色颜料；另一类彩色硅酸盐水泥，是在白水泥生料中加入少量金属氧化物，直接烧成彩色水泥熟料，然后再加入适量石膏磨细而成。

2) 快硬水泥

快硬硅酸盐水泥，简称快硬水泥。是由硅酸盐水泥熟料，加入适量石膏，磨细制成的以3d抗压强度表示其标号的水泥。

快硬水泥具有早期强度增进率较高的特性，其3d抗压强度可达普通水泥28d的强度值，后期强度仍有一定的增长，因此，最适用于紧急抢修工程、冬期施工工程以及制造预应力钢筋混凝土或混凝土预制构件等。由于快硬水泥的水化热较普通水泥大，故不宜在大体积工程中使用。

3）高铝水泥

高铝水泥，旧称矾土水泥，以铝酸钙为主要矿物成分，属铝酸盐类水泥，高铝水泥的品质要求须满足国家标准《高铝水泥》（GB/T 17671—1999）中的规定。

4）膨胀水泥

膨胀水泥是一种在水化过程中体积产生微量膨胀的水泥，通常是由胶凝材料和膨胀剂混合制成。膨胀剂使水泥在水化过程中形成膨胀性物质（如水化硫铝酸钙），从而使水泥体积膨胀。

按胶凝材料的不同，膨胀水泥可分为硅酸盐型、铝酸盐型和硫铝酸盐型三类；按膨胀水泥的膨胀值以及用途的不同，又可将其分为收缩补偿水泥和自应力水泥两类。收缩补偿水泥的膨胀性能较弱，膨胀时所产生的压应力大致能抵消干缩所引起的拉应力，工程上常用以减少或防止混凝土的干缩裂缝。自应力水泥主要是依靠水泥本身的水化而产生应力，这种水泥所具有的膨胀性能较强，足以使干缩后的混凝土仍有较大的自应力。自应力水泥主要用于配制各种自应力钢筋混凝土。

（4）水泥的贮运

水泥在运输及贮存过程中，须按不同品种、强度等级、出厂日期等分别存运，不得混杂。散装水泥要分库存放，袋装水泥的堆放高度不应超过 10 袋。水泥的储存时间不宜太长，因为即使是在条件良好的仓库中存放，水泥也会因吸湿而失效。水泥一般在贮存了三个月后，其强度约降低 10%～20%，六个月后约降低 15%～30%，一年后约降低 25%～40%。因此，水泥的贮存期一般不宜超过三个月（从出厂之日算起）。超过三个月的水泥应重新检验，重新确定强度等级，否则，不得在工程中使用。

水泥最易受潮，受潮后的水泥表现为结成块状，密度减小，凝结速度缓慢，强度降低等。若受雨淋，则产生凝固，水泥失去原有的效能。

为避免水泥受潮,在运输、储运等各环节中均应采取防潮措施。运输时,应采用散装水泥专用车或棚车为运输工具,以防雨雪淋湿,避免水泥直接受潮。储存时,要求仓库不得发生漏雨现象,水泥垛底离地面 30cm 以上,水泥垛边离开墙壁 20cm 以上,对于散装水泥的存放,应将仓库地面预先抹好水泥砂浆层,对于受潮水泥,则应按受潮程度分别采取通过粉碎、实验、降等级使用或在非正式工程上使用等。

(三) 木 材

1. 木材的分类和构造

木材、钢材和水泥是基本建设工程中三大建筑材料,简称"三材"。合理使用和节约"三材",不仅是基本建设工程的重大课题,而且对整个国民经济的发展具有十分重要的意义。

木材不仅是传统的木结构材料,也是现代建筑中供不应求的"三材"之一。木材质轻有较高强度,具有良好的弹性、韧性,能承受冲击、振动等各种荷载的作用;木材天然纹理美观,富于装饰性;木材导热系数小、隔热性强。但是,木材虽然分布较广,便于就地取材,因受自然生长的限制,生产周期长,且常有天然疵病,如腐朽、木节、斜纹、质地不均等,对木材的利用率和力学性能有很大影响,木材容易燃烧,不利于防火。

(1) 木材的分类

木材按树种可分为针叶树和阔叶树两大类。针叶树纹理顺直、树干高大、木质较软,适于作结构用材,如各种松木、杉木、柏木等。阔叶树树干较短,材质坚硬,纹理美观,适于于装饰工程使用,如柞木、水曲柳、榆木、榉木、柚木等。

(2) 木材构造

木材的构造是决定木材性能的重要因素,因为树种和生长环境不同，形成了木材构造的差异。

1) 木材的宏观构造

木材的宏观构造由树皮、木质部和髓心组成。

如图 2-7 所示，髓心位于横切面的中央，是树初生时贮存养料用的，组织松软无强度，所占体积很小，木质部上的年轮表示树木生长年限。木质部靠近髓心部分称为心材，生长较久，含水量少，强度高，不易变形。靠近树皮的称为边材，是新生成部，含水量大，易翘曲变形，强度较低。

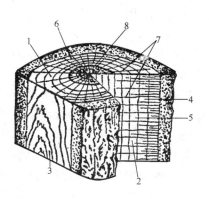

图 2-7 树干的三个切面

1—横切面；2—径切面；3—弦切面；4—树皮；5—木质部；6—年轮；7—髓线；8—髓心

2) 木材的微观构造

图 2-8 所示为马尾松的显微构造，木材是由无数管状细胞紧密连接成一根根"管子"一样沿树干方向排列着，这些细胞纤维"管子"纵向连接力很强，横向连接比较弱。木材的性质（密度、强度等）主要由细胞壁的成分和细胞本身组织决定。

(3) 木材的主要性质

1) 木材的物理性质

(A) 含水率。木材中水分为两部分。一部分存在于木材细胞壁纤维间，

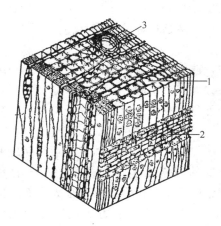

图 2-8 马尾松的显微构造

1—管细胞；2—髓线；3—树脂道

叫吸附水（附着水）。当吸附水达到饱和后，水分就贮存于细胞腔和细胞间隙中，称为自由水（或游离水）。当木材中吸附水达到饱和而尚无自由水时，此时的含水率（质量含水率）称为纤维饱和点或临界含水率（$W_临$）不同树种的临界含水率约在25%～35%之间变化。临界含水率是影响木材物理、力学性质的转折界线。试验证明，当木材含水率小于$W_临$时，木材体积干缩湿胀，强度干大湿小；当含水率大于$W_临$，即有自由水存在时，含水率的变化对木材的性能几乎不影响（只是重量变化）。

当木材的含水率与周围环境的相对湿度达到平衡而不再变化时，称为湿度平衡，此时含水率叫做平衡含水率。南方雨期时，木材平衡含水率为18%～20%，北方干燥季节，平衡含水率为8%～12%，华北地区的木材平衡含水率为15%左右。为了减少木材干缩湿胀变形，可预先干燥到与周围湿度相适应的平衡含水率。

一般新伐木材的含水率高达35%以上，经风干可达15%～25%，室内干燥后可达8%～15%。

（B）密度和导热性。木材的密度平均约为500kg/m³，通常以含水率为15%（称为标准含水率）时的密度为准。干燥木材的导热系数很小。因此，木材制品是良好的保温材料。

2）木材力学性质

由于木材构造质地不均，造成了强度的各向异性的特点。因此，木材的各种强度与受力方向有密切的关系。

木材的受力按受力方向可分为顺纹受力、横纹受力和斜纹受力。按受力性质分为拉、压、弯、剪四种情况（图2-9）。木材顺纹抗拉强度最高，横纹抗拉强度最低，各种强度与顺纹受压的比较见表2-8。影响木材强度的因素很多，最主要的是木材疵病、荷载作用时间和含水率。疵病对抗拉强度影响很大，而对抗压的影响小得多。所以，木材实际的抗拉能力比抗压能力还要低。木材的长期强度几乎只相当于短期强度的50%～60%。木材含水率增大时，强度有所降低。当长期处在40～60℃条件下

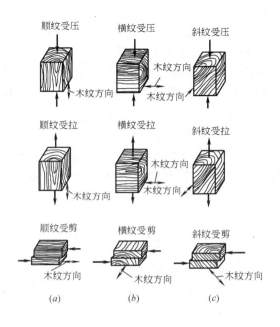

图 2-9 木材的受力情况
(a) 顺纹受力;(b) 横纹受力;(c) 斜纹受力

时,木材强度会逐渐降低,而在负温情况下强度会有提高。

木材的强度比较表　　　　表 2-8

抗压		抗拉		抗弯	抗剪	
顺纹	横纹	顺纹	横纹		顺纹	横纹
1	1/10~1/3	2~3	1/20~1/3	1½~2	1/7~1/3	1/2~1

2. 木材加工和综合利用

建筑用木材常加工成三种型材,即原材、方材和板材。原材为经修枝去皮后按一定长度锯断的原木。方材为宽度不足三倍厚度的制材,依断面大小不同又分为小方（54cm² 以下）、中方（55~100cm²）、大方（101~125cm²）和特大方（226cm² 以上）。板材为宽度等于厚度的 3 倍或 3 倍以上的制材，按厚度不同分为薄板（18mm 以下）、中板（19～35mm）、厚板（36～65mm）和特厚板（66mm 以上）。承重结构木材的材质标准根据 GBJ 5—88 规定，按疵病的严重程度分为三等。

发展木材的综合利用技术，合理、高效地利用木材，是节约木材资源的重要途径。在木材的加工制作中，剩下大量的边脚废料可以拼接、胶合成各种人造板材，用作建筑装修、家具制造、包装等多种用途，如木质纤维板、贴面碎木板、刨花板、胶合板、木丝板、木屑板等均为碎木、刨花、木屑经切碎、干燥、拌胶、热压等工序制作而成。

（四）建筑用钢材

钢材是建筑结构中使用最广泛的一种金属材料。它是将生铁经平炉或转炉等冶炼、浇铸成钢锭，再经过碾轧制、锻压等加工工艺制成。建筑用钢材主要包括各种钢筋、钢丝、型钢及钢板、钢管等。

1. 钢的分类

钢的分类方法很多，按化学成分可分为碳素钢和合金钢两类。

碳是钢中的重要元素，决定着钢的性能，碳的含量越多，钢的强度和硬度就越大，而对塑性、韧性、耐腐蚀、焊接等不利。碳素钢的化学成分主要是铁、碳、硅、锰、硫、磷等，其中含硅量不大于 0.5%，含锰量不大于 0.8%。碳素钢的含碳量一般在 0.04%～1.7% 范围内，根据含碳量的不同又可分为：低碳钢（含碳量低于 0.25%）、中碳钢（含碳量 0.25%～0.7%）、高碳钢（含碳量 0.7%～1.3%）。

钢中除含铁、碳、硅、锰、硫、磷等以外，还含有一定量的其他合金元素（如镍、铬、钼等），称为合金钢。或虽没有其他合金元素，但其中含硅量大于 0.5%，或锰含量大于 0.8%，并且加有少量钒、钛等合金元素的钢，也叫合金钢。按合金元素的含量又分为低合金钢（小于 5%）、中合金钢（5%～10%）、高合金钢（大于 10%）。根据钢中有害杂质（磷、硫、氧、氮）含量可分为普通钢和高级优质钢。按技术条件的要求不同，普通碳素钢分为甲、乙、特（或 A、B、C）三类，其中甲类按机械性能还分为 1～7 号建筑用钢材，多为普通低碳和普通低合金钢。普通低碳钢常为甲类 3 号钢以甲$_3$ 或 A$_3$ 表示。普通低合金钢的表示方法是：在主要合金元素名称（或符号）前面注明万分之几的平均含碳量数字，如 16 锰（或 16Mn）是指平均含碳量为万分之 16，主要合金元素为锰（Mn）的低合金钢；25 锰硅（25MnSi）则表示平均含碳量为万分之 25，主要合金元素为锰（Mn）、硅（Si）。

2. 钢筋与钢丝

（1）钢筋

钢筋是建筑工程中使用量最大的钢材品种之一。由碳素结构钢和低合金钢轧制而成，主要品种有热轧钢筋、冷加工钢筋、热处理钢筋，预应力混凝土用钢丝和钢绞线，直条和盘条。

普通钢筋是将钢锭加热后轧制而成，称为热轧钢筋。其断面形状有光圆钢和带肋钢筋（图 2-10）。钢筋直径有 6、8、10、12、14、16、18、20、22、25、28、30、32mm 等。长度约为 6～12m，其中直径 6～12mm 的可卷成盘条，便于运输和使用，热轧钢筋的性能见表 2-9。

在常温下对钢筋进行冷拉、冷拔使之产生塑性变形，改变内部的晶体结构，从而达到增加长度、提高强度的方法叫做冷加工处理。冷加工处理对于节约钢材具有重要的现实意义。

冷拉是将热轧钢筋张拉后，使屈服强度和抗拉强度明显提高，而钢筋的弹性模量基本保持不变。冷拉按控制方法分为单控（控制伸长率）和双控（同时控制冷拉应力和伸长率）两类。

月牙肋

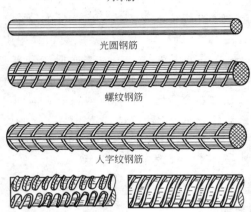

图 2-10 钢筋的形状

热轧钢筋的性能 表 2-9

钢筋牌号	外形	钢种	公称直径 (mm)	屈服强度 (MPa)	抗拉强度 (MPa)	伸长率 (%)	冷弯试验	
							角度	$d=$弯心直径 $a=$试样直径
HPB235	光圆	低碳	8～20	235	370	25	180°	$d=a$
HRB335	月牙肋	低碳低合金	6～25	335	490	16	180°	$d=3a$
			28～50					$d=4a$
HRB400			6～25	400	570	14	180°	$d=4a$
			28～50					$d=5a$
HRB500	等高肋	中碳低合金	6～25	500	630	12	180°	$d=6a$
			28～50					$d=7a$

注：牌号中 HRB 分别表示热轧、带肋、钢筋（P 为光圆）的意思。

另外，热轧盘条钢筋经冷轧后，在其表面带有沿长度方向均匀分布的三面或两面横肋，即成为冷轧带肋钢筋。依 GB

13788—2000 规定，分为 CRB550 等 5 个牌号。其中 C、R、B 分别为冷拉、带肋、钢筋的三个词的英文字头。其力学性能及工艺性能见表 2-10。

冷轧带肋钢筋力学性能和工艺性能　　表 2-10

牌号	σ_b (MPa)	伸长率		弯曲实验 (180°)	反复实验 次数	松弛率	
						初始应力 $\sigma_{con}=0.7\sigma_b$	
		δ_{10}	δ_{100}			(1000h,%) ≤	(10h,%) ≤
CRB550	550	8.0	—	$d=3a$	—		
CRB650	650	—	4.0	—	3	8	5
CRB800	800	—	4.0	—	3	8	5
CRB970	970	—	4.0	—	3	8	5
CRB1170	1170	—	4.0	—	3	8	5

冷拔是使Ⅰ级细钢筋（$\phi6\sim\phi8$）强行通过孔径小于钢筋直径的拔丝模具，每通过一次，直径缩小 20%～30%，一般拔 2～3 次。钢筋在冷拔过程中，既受拉，又受模孔四周的冷压作用，使其内部组织发生激烈变化，故强度可提高 1～1.5 倍。冷拔钢丝的直径有 2.5、3、4、5mm 几种（图 2-11）

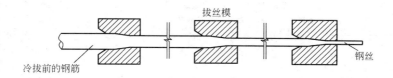

图 2-11　冷拔示意图

（2）钢丝

钢丝有高强钢丝（或碳素钢丝）和冷拔低碳钢丝。目前，钢厂生产的高强钢丝直径有 3、4、5mm 三种，直径越细，强度越高。其强度分别为 1800、1700、1600MPa，图例符号用 ϕ^s 表示。冷拔低碳钢丝由低碳盘条经多次冷拔而成，直径主要有 3、4、5mm 等，强度主要取决于钢材质量和冷拔工艺，变异性较大。

为了区别对待,冷拔钢丝的强度分为甲、乙两级,图例符号用 ϕ^b 表示。

3. 型钢、钢板、钢管

(1) 型钢

建筑用型钢主要包括角钢、槽钢、工字钢、扁钢及窗框钢等,各种部位名称如图 2-12 所示,型钢的表示方法见表 2-11。

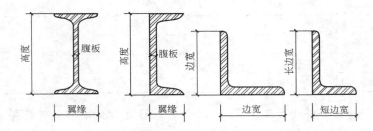

图 2-12 型钢的各部位名称

型钢规格表示方法　　　　　表 2-11

名　称	工字钢	槽　钢	等边角钢	不等边角钢
表示方法	高度×翼缘宽×腹板厚或型号	高度×翼缘宽×腹板厚或型号	边宽×边厚	长边宽×短边宽×边厚
表示方法举例	I100×68×4.5 或 I10	[100×48×5.3 或 [10	∟75×10 或 ∟75×75×10	∟100×75×10

注:型号是高度的厘米数。

(2) 钢板、钢管

钢板按生产方法分为热轧钢板和冷轧钢板,按厚度分为薄钢板(0.2～4mm)、厚钢板(4～60mm)、特厚钢板(>60mm)。建筑用的薄钢板,镀锌的俗称白铁皮,不镀锌的俗称黑铁皮。

钢管按制造方法分为无缝钢管和焊接钢管。无缝钢管又分一般用途和专用两种,焊接钢管按表面处理的不同分为镀锌和不镀锌两种，按壁厚又分为普通钢管和加厚钢管。建筑工程中使用的多是一般用途的焊接钢管，对有高压作用的管道则应使用无缝钢管。

4. 钢的机械性能

建筑用钢材的机械性能指标很多，一般用屈服强度、抗拉强度、伸长率和冷弯几个指标来控制。

(1) 屈服强度（屈服点）

低碳钢受拉过程的弹性阶段（Ⅰ）中，应力 σ 与应变 ε 成正比关系，弹性阶段最高点 A 的应力值 f_e 称为弹性极限。当应力 σ 超过 f_e 后，材料产生明显的塑性变形，在 $\sigma\varepsilon$ 关系图上形成一段较平缓的锯齿线 AB 称为屈服阶段（Ⅱ）。屈服阶段的最低点（$B_下$）对应的应力值 f_y 称为屈服强度或屈服点（图2-13）。

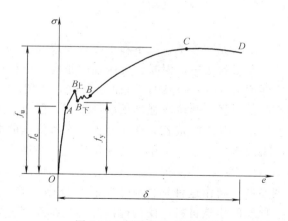

图 2-13 低碳钢应力应变图

(2) 抗拉强度

在图 2-13 中，当 $\sigma > f_y$ 时，由于钢材内部组织发生了晶格畸变，使其抵抗外力的能力得到强化和提高。在 $\sigma\varepsilon$ 关系图中出现一段上升曲线 BC 叫强化阶段（Ⅲ）。强化阶段既有弹性变形，又有塑性变形。对应于最高点 C 的应力值 f_u 叫抗拉强度。

(3) 伸长率

钢筋在拉力试验时，应力 σ 达到抗拉强度 f_u 后，虽然其应力值并不增加，但塑性变形剧增，致使试件薄弱处截面显著缩小，直至断裂，称为颈缩阶段（Ⅳ）。此时试件增加的长度与试件原始长度之比叫伸长率，用 δ（%）表示。伸长率是钢筋塑性性能的一项基本指标。塑性越好，在结构破坏前具有明显的预兆（裂缝），对安全有好处。

(4) 冷弯性能

冷弯性能也是评定钢材质量的一项基本指标，它表示钢材在冷加工（如弯曲）时所能承受变形的能力。通常利用冷弯试验检查钢筋对焊接头的质量是否符合要求。

(五) 钢筋混凝土

混凝土是由水泥、砂子、石子和水拌合而成的，它是建筑上不可缺少的主要材料之一。混凝土抗压强度很高，但抗拉强度只相当于抗压强度的 1/10～1/20，因而承受拉力作用时，极容易开裂；钢筋的抗拉强度和抗压强度虽然都很高，但由于钢筋的形状比较细长，单独受压时很容易弯曲而不能发挥抗压的能力。我们知道，在工程实际中，除了单一的受拉或受压的结构外，还有在同一结构构件中一部分受拉而另一部分受压的情况。显然，用混凝土或钢筋单一制作这种构件都不能很好地满足受力的要求。需要找到一种新的建筑材料，使构件内部的受拉部分和受压部分的强度同时得到满足，从而提高承受荷载作用的能力。随着钢筋和混凝土的发展，人们终于发现把这两种力学性质不同的材料结合在同一构件中，把它们分别放在受拉和受压的位置，形成一个共同发挥作用的整体，不仅是可能的，而且是有利的。这就是由钢筋和混凝土结合成一个整体共同受力的新材料，即钢筋混凝土。

钢筋混凝土的可能性主要是由于水泥的粘结力，水泥浆结硬时能与钢筋表面紧密地粘结、咬合在一起。同时，水泥硬化时的收缩作用，能对钢筋产生强大的握裹力，这是形成整体的基本前提。又由于钢筋的线膨胀系数为 1.2×10^{-5}，混凝土的线膨胀系数为 $(1.0 \sim 1.5) \times 10^{-5}$，二者热胀冷缩变形基本能同步进行，避免了因温度变化热胀冷缩不同造成的相对滑动，使粘结力破坏。

作为一种综合性材料，不仅保持了钢筋和混凝土的优点，同时使两者的缺点得到了改善，因此，对两者都是有利的。钢筋由于有混凝土的保护，比裸露在大气中不易锈蚀。在火灾情况下，钢筋不至于因高温而很快达到软化程度，从而提高了钢筋的耐久性和耐火程度。混凝土由于内部钢筋的拉结作用，提高了整体性和抗震能力，但是混凝土本身存在自重大、抗裂性差等主要缺点仍然是普通钢筋混凝土需要解决的实际问题。

复习思考题

1. 试述材料的密度、表观密度、孔隙率定义及三者之间的关系。
2. 如何测定颗粒材料的堆积密度？此堆积密度与其表观密度有什么不同？
3. 密实度与孔隙率两者间有什么样的关系？孔隙率与空隙率的区别是什么？如何表示砂或石子的疏松程度？
4. 材料密度与其表观密度间差值的大小对其孔隙率、吸水率、强度各有什么影响？
5. 什么是吸水率？什么情况下应采用质量吸水率？什么情况下须采用体积吸水率？
6. 含水率反映材料的哪种性质？
7. 引起材料冻融破坏的原因是什么？
8. 同一材料，其导热系数在受冻前后有何变化？什么样的材料为保温隔热材料？

9. 何谓材料的弹性变形及塑性变形？试述脆性材料及韧性材料各具有什么特点？

10. 什么是材料的强度？根据外力作用方式的不同，常将强度分为几种？如何计算？

11. 做砖的抗折试验时，已知试件的跨度为200mm，高为53mm，宽为115mm，测得作用于试件跨中的抗折极限荷载为2500N，求此砖的抗折强度。

12. 何为材料的耐久性？材料的耐久性对建筑物有什么影响，怎样提高建筑材料的耐久性？

13. 气硬性胶凝材料具有什么特点？为什么不宜在潮湿环境中使用？

14. 列表比较石灰、石膏、菱苦土的原料、制备和成分，并列举它们在建筑上的应用。

15. 简述石灰的熟化和硬化原理，说明在石灰的贮存及应用中需要特别注意的事项。

16. 划分生石灰等级的依据是哪两项技术性质？它们如何反映生石灰的质量？

17. 常用水玻璃有哪些主要性能？简述水玻璃在工程中的应用。

18. 硅酸盐水泥熟料的主要矿物成分有哪些？当它们单独与水作用时各表现出什么性质？水化时所生成的主要水化物是什么？

19. 造成水泥体积安定性不合格的主要原因是什么？工程中为什么不能使用安定性不合格的水泥？

20. 在大体积混凝土工程中，为什么不宜使用硅酸盐水泥？

21. 引起硅酸盐水泥腐蚀的主要原因是什么？应采取哪些防腐措施？

22. 什么叫活性混合材料？什么叫惰性混合材料？加入硅酸盐水泥中各起什么作用？生产掺加混合材料的硅酸盐水泥有什么意义？

23. 写出五大水泥的全称及简称。五大水泥各具有什么特性，它们的适用范围各是什么？

24. 试述白水泥、快硬硅酸盐水泥、高铝水泥的特性及用途。

25. 什么是膨胀水泥？收缩补偿水泥与自应力水泥的主要区别是什么？

26. 什么叫木材的临界含水率？木材的物理力学性质与它有何关系？

27. 试根据木材的微观构造解释其强度的各向异性的特点。

28. 木材的疵病对其强度的影响有何区别？为什么？

29. 发展木材综合利用有什么重大意义？

30. 钢筋按化学成分怎样分类？建筑用钢主要是什么类型？
31. 叙述建筑常用热轧钢筋的级别、钢号、性能及特征。
32. 钢筋冷加工的技术经济意义有哪些？
33. 建筑用型钢的表示方法是什么？
34. 钢筋混凝土的本质是什么？
35. 根据所学的建筑材料有关知识，谈谈节约"三材"的必要性和可能性。

三、力学知识

（一）力与力学在工程中的应用

1. 力与建筑的关系

房屋建筑的主要承重部分是屋架、楼板、梁、柱、墙、基础等构件。由这些基本构件组成的体系在房屋建筑中起骨架作用，称房屋结构。房屋结构在施工和使用过程中要承受各种力的作用，在工程中称这些力为荷载。一个良好的建筑结构必须能够安全地承受荷载，并且最经济合理地使用材料。因此说，要解决荷载和结构构件的承载能力这一对矛盾，就必须进行对力的研究。

首先，要研究结构的受力问题和结构的平衡问题，其内容包括有荷载、基本公理、支座和支座反力、力矩与力偶、各种力系的平衡及其应用等。其次，要研究构件基本受力情况与变形形式、变形特点，一般可以归纳为五种基本形式，即拉伸、压缩、剪切、扭转和弯曲。我们在后面的章节中会针对中级技工的要求有选择地介绍。

研究构件的承载力，应从三个方面来考虑：

（1）构件在过大的荷载作用下可能破坏。例如，当吊车吊起重量超过一定限度时，吊杆可能断裂。因此，设计时要保证吊杆有足够的强度；

（2）在荷载作用下，构件虽然有足够的强度，但变形过大，将影响正常使用。例如，吊车梁变形过大，吊车就不能正常行驶。因此，设计时必须保证吊车梁结构足够的刚度；

（3）像柱子这类受压构件，如果比较细长，当压力超过一定限度时，原来柱子的直线平衡状态会突然弯曲，以致结构倒塌，这种现象叫"失稳"。因此，设计时要保证有足够的稳定性。

概括地说，力在工程中的应用很广，我们通过对力的分析，既要保证构件有足够的强度、刚度和稳定性，又要保证经济合理地使用建筑材料。

2. 荷载、支座与力系

（1）荷载及其分类

常见荷载有构件自重、人群重量、机器设备自重及风力等等。从不同的角度可将荷载作以下分类：

1）按荷载作用在结构上的时间，分为：

（A）恒载。指作用在结构上的不变荷载称为恒载，如结构物的自重、土压力等。恒载在结构建成以后，其大小、位置都不再变化。

（B）活载。指作用在结构上有变动的荷载，例如，楼上住人和用具等重量、风荷载、吊车荷载等。

2）按荷载分布形式，可分为：

（A）集中荷载。荷载集中在某点成为集中荷载，单位是牛或千牛（N 或 kN）。

（B）均布荷载。在荷载的作用面上，每单位面积上的作用力都相等，则叫均布荷载，一般用字母 q 代表均布面荷载。其单位是牛/米^2（N/m^2）或千牛/米^2（kN/m^2）。

（C）线荷载。在实际计算中经常是把均布面荷载化成每米长度内的均布线荷载，用字母 ql 代表均布线荷载。其计量单位是牛/米（N/m）或千牛/米（kN/m）。

图 3-1(a) 是预制混凝土板，板的平面尺寸 $l×b$，每块板自重为 m，计算其均布面荷载和沿板的长度方向的均布线荷载。

板的面积：$A=lb$

每平方米上的重量，即均布面荷载：

$$q = \frac{每块板上所受的重力}{板的面积} = \frac{mg}{lb} = \frac{mg}{A} \qquad (3-1)$$

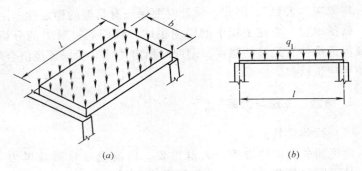

图 3-1 预制混凝土板受力图

沿板长度方向每米上的重量，即均布线荷载：

$$ql = \frac{每块板所受的重力}{板的长度} = \frac{mg}{l} \qquad (3-2)$$

由式（3-1）得：

$$mg = qA = qlb \qquad (3-3)$$

以式（3-3）代入式（3-2），得：

$$ql = \frac{mg}{l} = qb$$

由以上公式可知，欲将均布面荷载化为均布线荷载，只需将均布面荷载乘以板的宽度即可。

（2）支座和支座反力

限制物体作某些运动的装置，称约束。当物体受到约束时，物体与约束之间相互作用着力。约束对物体的力是限制物体的某些运动，因此，约束对物体的作用方向总是和物体的某些活动趋势的方向相反，称约束反力或简称反力。

实际工程中的约束形式是多种多样的，下面介绍几种基本类型并进行约束反力的分析。

1）柔性约束

由绳索、皮带、链条等柔索所构成的约束称柔性约束。柔性约束只能承受拉力并且方向一定沿着柔索的中心线，如图 3-2 所示。

2）光滑接触面约束

物体搁置在摩擦力可以略去不计的支承面上（物体与接触面之间的摩擦力远小于物体所受的其他各力），物体可以沿接触面自由地滑动或沿接触面在接触点的法线方向脱离接触，但不能沿法线方向压入接触面，所以，这种约束的反力作用线通过接触点垂直接触面，并指向被约束的物体，如图 3-3 所示。

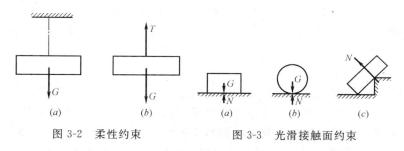

图 3-2　柔性约束　　　　图 3-3　光滑接触面约束

3）铰支座约束

（A）可动铰支座。可动铰支座的约束特点是允许物体绕铰轴转动，又允许物体沿着支承面水平方向移动，但不能沿法向移动，理想化的可动铰支座如图 3-4（a）所示，其简化示意图如图 3-4（b）、（c）所示。图 3-4（c）所示两头为铰的短杆，称"链杆"，一根链杆代表一个约束作用。工程中理想的可动铰支座不多见，但是只要与它有相同约束特点的支座都可以视作可动铰支座约束，例如，梁支承在墙上、屋架支承在柱上等，都可视为可动铰支座进行约束分析。

（B）固定铰支座。固定铰支座的约束特点是允许物体绕铰轴转动，而不允许有其他任何方向（如水平方向或垂直方向）的移动。因此，这种支座将产生水平约束反力及垂直约束反力，如图 3-5（a）所示，其简化示意如图 3-5（b）、（c）所示。工程上将此类约束都视作固定铰支座约束。

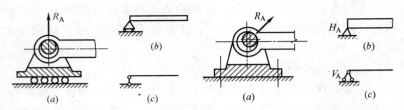

图 3-4　可移动支座约束及其简化示意图

图 3-5　固定铰支座约束

4）固定端支座

固定端支座的约束特点是物体既不能作转动也不能作任何移动，因此这种支座将产生垂直及水平方向约束反力和阻止转动的反力矩。

（3）示力图

在研究力学问题时，必须根据已知条件和待求量，确定某一物体作为研究对象。根据研究对象和其他物体的联系情况确定约束类型，再设想把研究对象的约束解除代之以约束力，这种被分离出的物体称为分离体，画有分离体及其所受各力的图称示力图。

示力图上应绘出作用于物体上的主动力（荷载）和约束反力。主动力的大小、方向、作用点都是已知的，因此，可把主动力清楚地标出来。约束反力的大小未知，作用点的位置是已知的，可标出来，方向能决定时亦应在图上注明。

如图 3-6（a）所示，一圆球重 G，放在光滑的玻璃面上，左

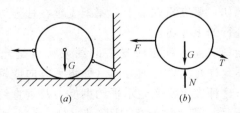

图 3-6　球体受力图

侧用力 F 拉它。为了表示球的受力情况，将球取出，并将主动力及相邻物体对它的约束反力表示出来，这种去除约束而用约束反力来表示的图［图 3-6（b）］，就是球的示力图。

（二）平面力系与力矩、力偶

1. 平面汇交力系

力学中把作用在某物体上的一群力称为力系。如果各力的作用线在同一平面内并且相交于一点的，则称为平面汇交力系。平面汇交力系是一种基本的力系，可以用几何法或解析法研究它们的合成和平衡问题。

（1）计算平面汇交力系合力及平衡的方法

1）几何法

设物体 A 上作用有平面汇交力系 F_1、F_2、F_3、F_4，各力的作用线汇交于 A 点，如图 3-7 所示。用几何法求该力系的合力时，可连续应用力的三角形法则，将各力合成。例如，先将力 F_1 与 F_2 合成，求得它们的合力 R_1；然后将 R_1 与 F_3 合成得合力 R_2；最后将 R_2 与 F_4 合成，即得总的合力 R，就是整个汇交力系的合力。合成的顺序并不影响最后的结果。图 3-7（b）、（c）、（d）表示了这种合成的过程，但是，如果目的只在求出合力 R 时，只要把力系中代表各力的矢量首尾相接，连接最先画的分力矢量的始端与最后画的分力矢量的末端的矢量，就是合力矢量 R，而不必画出 R_1、R_2 等。各分力矢量和合力矢量所构成的封闭多边形 $abcde$ 称为力多边形，这种求合力矢量的几何作图法称为力多边形法则。

当合力 R 求出后，如果再在物体 A 上加一个力 F_5，使 F_5 与合力 R 大小相等、方向相反、且作用在同一条直线上，则该物体处于平衡状态。而 R 作为力系 F_1、F_2、F_3、F_4 的等效力。因此，平面汇交力系平衡的充分和必要条件是力系的合力等于

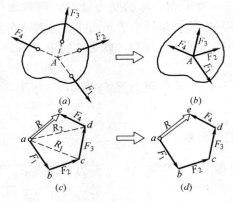

图 3-7 用几何法求平面汇交力系的合力

零。如果用多边形法则将 F_1、F_2、F_3、F_4、F_5 依次合成,则最后一个力的矢量 F_5 的末端必与第一个力的矢量 F_1 的始端相接,亦即这五个力的矢量自行构成一个封闭的力多边形。这表明,在几何法中,平面汇交力系平衡的充分和必要条件是力多边形自行封闭,如图 3-8 所示。

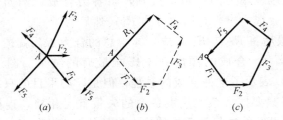

图 3-8 自行封闭的力多边形

2) 解析法

上述的几何法虽然较简单,但要求作图精确,否则,会引起较大的误差,力系中用得较多的还是解析法。

(A) 力在坐标轴上的投影。在图 3-9 中,以 AB 表示在一个在直角坐标系 xoy 中与 x 轴成 α 交角的力 F,并且规定:从投影的起点 a 到终点 b 的方向与坐标轴方向一致时,该投影 ab 取正号；相反取负号。因此，投影的正负号由观察便可很容易地判定。图 3-9 所示的力 F 直角坐标轴上的投影大小可由三角函数关系算出，同时因方向与 x、y 轴一致，故取正号。则：

$$\begin{cases} x = F\cos\alpha \\ y = F\sin\alpha \end{cases}$$

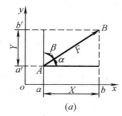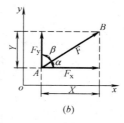

图 3-9　力在直角坐标轴上的投影

反之，如果已知力的直角坐标上的投影 X 和 Y，根据直角三角形斜边与直角边之间的关系，也容易求得 F 的大小为：

$$F = \sqrt{X^2 + Y^2}$$

力 F 与 X 轴构成的锐角 α 可以由下式确定：

$$\text{tg}\alpha = \frac{|Y|}{|X|}$$

力 F 的指向可由投影 X 与 Y 的正负号确定。

(B) 平面汇交力系的合力。由于合力对物体作用的效果与各分力对物体作用的效果相同，因此合力在任一轴上的投影，等于各分力在同一轴上投影的代数和，这就是合力投影定理。设有力系 F_1、F_2、F_3，求合力 R，现分别向坐标轴 x 和 y 轴投影，得到 X_1、X_2、X_3、R_x 及 Y_1、Y_2、Y_3、R_y，根据投影定理，合力的投影 R_x 和 R_y 与各分力的投影之间有下列关系：

$$\begin{cases} R_x = X_1 + X_2 + X_3 = \Sigma X \\ R_y = Y_1 + Y_2 + Y_3 = \Sigma Y \end{cases}$$

同样，利用直角三角形的直角边和斜边的关系，容易看到：

$$R=\sqrt{R_x^2+R_y^2} \tag{3-4}$$

合力 R 与 x 轴所构成的锐角 α 可由下式决定：

$$\mathrm{tg}\alpha=\frac{|R_y|}{|R_x|}=\frac{|\Sigma y|}{|\Sigma x|}$$

同理，可以用 ΣX 及 ΣY（或 R_x 或 R_y）的正负号来决定 R 的指向。

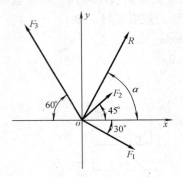

图 3-10 平面汇交力系图

【例】 已知平面汇交力系 F_1、F_2、F_3，作用于 O 点，$F_1=150\mathrm{N}$，$F_2=100\mathrm{N}$，$F_3=300\mathrm{N}$。如图 3-10 所示。试求该力系的合力。

【解】 先求出合力在 x 轴和 y 轴上的投影：

$$\begin{aligned}R_x &=\Sigma F_x=F_1\cos 30°+F_2\cos 45°-F_3\cos 60°\\ &=150\times\frac{\sqrt{3}}{2}+100\times\frac{\sqrt{2}}{2}-300\times\frac{1}{2}\\ &=129.9+70.7-150\\ &=50.6\mathrm{N}\end{aligned}$$

$$\begin{aligned}R_y &=\Sigma F_y=F_3\sin 60°+F_2\sin 45°-F_1\sin 30°\\ &=300\times\frac{\sqrt{3}}{2}+100\times\frac{\sqrt{2}}{2}-150\times\frac{1}{2}\\ &=259.8+70.7-75\\ &=256\mathrm{N}\end{aligned}$$

合力的大小：$R=\sqrt{R_x^2+R_y^2}=\sqrt{50.6^2+256^2}=261\mathrm{N}$

合力的方向：$\mathrm{tg}\alpha=\dfrac{R_y}{R_x}=\dfrac{256}{50.6}=5.059$

$$\alpha=78°49'$$

合力的位置如图中所示。

(2) 平面汇交力系的平衡方程

如前所述，平衡时，物体上各分力作用的效果相互抵消，合力为零。当合力 $R=0$ 时，合力在 X 及 Y 轴上的投影也必然为零，即：

$$\begin{cases} R_X = \Sigma X = 0 \\ R_Y = \Sigma Y = 0 \end{cases} \tag{3-5}$$

这就是平面汇交力系平衡的解析条件。即平面汇交力系平衡的条件是力系中各力在两个坐标轴上投影的代数和均等于零。式（3-5）称为平面汇交力系的平衡方程式。这是两个独立的方程，可以求解两个未知量，应用该平衡方程式可以解决两种类型的问题：

1) 判断物体在力的作用下是否平衡。

2) 当已知物体在平面汇交力系作用下平衡时求未知力。

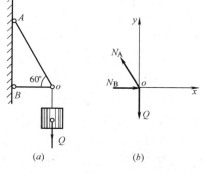

图 3-11

【例】 杆 AO 和杆 BO 相互以铰 O 相连接，两杆的另一端均用铰连接在墙上，铰口处挂一个重物 $G=20\text{kN}$，如图 3-11（a）所示。求杆 OA、OB 所受的力。

【解】 以铰 O 为研究对象，因为 OA、OB 都是两力体，根据约束条件 N_A、N_B 的作用线都沿杆轴方向，先假设如图 3-11（b）所示，列出平衡方程：

$$\begin{cases} \Sigma X = N_B - N_A \cos 60° = 0 \\ \Sigma Y = N_A \cdot \sin 60° - Q = 0 \end{cases}$$

解得

$$N_A = \frac{Q}{\sin 60°} = \frac{20}{0.866} = 23 \text{kN}$$

$$N_B = N_A \cdot \cos 60° = 23 \times 0.5 = 11.5 \text{kN}$$

N_A、N_B 均为正值,故原方向与假定方向一致。

2. 力矩和力偶

(1) 力矩的概念和计算

一般情况下,力对物体可以产生移动和转动两种作用,力的移动效果取决于力的大小和方向。在转动中,力越大,力作用点离转动中心点越远,转动效果也越大。这种转动效果在转动扳手弯钢筋,拧螺丝等处都可以见到。

力到转动中心 O 的垂直距离称为力臂,用 d 表示。则力 F 与力臂 d 的乘积称为力 F 对 O 点的力矩,用 M 表示。

$$M = \pm F \times d \tag{3-6}$$

转动中心 O 称力矩中心,简称矩心。通常规定:力使物体绕矩心作逆时针转动时,力矩取正号;作顺时针方向转动时,取负号。力矩的常用单位是牛顿·米(N·m)或千牛顿·米(kN·m)。从式(3-6)可见,当力通过矩心时,力矩为零。

前已述及,平面汇交力系各分力对物体的作用效果,可以用它们的合力来代替。通过计算可以发现,平面汇交力系的合力对平面内任一点的矩,等于力系中诸力对同一点的矩的代数和。这个结论称为合力矩定理。

一个物体在各力作用下,结果没有发生转动,即使物体发生顺时针转动的力矩和使物体发生逆时针转动的力矩相等而相互抵消,用数学式表达为:

$$\Sigma M = 0 \tag{3-7}$$

式(3-7)称为力矩平衡方程式。

(2) 力偶和力偶系的概念和计算

大小相等、方向相反、作用线互相平行而不共线的两个平行力称为力偶,可记作 (F, F')。力偶所在平面叫力偶作用面。两个平行反向力之间的垂直距离称力偶臂。

力偶在生产实践中经常遇到,如驾驶员双手操纵方向盘。

与力矩一样,力偶使物体产生转动,其转动效果的大小不仅取决于组成力偶的力的大小，而且还取决于力偶臂的长短，用数学式表达为：

$$M = \pm Fd$$

式中　F——力偶中的一个力；

　　　d——力偶臂；

　　　M——力偶矩。

同时规定：逆时针转向的力偶为正，顺时针转向的力偶为负。力偶矩的单位和力矩一样，常用牛顿·米（N·m）、千牛顿·米（kN·m）表示。

通常把力偶矩的大小、转向和作用面称为力偶的三要素。

力偶可以在其作用面内任意移动而不改变它对物体的作用效果。力偶的这个特点和力矩有明显的区别。在计算力偶对某点的矩时，只要注意力偶矩的大小和方向即可。

力偶只要保持力偶矩不变，可以任意调整力偶中力的大小或力偶臂的长短而不改变力偶矩对物体的转动效果。因此，在同一平面内，两个力偶等效的条件是它们的大小、转向彼此相等。

由于以上的性质，所以工程上常用一个带箭头的弧线表示力偶，以弧线箭头的指向表示力偶转向，在弧线旁注上数字及单位，表示力偶的大小。

和力系一样，我们把同时作用在物体上的若干个力偶称为力偶系；在同一平面内的力偶系，称为平面力偶系。

作用在同一平面上的多个力偶对物体的作用效果与单个力偶一样是使物体转动。作用在物体上多个力偶的合成结果也是一个力偶，并且这个力偶的力偶矩等于各分力偶矩之和，即：

$$M = M_1 + M_2 + M_3 + \cdots\cdots = \Sigma M_i$$

当各个分力偶矩对物体的作用效果相互抵消时，物体处于平衡状态，因此，平面力偶系平衡的条件为：

$$M = \Sigma M_i = 0$$

3. 平面一般力系

在平面力系中，如果各力的作用线不全汇交于一点也不互相平行，即作任意分布的力系称为平面一般力系，也称平面任意力系。如图3-12所示的悬臂吊车，其横梁 AB 上作用有自重 W_1、重物 P_1、绳索拉力 T 及铰链 A 的约束反力 X_A、Y_A 等。这些力既不汇交于一点，也不全互相平行，但它们都在同一平面内，所以是平面一般力系。

工程中还常常将一些本来不是平面一般力系的问题简化为平面一般力系计算。而平面汇交力系实际上是平面一般力系的特殊情况，因此，也可包括在平面一般力系的结论之内。

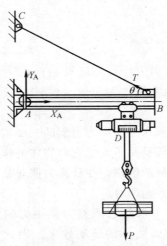

图 3-12 作用有平面一般力系的悬臂吊车

（1）力的平移定理

当某物体上，在 A 点作用有力 P，如图3-13所示。现在如果设想把该力 P 平行移至 O 点，可以在 O 点上加大小等于 P、方向相反且与力 P 作用线互相平行的一对平衡力 P'、P''，$P''P$ 组成一对力偶，力偶矩 $M=Pd$ 或 $M=P''d$。由此得到力的平移定理：作用在物体上的力 P，可以平移到同一平面的任一点，但必须同时附加一力偶，此附加力偶矩等于原来的力 P 对新作用点的力矩。

根据力的平移定理可知：一个力可以和同一平面内的另一个力加一个力偶等效；反过来，一个力和一个力偶可以合成为同一平面内的一个力。

（2）平面一般力系的简化

应用力的平移定理可以将平面一般力系向一点简化。即平移为平面汇交力系。而平面汇交力系可以合成为一个力，平面力偶也可以合成为一个合力偶。

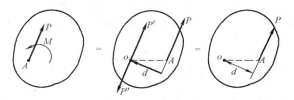

图 3-13　力和同一平面内的另一个力加一个力偶等效

图 3-14（a）表示某物体作用有平面一般力系 F_1、F_2、F_3，现在该平面上任意选择一点 O 作为简化中心，应用力的平移定理，通过附加力偶将各力移至 O 点，就得到一个平面汇交力系及三个附加力偶，如图 3-14（b）所示。所得到的平面汇交力系中，各力的大小和方向分别与原力系中对应各力相同，即 $F_1=F'_1$，$F_2=F'_2$，$F_3=F'_3$，而各附加力偶的力偶矩等于原力系中各力对简化中心 O 点的矩，分别表示为 m_1、m_2、m_3。所得的平面汇交力系可以合成为一个作用于 O 点的合力 R'，这个合力的矢量 R' 称为原平面一般力系的主矢，它等于原力系中各力的矢量和，$R'=F'_1+F'_2+F'_3=F_1+F_2+F_3=\Sigma F_i$ 所得的力偶系可以合成为一个同平面的合力偶，这个合力偶的力偶矩 M 称为原平面一般力系对简化中心 O 点的主矩，它等于原力系中各力对 O 点的矩的代数和，$M=m_1+m+m_3=\Sigma m_i$，如图 3-14（c）所示。

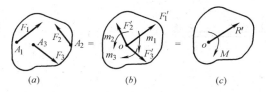

图 3-14　平面一般力系向一点的简化

虽然，力系向一点简化的方法是适用于任何复杂力系的普遍简化方法，也是分析力系对物体作用效果的一种重要方法。但是，主矢 R' 并非是"原力系的合力"，主矩 M 也并非是"原力系的合力偶矩"，因单独一个 R' 或 M 并不能与原力系等效，只有两者共同作用时才与原力系等效。主矢 R' 的大小与简化中心 O 点的位置无关，而主矩 M 的大小和转向与简化心 O 点的位置有关。

4. 平面一般力系的平衡方程

平面一般力系向简化中心 O 点简化后得到主矢 R' 和主矩 M，当两者同时为零，即 $R'=0$、$M=0$ 时，说明原力系是一个平衡力系。由于在直角坐标系 xoy 中，$R' = \sqrt{(\Sigma X)^2 + (\Sigma Y)^2}$，因此，平面一般力系的平衡条件可表达为：

$$\begin{cases} \Sigma X = 0 \\ \Sigma Y = 0 \\ \Sigma m_i = 0 \end{cases} \quad (3-8)$$

表明力系中各力在两个坐标轴上投影的代数和分别等于零，而且各力对任意一点的力矩代数和也等于零。式（3-8）称为平面一般力系的平衡方程。这三个方程可以用来求解三个未知量，可以用来判别一般平面力系是否平衡，也可以对已知处于平衡状态的物体求解未知力。

【例】 已知梁受力及尺寸如图 3-15（a）所示，求支座反力。

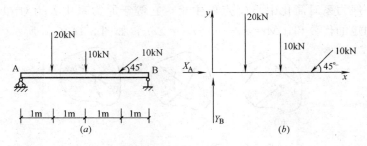

图 3-15　在集中荷载作用下的简支梁

【解】 首先解除约束，并根据约束条件代之以力，如图 3-15（b）所示。

列出平衡方程式：
$\Sigma X=0 \quad X_A-10\times\cos 45°=0$
$\Sigma Y=0 \quad Y_A+Y_B-20-10-10\times\sin 45°=0$
$\Sigma m_A=0$
$4Y_B-10\times 3\times\sin 45°-10\times 2-20\times 1=0$

解此联立方程，得：
$X_A=7.07\text{kN};\ Y_A=21.8\text{kN};\ Y_B=15.3\text{kN}$

计算结果均为正值，表示图中所假定各力的方向与实际方向一致。

（三）桁架内力计算与内力分析

1. 桁架的有关定义

我们这里所指的桁架必须是几何不变的稳定结构。桁架的特点是它的杆件主要承受沿直杆轴线方向的拉力或压力。各杆均在同一平面的桁架叫做平面桁架，各杆不在同一平面内的叫做空间桁架。

图 3-16 是两种形式较简单的桁架，上边缘的杆件叫上弦杆，下边缘的杆件叫做下弦杆，中间的杆件叫腹杆，腹杆又可分为竖杆和斜杆。连接各杆的铰链叫做节点，下弦各节点的距离称节间。

桁架支承在一个固定铰链支座及一个滚动铰链支座上，或者用一根连杆代替滚动铰链支座。桁架所受的外力包括桁架在节点处承受的荷载和支座给桁架的约束反力。由于外力的作用使桁架各杆产生内力，计算桁架的主要目的就是求出各杆的内力。

在分析桁架的内力时，作以下四点假设：

（1）桁架中所有杆件都是直杆；

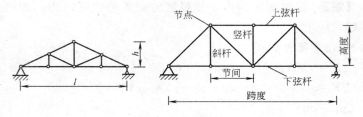

图 3-16 支承在支座上的桁架

（2）连接各杆的铰链都是光滑无摩擦的，各构件可绕铰链自由转动；

（3）杆件自重可以忽略不计；

（4）作用于桁架上的外力均在桁架的平面内，而且都作用于各节点上。

2. 节点法求桁架杆件的内力

桁架在节点荷载和支座反力的作用下处于平衡，则桁架的每一节点也一定平衡。节点法是取一个节点为脱离体，以被截杆件的内力作为外力作用于脱离体上，使所有的力都汇交在节点上，然后由平面汇交力系的平衡条件求出未知内力，依次逐点计算就可以求出桁架各杆的内力。应该注意，根据平面汇交力系的平衡条件，每个节点只能求得两个未知力，故所取节点的未知力不能超过两个。现以图 3-17（a）所示桁架为例进行研究。

先根据桁架所受外力求支座反力，再求桁架各杆的内力。首先考虑有两个未知力的节点（该节点只有两根杆件，以 A 节点为脱离体，将连结 A 节点的 AC 和 AD 杆截断，得图 3-17（b））。作用在 A 节点上的力有支座反力 R_A、AC 杆的内力 S_{AC} 和 AD 杆的内力 S_{AD}。这两个内力沿杆轴线作用，如图 3-17（d）所示。假定这些内力是拉力，其指向背离节点。R_A、S_{AC} 和 S_{AD} 组成平面汇交力系。R_A 为已知，求 S_{AC} 和 S_{AD}。根据平面汇交力系平衡条件，列平衡方程式，求出 S_{AC} 和 S_{AD}。如求出的内力是正值，则假定拉力是对的；如求出的内力是负值，则为压力。所以

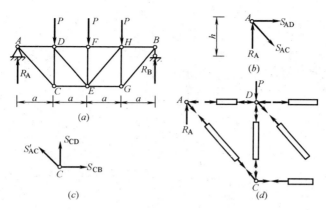

图 3-17 桁架受力分析图

是压杆还是拉杆只需看内力的正负值。求出 S_{AC} 和 S_{AD} 后，再取 C 节点为脱离体 [图 3-17 (c)]。C 节点共有三根杆件 AC、CE 和 CD。AC 杆为已知，根据力的作用与反作用公理，杆 AC 对 C 节点的作用力亦是背离节点，大小为 $S'_{AC} = S_{AC}$。如图 3-17 (c) 所示，假定杆 CD 和 CE 为拉力（背离节点），列平衡方程式求 S_{CD} 和 S_{CE}。依次截取各节点，本例子的次序为 A、C、D、F、E、H、G、B 或 A、C、D、F、E、G、H、B，便可求得桁架各杆件的内力。

【例】 用节点法求图 3-18 (a) 所示桁架的各杆内力，$P = 25 \text{kN}$。

【解】 由于桁架的形式和荷载都是对称的，只需求出半榀桁架的杆件的内力即可。因为支座反力是对称的，所以：

$$R_A = R_B = \frac{4P}{2} = 2P = 2 \times 25 = 50 \text{kN}$$

（1）取出节点 A 为脱离体绘示力图，坐标轴如图 3-18 (b) 所示，列平衡方程式：

$$\Sigma F_Y = 0 \quad R_A - \frac{P}{2} + S_{AC}\sin 30° = 0$$

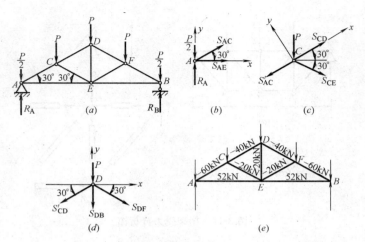

图 3-18 桁架内力分析图

$$50 - \frac{25}{2} + S_{AC} \times \frac{1}{2} = 0$$

$$S_{AC} = -75 \text{kN}（压力）$$

$\Sigma F_X = 0 \quad S_{AE} + S_{AC}\cos 30° = 0$

$\quad S_{AE} - 75 \times 0.866 = 0$

$\quad S_{AE} = 64.95 \text{kN}（拉力）$

（2）取节点 C 为脱离体绘示力图，坐标轴如图 3-18（c）所示，列平衡方程式：

$\Sigma F_Y = 0 \quad -P\cos 30° - S_{CE}\cos 30° = 0$

$\quad S_{CE} = -25 \text{kN}（压力）$

$\Sigma F_X = 0 \quad -S'_{AC} + S_{CD} + S_{CE}\sin 30° - P\sin 30° = 0$

$$75 + S_{CD} - 25 \times \frac{1}{2} - 25 \times \frac{1}{2} = 0$$

$$S_{CD} = -50 \text{kN}（压力）$$

（3）取节点 D 为脱离体绘示力图，如图 3-18（d）所示，由对称关系知：

$$S'_{CD} = S_{DF} = -50 \text{kN}（压力）$$

$$\Sigma F_Y = 0 \quad -P - S_{DE} - S'_{CD}\sin 30° - S_{DE}\sin 30° = 0$$

$$-25 - S_{DE} + 50 \times \frac{1}{2} + 50 \times \frac{1}{2} = 0$$

$$S_{DE} = 25 \text{kN}（拉力）$$

把桁架上求出的内力标在桁架的杆件上，如图 3-18（e）所示。

3. 截面法求桁架内力

截面法将桁架的某些杆件截断，使桁架分为两部分，取桁架的任一部分为脱离体绘示力图。根据平面一般力系平衡条件，一次可求出三个未知力。在截割桁架杆件时一般不能超过三根件。以图 3-19（a）所示桁架为例，可求 EG、EF、DF 杆的内力。

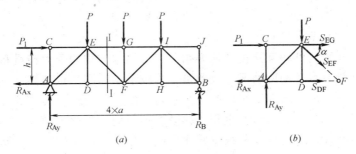

图 3-19 用截面法求桁架内力

（1）根据整榀桁架在荷载作用下的平衡条件，求出支座反力 R_{AX}、R_{AY} 和 R_B。

（2）Ⅰ-Ⅰ 截面将桁架截成两部分，取左半部分为脱离体，如图 3-19（b）所示。把桁架去掉部分对截取部分的作用力画出。这些力都是通过杆件的轴向力，并分别以拉力 S_{EG}、S_{EF}、S_{DE} 表示。被截桁架由荷载、支座反力和内力组成平面一般力系，列平衡方程式：

$$\Sigma M_E = 0 \quad -R_{AX}h - R_{AY}a + S_{DF}h = 0$$

$$\Sigma M_F = 0 \quad P_a - P_1 h - R_{AY}2a - S_{EG}h = 0$$

$\Sigma F_Y = 0$ $R_{AY} - P - S_{EF}\sin\alpha = 0$

由以上三个方程式可以解出三根杆件的未知力 S_{DE}、S_{EG}、S_{EF}，如计算所得某杆内力是负值，则该杆为压杆。

求桁架各杆件内力时，节点法和截面法可以结合使用。计算时，脱离体上的外力不能漏掉。

4. 结构计算简图

实际结构是复杂的，因此对结构进行受力分析之前要将实际结构加以简化，抓住基本特点，用一个简化的图形代替实际结构，通常从下列几方面进行。

（1）支座的简化

支座的实际构造形式很多，但从对结构的约束作用看大致可分为三类，即可动铰支座、固定铰支座、固定端支座。

（2）节点简化

几个构件相互连接的地方叫节点。根据结构的受力特点和各构件绕节点转动的情况，大致可分为铰节点和刚节点两类：在力作用下，两杆之间夹角能产生微小转动的可以简化为铰节点；连成整体，节点处不能发生相对移动或转动的可简化为刚节点。

此外，对构件及荷载也要作一些简化，例如，杆件可用其轴线来表示，杆件长度用节点间距离表示，将荷载作用在杆件轴线上等。

5. 几何构造分析的概念

一个结构受到任意荷载作用后会发生变形，但这种变形是很小的，如果不考虑这种变形，其结构应该能维持其几何形状和位置不改变，这样一种结构体系称为几何不变体系，如图 3-20（b）所示。而另一类结构体系由于缺少必要的杆件或者杆件布置不适当，以致在任意荷载作用下它的几何形状和位置会发生改变，这样的体系称几何可变体系，如图 3-20（a）就是一个几何可变体系，几何可变体系在荷载作用下是不能维持平衡的，故不能用于

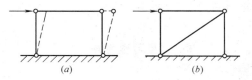

图 3-20 结构几何构造

结构中。

工程实践证明，如图 3-21 所示的铰接三角形是一个几何不变体系，将三根连杆铰连成三角形，是几何不变体系的最基本规则，而且这三根连杆的内力均可由静力平衡方程解出（即没有多余联系），应用此规则可以得到以下组成几何不变体系而且其内力可由静力平衡方程求解的四条规律：

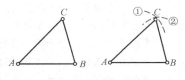

图 3-21 铰接三角形

(1) 用两个不在一条直线上的连杆连成一个节点；

(2) 两个构件用不全平行也不同交于一点的三个连杆连接在一起；

(3) 两个构件用一个铰和轴线不通过此铰的一个连杆连接；

(4) 三个构件用不在同一个直线上的三个铰互相连接。

以上这些规律是判断几何可变或不变的依据，应用时可使用"逐步扩大法"或"逐步排除法"。所谓逐步扩大法是先从体系中找出几何不变部分，然后按规则逐步分析，直到整个结构。所谓逐步排除法是将结构中不影响几何不变的部分逐步排除，使分析对象简化，进而判别其几何组成性质。

6. 静定和超静定结构的概念

无多余约束的结构称"静定结构"，它的全部支座反力和内力可用静力平衡方程式求得。有多余约束的结构称"超静定结构"，它的支座反力或内力只用平衡方程式不能求解，需要另行补充条件才能计算。

复习思考题

1. 主动力和约束反力如何区分？
2. 什么叫平面汇交力系？
3. 如果已知平面汇交力系的合力，那么要用怎样的一个力才能使该力系平衡？
4. 平面汇交力系的数值法是如何进行的？
5. 一个不平衡的平面汇交力系，如果各分力在 y 轴上的投影之和等于零，能知道该力系的合力的方向吗？
6. 平面汇交力系的平衡条件是什么？
7. 力偶有什么特征？两力偶等效的条件是什么？
8. 什么叫平面一般力系？试举例说明。
9. 平面一般力系的平衡条件是什么？
10. 计算桁架内力时应作何假设？
11. 如何用节点法求桁架各杆的内力？
12. 用截面法计算桁架各杆的内力有什么要求？
13. 如何判断几何不变体系和几何可变体系？

四、建 筑 结 构

(一) 建筑结构与荷载

1. 建筑结构定义

在建筑中,由若干构件(如柱、梁、板等)连接而成的能承受荷载和其他作用(如温度变化、地基不均匀沉降等)的体系,叫做建筑结构。建筑结构在建筑中起骨架作用,是建筑的重要组成部分。

建筑结构按所用材料的不同,可分为:混凝土结构、砌体结构、钢结构和木结构。

混凝土结构是钢筋混凝土结构、预应力混凝土结构、素混凝土结构的总称,目前应用最广泛的是钢筋混凝土结构。

砖混结构,目前广泛应用于多层住宅建筑中。由于砌筑用砖要挖掘黏土烧砖,消耗有限的土地资源,因此是一个值得高度重视的问题。目前,在一些地区黏土砖已被禁止使用。

钢结构是用型钢建成的结构,目前主要用于大跨度屋盖、吊车吨位很大的重工业厂房,高耸结构等。

木结构,目前在大中城市的房屋建筑中已极少采用,但在山区、林区和农村中,使用还较为普遍。

2. 建筑结构的荷载

建筑结构在使用期间和在施工过程中要承受各种作用,施加在结构上的集中力或分布力(如人、设备、风、雪、构件自重等），称为荷载。结构上的荷载，分为永久荷载和可变荷载。

永久荷载是指结构在使用期间，其值不随时间变化，或其变化与平均值相比可以忽略不计的荷载，如结构自重、土压力等。永久荷载也称恒荷载或恒载。

可变荷载是指结构在使用期间，其值随时间变化，且其变化值与平均值相比不可忽略的荷载。如楼面活荷载、雪荷载、风荷载、吊车荷载等。可变荷载也称活荷载或活载。

结构计算时，需根据不同的设计要求采用不同的荷载数值，称为荷载代表值。《建筑结构荷载规范》给出了三种代表值，即标准值、准永久值和组合值。

设计时，为确保安全还必须将各类标准荷载值分别乘以大于1的"荷载分项系数"。目前暂按恒荷载和活荷载两大类规定，一般情况下，恒荷载分项系数 $\gamma_a=1.2$；活荷载分项系数 $\gamma_Q=1.4$（当楼面均布可变荷载标准值大于或等于 $4kN/m^2$ 时，其分项系数取 1.3）。

此外，还应考虑结构构件的重要性系数 γ_0，对安全等级为一级、二级、三级的结构构件可分别取 1.1、1.0、0.9。对结构上同时作用有两种以上活荷载时，还应乘上荷载组合系数等。

钢筋混凝土构件在设计计算时，除了进行必要的强度、变形计算外，尚应满足构造要求。构造要求及有关规定是工程实践的经验总结，从事建筑工程的技术人员必须熟练掌握，特别是掌握各类构件常用外形尺寸、各类钢筋的常用直径、间距、箍筋的形式，混凝土保护层的最小厚度等，具体可参阅有关规范。

（二）钢筋混凝土受弯构件

钢筋混凝土由钢筋和混凝土两种材料组成。混凝土的抗压能力较强而抗拉能力很弱，钢材的抗拉和抗压能力都很强，为了充分利用材料性能，就把钢筋和混凝土结合在一起共同工作，使混凝土主要承受压力,钢筋主要承受拉力,满足工程结构的使用要求。

钢筋和混凝土是两种性质不同的材料,其所以能有效地共同工作,是由于下述特性。

钢筋和混凝土之间有着可靠的粘结力,受力后变形一致,不会产生相对滑移。

钢筋和混凝土的温度线膨胀系数大致相同(钢筋约为 1.2×10^{-5},混凝土因骨料而异,约为 $7 \times 10^{-6} \sim 14 \times 10^{-5}$),因此,当温度变化时,不致产生较大的温度应力而破坏两者之间的粘结。

钢筋外边有一定厚度的混凝土保护层,可以防止钢筋锈蚀,从而保护了钢筋混凝土构件的耐久性。

1. 混凝土及其设计强度

混凝土在结构中主要承受压力,因而抗压强度就成为混凝土的最主要性能。根据混凝土立方体抗压强度标准值,混凝土的强度等级分为 12 级,即 C7.5、C10、C15、C20、C25、C30、C35、C40、C45、C50、C55、C60。C 表示混凝土,C 后边的数字表示立方体抗压强度的标准值(单位:N/mm^2)。

钢筋混凝土结构的混凝土强度等级不宜低于 C15,当采用 HRB335 级钢筋时不宜低于 C20;

预应力混凝土结构的混凝土强度等级不宜低于 C30,当采用碳素钢丝、钢绞线、热处理钢筋作预应力筋时,混凝土强度等级不宜低于 C40。

当钢筋混凝土构件在荷载作用下产生弯曲时,例如梁受压一侧混凝土的抗压强度比轴心抗压强度高,称为混凝土的弯曲抗压强度。总之,由于混凝土是一种非匀质材料,在不同受力方式及不同尺寸时所反映出来的强度就不一致,根据大量试验及考虑适当的安全储备,"设计规范"规定的混凝土强度设计值见表 4-1。

混凝土强度设计值（N/mm²）　　　　　表 4-1

强度种类	符号	混凝土强度等级										
		C7.5	C10	C15	C20	C25	C30	C35	C40	C45	C50	C55	C60
轴心抗压	f_c	3.7	5	7.5	10	12.5	15	17.5	19.5	21.5	23.5	25	26.5
弯曲抗压	f_{cm}	4.1	5.5	8.5	11	13.5	16.5	19	21.5	23.5	26	27.5	29
抗拉	f_t	0.55	0.65	0.9	1.1	1.3	1.5	1.65	1.8	1.9	2	2.1	2.2

当前，世界各国多趋向提高混凝土的强度等级，预应力混凝土强度等级已达到C70，甚至更高。当混凝土强度等级从C40提高到C80时，造价约增加50%，但如在受压为主的结构中，其承载力可提高1倍左右。因此，提高混凝土的强度等级则能减轻结构自重，特别是大跨度、高层结构减轻自重的一种有效途径。

2. 钢筋及其强度设计值

钢筋按其生产工艺、机械性能与加工条件的不同分为热轧钢筋、冷拉钢筋、钢丝和热处理钢筋。其中前两种属于有明显屈服点的钢筋，后两种属于没有明显屈服点的钢筋。

（1）热轧钢筋

热轧钢筋是用普通碳素钢（含碳量<0.25%）和普通低合金钢经热轧而成。热轧钢筋按其强度由低到高分为四级：HPB235级钢筋为Q235，即普通碳素钢，其余均为普通低合金钢；HRB335级钢筋有20MnSi（20锰硅），20MnNb（h）（20锰铌）；HRB400级钢筋为25MnSi（25锰硅）；RRB400级钢筋有$40Si_2MnV$（40硅锰钒）、$45Si_2MnV$（45硅锰钒）、$45Si_2MnTi$（45硅锰钛）。

HPB235级钢筋的外形为光面圆钢筋，其余HRB335级、HRB400级、RRB400级钢筋的外形均为变形钢筋，有螺旋纹钢筋、人字纹钢筋和月牙纹钢筋三种。

（2）冷拉钢筋

各个等级的热轧钢筋都可通过冷拉提高其屈服强度。故有冷拉Ⅰ级钢筋、冷拉Ⅱ级钢筋、冷拉Ⅲ钢筋、冷拉Ⅳ级钢筋。

(3) 热处理钢筋

钢材的热处理是通过加热、保温、冷却等过程以改变钢材性能的一种工艺。热处理钢筋是用几种特定钢号的热轧钢筋（其强度大致相当于 RRB400 级钢筋），经过淬火和回火处理而成。热处理钢筋是一种较理想的预应力钢筋。

(4) 钢丝和钢绞线

主要有碳素钢丝、刻痕钢丝、冷拔低碳钢丝、钢绞线等几种形式。

钢筋的直径最小为 3mm，最大为 40mm。国内常规供货直径为 6、8、10、12、14、16、18、20、22、25、28、32mm 等 12 种。

各种钢筋的强度设计值见表 4-2。

钢筋强度设计值（N/mm²） 表 4-2

	种 类	f_y 或 f_{Dy}	f'_y 或 f'_{Dy}
热轧钢筋	HPB 级（Q235）	210	210
	HRB335 级（20MnSi）		
	$d \leqslant 25$	310	310
	$d = 28 \sim 40$	290	290
	HRB400 级（25MnSi）	340	340
	RRB400 级（40Si$_2$MnV、45SiMnV、45Si$_2$MnTi）	500	400
冷拉钢筋	Ⅰ 级（$d \leqslant 12$）	250	210
	Ⅱ 级 $d \leqslant 25$	380	310
	$d = 28 \sim 40$	360	290
	Ⅲ 级	420	340
	Ⅳ 级	580	400
热处理钢筋	40SiMn（$d = 6$） 48Si$_2$Mn（$d = 8.2$） 45Si$_2$Cr（$d = 10$）	1000	400

3. 钢筋混凝土受弯构件

受弯构件是指仅受弯矩和剪力作用的构件。例如，各种类型的梁、板以及楼梯都属于受弯构件。

承重构件都应有强度保证，必要时还要进行变形及抗裂计算。

单筋矩形截面钢筋混凝土梁在荷载作用下的工作性能及正截面强度计算：梁是典型的受弯构件，所谓"单筋梁"是指只在受拉区边缘配置受力钢筋的钢筋混凝土梁。

钢筋混凝土梁在荷载作用下，其受力全过程可以分为三个阶段，如图 4-1 所示。

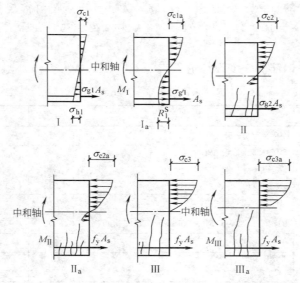

图 4-1 梁在各阶段的应力

第Ⅰ阶段：当开始加荷时，弯矩较小，截面上混凝土与钢筋的应力不大，梁的工作情况与匀质弹性梁相似，混凝土基本上处于弹性工作阶段，应力应变成正比，受压区及受拉区混凝土应力分布可视为三角形。受拉区的钢筋与混凝土共同承受拉力。

荷载逐渐增加到这一阶段的末尾时（弯矩为 M_{cr}），受拉区边缘混凝土达到其抗拉强度 f_t 而即将出现裂缝，此时用Ⅰa表示。这一阶段梁上所受荷载大致在破坏荷载的 25% 以下。

第Ⅱ阶段：当荷载继续增加，梁正截面所受弯矩值超过 M_{cr} 后，受拉区混凝土开始出现裂缝，应力状态进入第Ⅱ阶段。进入第Ⅱ阶段后，梁的正截面应力发生显著变化。在已出现裂缝的截面上，受拉区混凝土基本上退出了工作，拉力主要由钢筋承受，因而钢筋的应力产生突增，称为应力重分布现象。带裂缝工作阶段的时间较长，当梁上所受荷载为破坏荷载的 25%～85% 时，梁都处于这一阶段。因此，这一阶段也就是梁正常使用的阶段。

当弯矩继续增加，使得受拉钢筋应力刚刚达到屈服强度时，称为第Ⅱ阶段末，以Ⅱa表示。

第Ⅲ阶段：受拉钢筋屈服后，梁的工作进入了第Ⅲ阶段。随着荷载的逐步增大，由于钢筋已屈服，应力保持不变，而其变形继续增加，因此，截面裂缝急剧伸展，混凝土压力也因之迅速增大。当受压区混凝土边缘达到极限压应变时，受压区混凝土被压碎导致梁的最终破坏，这时称为Ⅲa阶段。

Ⅲa阶段的截面应力图形就是计算受弯构件正截面抗弯能力的依据。

受弯构件正截面强度计算可以用公式计算，也可以用计算表格查表计算。

计算表格有多种多样，这里介绍一种可用于任意混凝土强度等级和钢筋强度等级的计算表格，见表4-3。

表中，
$$\alpha_s = \frac{M}{f_{cm} b h_0^2} \tag{4-1}$$

$$\gamma_y = \frac{M}{A_s f_y h_0} \text{ 或 } A_s f_y = \frac{M}{\gamma_s h_0} \tag{4-2}$$

式中　M——弯矩设计值；

f_{cm}——混凝土弯曲抗压强度设计值，见表4-1；

f_y——钢筋抗拉强度设计值，见表4-2；

α_s——截面抵抗矩系数；

γ_s——内力臂系数；

A_s——受拉钢筋截面面积；

b——截面宽度；

h_0——截面有效高度。

钢筋混凝土矩形截面受弯构件正截面受弯承载力计算系数表

表 4-3

ξ	γ_s	α_s	ξ	γ_s	α_s
0.01	0.995	0.010	0.33	0.835	0.275
0.02	0.990	0.020	0.34	0.830	0.282
0.03	0.985	0.030	0.35	0.825	0.289
0.04	0.980	0.039	0.36	0.820	0.295
0.05	0.975	0.048	0.37	0.815	0.301
0.06	0.970	0.058	0.38	0.810	0.309
0.07	0.965	0.067	0.39	0.805	0.314
0.08	0.960	0.077	0.40	0.800	0.320
0.09	0.955	0.085	0.41	0.795	0.326
0.10	0.950	0.095	0.42	0.790	0.332
0.11	0.945	0.104	0.43	0.785	0.337
0.12	0.940	0.113	0.44	0.780	0.343
0.13	0.935	0.121	0.45	0.775	0.349
0.14	0.930	0.130	0.46	0.770	0.354
0.15	0.925	0.139	0.47	0.765	0.359*
0.16	0.920	0.147	0.48	0.760	0.365
0.17	0.915	0.155	0.49	0.755	0.370
0.18	0.910	0.164	0.50	0.750	0.375
0.19	0.905	0.172	0.51	0.745	0.380
0.20	0.900	0.180	0.52	0.740	0.385
0.21	0.895	0.188	0.528	0.736	0.389
0.22	0.890	0.196	0.53	0.735	0.390
0.23	0.885	0.203	0.54	0.730	0.394
0.24	0.880	0.211	0.544	0.728	0.396
0.25	0.875	0.219	0.55	0.725	0.400
0.26	0.870	0.226	0.556	0.722	0.401
0.27	0.865	0.234	0.56	0.720	0.403
0.28	0.860	0.241	0.57	0.715	0.408
0.29	0.855	0.248	0.58	0.710	0.412
0.30	0.850	0.255	0.59	0.705	0.416
0.31	0.845	0.262	0.60	0.700	0.420
0.32	0.840	0.269	0.614	0.693	0.426

注：表中 $\xi=0.528$ 以下的数值不适用于Ⅲ级钢筋；$\xi=0.544$ 以下的数值不适用于钢筋直径 $d\leqslant 25\mathrm{mm}$ 的Ⅱ级钢筋；$\xi=0.556$ 以下的数值不适用于钢筋直径 $d=28\sim 40\mathrm{mm}$ 的Ⅱ级钢筋。

如果已知作用在受弯构件上的力矩 M、所使用的混凝土强度等级 f_{cm} 和受弯构件的截面宽度 b、高度 h_0，就能计算出 α_s，通过查表 4-3，可查得对应的 γ_s 值，运用公式（4-2）可求得所需配筋量 $A_s f_y$；或当已知截面配筋量及截面宽、高及所使用混凝土的弯曲抗压强度 f_{cm} 后，也可由公式：

$$\xi = \frac{A_s f_y}{b h_0 f_{cm}} \tag{4-3}$$

求得 ξ，由表可查得对应的 α_s，再用公式（4-1）又可求得截面抗弯能力 M。

【例】 有一根钢筋混凝土简支梁，计算跨度为 $l=6.0\text{m}$，如图 4-2 所示，承受均布荷载 $q=20.8\text{kN/m}$（已考虑荷载分项系数，但不包括梁自重）。试确定梁的截面尺寸并用查表法配筋。

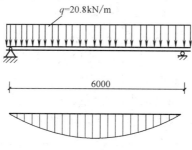

图 4-2 均布荷载下简支梁

【解】（1）选用 HRB335 级钢筋作为受拉钢筋；混凝土强度等级选用 C20。查表得：$f_y=310\text{N/mm}^2$；$f_y f_{cm}=11\text{N/mm}^2$；

（2）假定截面尺寸，本例选用：

$$h = \left(\frac{1}{10} \sim \frac{1}{18}\right) l = \left(\frac{1}{10} \sim \frac{1}{18}\right) \times 6000 = 600 \sim 334\text{mm}$$

取 $h=500\text{mm}$；

$$b = \left(\frac{1}{2} \sim \frac{1}{3}\right) h = \left(\frac{1}{2} \sim \frac{1}{3}\right) \times 500 = 250 \sim 170\text{mm}$$

取 $b=200mm$。

(3) 内力计算:

取梁自重的荷载分项系数为 1.2,钢筋混凝土密度为 $25kN/m^3$,则作用在梁上的总均布荷载为:

$$q' = 20.8 + 0.2 \times 0.5 \times 25 \times 1.2 = 23.8 kN/m$$

梁跨中最大弯矩设计值:

$$M = \frac{1}{8} q' l^2 = \frac{1}{8} \times 23.8 \times 6^2 = 107.1 \times 10^6 N \cdot mm$$

(4) 用查表法计算配筋

$$\alpha_s = \frac{M}{f_{cm} b h_0^2} = \frac{107.1 \times 10^6}{11 \times 200 \times 465^2} = 0.225$$

查表 4-3 得 $\gamma_s = 0.87$

$$A_s = \frac{M}{\gamma_s f_y h_0} = \frac{107.1 \times 10^6}{0.87 \times 310 \times 465} = 854 mm^2$$

故选用 3 根 HRB335 级 $\phi 20$ 钢筋 ($A_s = 942 mm^2$)

以上钢筋混凝土梁工作的三个阶段均指适筋梁。而超筋梁的破坏特点是受压区混凝土被压碎时,受拉钢筋尚未屈服,故破坏带有突然性。如果配筋偏少,当受拉区混凝土开裂后,由于配筋少,钢筋承受不住这些拉力,梁随即发生破坏,这种梁称为少筋梁。超筋或少筋梁,在建筑工程中均不允许使用,设计计算时,通过限制最大和最小配筋率予以控制。

(三) 钢筋混凝土受压构件

钢筋混凝土受压构件可分为轴心受压构件与偏心受压构件。

当纵向力作用点在构件截面形心时,称为轴心受压构件。

当纵向力作用点偏离构件截面形心时,称为偏心受压构件。依纵向力与构件形心的相对位置,可分为单向偏心受压构件和双向偏心受压构件。工程中的偏心受压构件多属单向偏心受压构件。

1. 轴心受压构件的强度计算

轴心受压构件的承载力由混凝土和钢筋两部分的承载力组成。由于受压构件往往高厚比比值偏大,在材料受压未达到破坏而先发生纵向弯曲,所以需要考虑纵向弯曲对构件截面承载力的影响,其计算公式如下:

$$N \leqslant \varphi(f_c A + f'_y A'_s) \tag{4-4}$$

式中 N——轴向力设计值;

F_c——混凝土轴心抗压强度设计值;

A——构件截面面积;当纵向钢筋配筋率大于3%时,应改用混凝土面积 A_h,$A_h = A - A'_s$;

f'_c——纵向钢筋抗压强度设计值;

A'_s——全部纵向钢筋的截面面积;

φ——钢筋混凝土轴心受压稳定系数,按表4-4采用。

钢筋混凝土轴心受压构件的稳定系表　　表 4-4

l_0/b	≤8	10	12	14	16	18	20	22	24	26	28
l_0/d	≤7	8.5	10.5	12	14	15.5	17	19	21	22.5	24
l_0/i	≤28	35	42	48	55	62	69	76	83	90	97
φ	1.0	0.98	0.95	0.92	0.87	0.81	0.75	0.70	0.65	0.60	0.56
l_0/b	30	32	34	36	38	40	42	44	46	48	50
l_0/d	26	28	29.5	31	33	34.5	36.5	38	40	41.5	43
l_0/i	104	111	118	125	132	139	146	153	160	167	17.4
φ	0.52	0.48	0.44	0.40	0.36	0.32	0.29	0.26	0.23	0.21	0.19

注:表中 l_0 为构件计算长度;b 为矩形截面的短边尺寸;d 为圆形截面的直径;i 为截面最小回转半径。

2. 偏心受压构件

如前所述,偏心受压构件大部分是按单向偏心受压进行设计的,本节只简述偏压构件的受力过程及其破坏特点。

钢筋混凝土偏压构件有两种类型的破坏：

第一类：拉压破坏，习惯上称为"大偏心受压破坏"。

第二类：受压破坏，习惯上称为"小偏心受压破坏"。

(1) 大偏心构件的受力过程及破坏特点

当纵向力相对偏心距较大，且距纵向力较远的一侧钢筋配置得不太多时，截面一部分受压，另一部分受拉。随着荷载的增加，混凝土裂缝不断地开展。破坏时，受拉钢筋先达到屈服强度，之后受压区混凝土达到极限应变而被压碎，此时受压钢筋也达到屈服强度。其破坏过程类似适筋梁，由于破坏始于受拉钢筋的屈服，故称为拉压破坏。

(2) 小偏心构件的受力过程及破坏特点

当纵向力相对偏心距较小，构件截面大部或全部受压；或者偏心距较大，但距纵向力较远的一侧配筋较多时，这两种情况的破坏都是由于受压区混凝土被压碎，距纵向力较近一侧的钢筋受压屈服所致。这时，构件另一侧的混凝土和钢筋的应力均较小，其破坏过程类似超筋梁。由于其破坏起始于受压钢筋的屈服及混凝土的被压碎，故称为受压破坏。

偏心受压构件工程中常采用对称配筋。

（四）砌 体 结 构

砌体结构属于刚性材料，其抗压强度高而抗拉强度低，因此，砌体结构只适用于轴心受压或偏心受压构件。如砖柱、砖墙、砖石基础等。

1. 材料强度等级

(1) 烧结黏土砖、非烧结硅酸盐砖和承重黏土空心砖强度等级为 MU30、MU25、MU20、MU15、MU10、MU7.5。它相当于原《砖石结构设计规范》（GBJ 3—73）中的 300、250、150、100 和 75 六个标号。

（2）砌块的强度等级为 MU15、MU10、MU7.5、MU5、MU3.5。

（3）石材的强度等级为 MU100、MU80、MU60、MU50、MU40、MU30、MU20、MU15、MU10。

（4）砂浆在砌体中的作用是当粘结剂而使块材连成整体共同工作。砂浆还可以填充块材之间的空隙，减少砌体的透气性，提高砌体的保温性能与抗冻性能，还可以使砌体受力均匀。砂浆依胶凝材料不同可分为水泥砂浆、石灰砂浆和混合砂浆。砂浆的强度等级为 M15、M10、M7.5、M5、M2.5、M1 和 M0.4。

2. 砌体的强度

由于砌体是由块材及砂浆组成的，远非均匀连续体，故砌体的受压工作性能与均质整体结构构件有很大差别。常用的砌体有砖砌体、砌块砌体、天然石材砌体等。当砌筑砌体的砂浆强度高，和易性、保水性较好，块材的高度大、外观较规整时，砌体的强度相对就较高些。各类砌体的抗压强度设计值分别见表4-5～表4-9。

砖砌体的抗压强度设计值（MPa）　　　表 4-5

砖强度等级	砂 浆 强 度 等 级							砂浆强度
	M15	M10	M7.5	M5	M2.5	M1	M0.4	0
MU30(300)	4.16	3.45	3.10	2.74	2.39	2.17	1.58	1.22
MU25(250)	3.80	3.15	2.83	2.50	2.18	1.98	1.45	1.11
MU20(200)	3.40	2.82	2.53	2.24	1.95	1.77	1.29	1.00
MU15(150)	2.94	2.44	2.19	1.94	1.69	1.54	1.12	0.86
MU10(100)	2.40	1.99	1.79	1.58	1.38	1.26	0.91	0.70
MU7.5(7.5)	—	1.73	1.55	1.37	1.19	1.09	0.79	0.61

注：灰砂砖砌体的抗压强度设计值，应根据试验确定。

在下列情况时，各类砌体的强度设计值应乘以调整系数 γ_a：

（1）在有吊车房屋和跨度不小于 9m 的多层房屋，$\gamma_a=0.9$。

（2）构件截面面积 A 小于 $0.3m^2$ 时，$\gamma_a=0.7+A$。

（3）各类砌体用水泥砂浆砌筑时，对各类抗压强度设计值，

$\gamma_a=0.85$；对粉煤灰中型实心砌块砌体，$\gamma_a=0.5$。

（4）验算施工中房屋的构件时，$\gamma_a=1.1$。

一砖厚空斗砌体的抗压强度设计值（MPa）　　表 4-6

砖强度等级	砂浆强度等级				砂浆强度
	M5	M2.5	M1	M0.4	0
MU20(200)	1.65	1.44	1.31	1.26	0.98
MU15(150)	1.24	1.08	0.98	0.94	0.73
MU10(100)	0.83	0.72	0.65	0.63	0.49
MU7.5(7.5)	0.62	0.54	0.49	0.47	0.37

注：一砖厚空斗砌体包括无眠空斗、一眠一斗、一眠二斗和一眠多斗数种。

混凝土小型空心砖块砌体的抗压强度设计值（MPa）　　表 4-7

砖块强度等级	砂浆强度等级				砂浆强度
	M10	M7.5	M5	M2.5	0
MU15	4.29	3.85	3.41	2.97	2.02
MU10	2.98	2.67	2.37	2.06	1.40
MU7.5	2.30	2.06	1.83	1.59	1.08
MU5	—	1.43	1.27	1.10	0.75
MU3.5	—	—	0.92	0.80	0.54

注：1. 对错孔砌筑的砌体，应按表中数值乘以 0.8；
　　2. 对独立柱或厚度为双排砌块的砌体，应按表中数值乘以 0.7；
　　3. 对 T 形截面砌体，应按表中数值乘以 0.85；
　　4. 对用不低于砌块材料强度的混凝土灌实的砌体，可按表中数值乘以系数 ϕ_1，$\phi_1=[0.8/(1-\delta)]\leqslant 1.5$，$\delta$ 为砌块空心率。

中型砖块砌体的抗压强度设计值（MPa）　　表 4-8

砖块强度等级	砂浆强度等级				砂浆强度
	M10	M7.5	M5	M2.5	0
MU15	4.89	4.77	4.57	3.98	3.38
MU10	3.26	3.18	3.04	2.65	2.26
MU7.5	2.44	2.39	2.28	1.99	1.69
MU5	—	1.59	1.52	1.32	1.13
MU3.5	—	—	1.06	0.93	0.79

注：1. 对错孔砌筑的单排方孔空心砌块砌体，当空心率 $\delta>0.4$ 时，应按表中数值乘以系数 ϕ_2，$\phi_2=1-1.25(\delta-0.4)$；
　　2. 对用不低于砌块材料强度的混凝土灌实的砌体，可按表中数值乘以系数 ϕ_1，ϕ_1 应按表 3-7 注 4 采用。

毛料石砌体的抗压强度设计值（MPa）　　　表 4-9

石材强度等级	砂浆强度等级				砂浆强度
	M7.5	M5	M2.5	M1	0
MU100	5.78	5.12	4.46	4.06	2.28
MU80	5.17	4.58	3.98	3.63	2.04
MU60	4.48	3.96	3.45	3.14	1.76
MU50	4.09	3.62	3.15	2.87	1.61
MU40	3.66	3.24	2.82	2.57	1.44
MU30	3.17	2.80	2.44	2.22	1.25
MU20	2.59	2.29	1.99	1.81	1.02
MU15	2.24	1.98	1.72	1.57	0.88
MU10	1.83	1.62	1.41	1.28	0.72

注：对下列各类料石砌体，应按表中数值分别乘以下系数：
　　细料石砌体　　　1.5；
　　半细料石砌体　　1.3；
　　粗料石砌体　　　1.2；
　　周边密缝石砌体　0.8。

3. 无筋砌体受压构件的计算

砌体结构的主要构件是砖柱和砖墙。砖柱、砖墙在轴向压力作用下的计算要点是选择截面尺寸及材料强度等级，并且验算高厚比。开始计算时，一般可按经验或粗略估算截面尺寸，然后验算其强度和高厚比，如不能满足需要时，应重新改变截面再进行验算直到满足要求为止。

受压构件的承载力应按下式计算：

$$N \leqslant \varphi f A \tag{4-5}$$

式中　N——荷载设计值产生的纵向力；

　　　φ——高厚比 β 和轴向力的偏心距 e 对受压构件承载力的影响系数（表 4-10）；

　　　f——砌体抗压强度设计值；

　　　A——截面面积，对各类砌体均按毛截面计算，对带壁柱墙的面积应按计算的翼缘宽度确定。

在查表求取 φ 值时，应先对构件高厚比 β 乘以下列系数进行调整：

1) 黏土砖、空心砖、空斗墙体和混凝土中型空心砌块砌体,为 1.0;

2) 混凝土小型空心砌块砌体,为 1.1;

3) 粉煤灰中型空心砌块、硅酸盐砖、细雨料石砌体,为 1.2;

4) 粗料石和毛石砌体,为 1.5。

纵向力影响系数 (φ) 表 4-10

β	e/h 或 e/h_T					
	0	0.1	0.2	0.3	0.4	0.5
≤3	1	0.83	0.68	0.48	0.34	0.25
4	0.98	0.80	0.58	0.40	0.28	0.20
6	0.95	0.76	0.54	0.37	0.25	0.17
8	0.91	0.71	0.50	0.34	0.23	0.16
10	0.87	0.66	0.46	0.31	0.21	0.14
12	0.82	0.62	0.43	0.28	0.19	0.13
14	0.77	0.58	0.40	0.26	0.17	0.12
16	0.72	0.54	0.37	0.24	0.16	0.10
18	0.67	0.50	0.34	0.22	0.15	0.10
20	0.62	0.46	0.32	0.21	0.13	0.09
22	0.58	0.43	0.30	0.19	0.12	0.08
24	0.54	0.40	0.28	0.18	0.12	0.08
26	0.50	0.37	0.26	0.17	0.11	0.07
28	0.46	0.35	0.24	0.16	0.10	0.0630
30	0.42	0.32	0.22	0.15	0.008	0.06

高厚比 β 按下列公式计算:

对矩形截面: $$\beta = \frac{H_0}{h}$$

对 T 形截面: $$\beta = \frac{H_0}{h_T}$$

式中 H_0——受压构件计算高度;

h——矩形截面轴向力偏心方向的边长,当轴心受压时为截面较小边长；

h_T——T形截面的计算高度，可近似取 $35i$ 计算；

i——截面回转半径。

高厚比 β 应满足： $\beta \leqslant \mu_1 \mu_2 [\beta]$

式中 μ_1——非承重墙允许高厚比的修正系数，规范规定，对于厚度 $h \leqslant 250mm$ 的非承重墙；

$h = 240mm$ 时，$\mu_1 = 1.2$；

$h = 90mm$ 时，$\mu_1 = 1.5$；

$240 > h > 90mm$ 时，μ_1 按插值法取值。

对承重墙 $\mu_1 = 1$；

μ_2——有门窗洞口墙允许高厚比的修正系数：

$$\mu_2 = 1 - 0.4 \frac{b_s}{s}$$

b_s——在宽度 s 范围内的门窗洞口宽度；

s——相邻窗间墙或壁柱之间的距离；

$[\beta]$——墙、柱的允许高厚比，按表 4-11 采用。

墙、柱的允许高厚比　　　　　　　表 4-11

砂浆的强度等级	墙	柱	砂浆的强度等级	墙	柱
M0.4	16	12	M5	24	16
M1	20	14	≥7.5M	26	17
M2.5	22	15			

【例】 截面为 $49cm \times 37cm$ 的砖柱，采用 MU7.5 砖，M5 混合砂浆砌筑，柱的计算高度 $H_0 = 5m$，承受轴心压力为 140kN（包括柱自重及荷载系数）。试验算柱底截面强度。

由 MU7.5 砖、M5 砂浆，查表 4-5，得：$f = 1.37MPa = 0.137kN/cm^2$

【解】 柱的高厚比 $\beta = \dfrac{H_0}{h} = \dfrac{500}{37} = 13.5 < [\beta] = 16$

由于 $e = 0$，所以，$\dfrac{e}{h} = 0$，查表 $\varphi = 0.785$

截面面积 $A = 49 \times 37 = 1813 < 0.3$，故应考虑调整系数，$\gamma_a = 0.7 + A = 0.7 + 0.1813 = 0.8813$

由公式（4-5）$N = \gamma_a \varphi A f = 0.8813 \times 0.81 \times 1813 \times 0.137 = 172 \text{kN} > N = 140 \text{kN}$

强度满足要求。

4. 砌体结构墙、柱的一般构造要求

砌体结构房屋除进行强度计算和高厚比验算外，还应满足墙、柱的一般构造要求，使房屋中的墙、柱与楼、屋盖之间有可靠的拉结，以保证房屋的整体性和空间刚度，具体可参阅有关规范。

复习思考题

1. 什么叫建筑结构？什么叫建筑构件？它们之间有什么关系？
2. 什么叫荷载？荷载分类的依据是什么？
3. 建筑结构设计的任务是什么？
4. 什么叫混凝土的强度等级？
5. 钢筋和混凝土共同作用主要靠什么？
6. 钢筋混凝土梁正截面破坏有几个阶段？各有什么特点？
7. 钢筋混凝土受压构件分为几种类型？
8. 钢筋混凝土大偏心受压构件和小偏心受压构件的根本区别在哪里？
9. 常用砌体材料有哪些种类？砂浆有哪些种类？强度等级各有几种？
10. 同强度等级的水泥砂浆和混合砂浆，在同一条件下砌出来的砌体哪个强度高？为什么？
11. 验算墙体高厚比的目的是什么？
12. 纵向弯曲系数 φ 的物理意义是什么？

五、家具设计的基础知识

家具是人们每天必须接触的用具，是人类的朋友，是人们工作学习都离不开的必需品。一件好的家具，既是使人们在使用中能得到身体上享受的日用品，又是一种美化家庭的装饰品，更是使人们得到精神享受的艺术品。

随着生活水平的提高，人们对家具的要求也越来越高，可从实用、美观、档次等诸方面选择适合自己的款式。

一件好的家具可以体现主人的修养情趣和爱好，亦能反映设计者对家具设计方面的知识积累和艺术欣赏、审美水准及制作者的技艺程度。

成功的家具设计并非简单，乃是集材料学、工艺学、人体工程学、美学等科学于一体的多学科科学的结晶。

（一）古典家具简介

1. 古埃及家具

古埃及位于非洲东北部尼罗河的下游。公元前 4000 年，美尼斯统一埃及，形成世界的文明古国。埃及是沙漠中的绿洲，土地肥沃、物产丰富。木材品种有无花果树、橄榄树、香柏和紫杉等，这些是制作家具的必要的物质条件。

我们目前能见到的古埃及家具实物，主要是公元前 15 世纪新王朝时代之后保存下来的，其具有安定庄重和威严豪华的特征。

古埃及人相信神都是通过自然形态来表现自己的，因而他们采用雕刻和彩绘相结合的艺术手法在家具上真实地再现了尼罗河畔的动植物形象。比如家具的腿多雕成牛蹄、马腿、狮爪之类的造型，装饰纹样有莲花、芦苇和纸落草等图案，在这些自然纹样中，还常夹杂文字和几何图案（图5-1）。

图 5-1 公元前 2 世纪的古埃及家具

古埃及家具的装饰色彩，除金、银、象牙及宝石本色外，常见的有红、黄、绿和白等色，颜料是用矿物质颜料粉加骨胶调制而成的。用于折叠凳、椅和床的蒙面料有皮革、灯芯草和亚麻绳。

2. 古希腊家具

古希腊家具因受其建筑艺术的影响，腿部常采用希腊建筑柱式的造型。在装饰上，忍冬花饰似乎作为一种特定的艺术语言广泛地出现在家具上。这些细巧的装饰图案，以及在椅子上常见的轻快爽朗的曲线，构成了古希腊家具典雅优美的艺术风格（图5-2）。

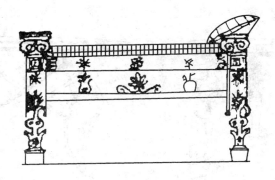

图 5-2　公元前 6~5 世纪希腊浮雕上的家具形象

遗存至今的古希腊家具多用青铜和铁制成，不过从浮雕和瓶画上来看，古希腊家具还是以木制为主。座椅和卧床上都铺设座垫和靠垫，当然在铺设方法和织构图案等方面与西亚家具是完全不同的。

3. 古罗马家具

公元前 3 世纪初产生的奴隶制国家古罗马，遗存的家具实物中除有一些从庞贝古城出土的青铜家具外，还有几件大理石家具。这些家具在造型和装饰上受到了希腊的影响，但更多地保持着民族特色的主导地位，是古罗马帝国的那种严峻的英雄气概在家具上的充分表现。家具的造型坚厚凝重，加上战马、雄狮和胜利花环等装饰题材,构成了一种男性化的艺术风格(图 5-3)。

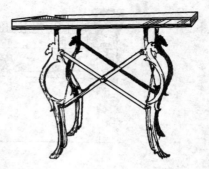

图 5-3 古罗马家具

据记载,当时的家具主要是木制的,而且割角榫木框镶板结构也已开始使用。木家具上常镶嵌装饰,石家具的雕刻技术也已十分成熟。

4. "罗马式"家具

从 11 世纪始,意大利的家具在造型和装饰上首先开始模仿古罗马建筑的拱券和檐帽等式样,形成了独特的"罗马式"艺术风格。随后又传播到英、法、德和西班牙等国,成为 11 到 13 世纪在西欧流行的一种式样。

"罗马式"家具常采用金属饰件和圆帽钉,既起加固作用,又是很好的装饰件,尤其是青铜镀制和其表面镀金的技术极有成就。"罗马式"柜类家具顶端多呈坡尖顶的形式。椅类常用旋制的圆柱,在造型上给人以坚定、安静、沉重和朴实的感觉(图 5-4)。

5. 哥特式家具

"哥特式"家具是公元 12 世纪末首先在法国开始,随后于 13 至 14 世纪流行于欧洲的一种家具形式。

"哥特式"家具上的装饰几乎都取材于基督教圣经的内容。

图 5-4 "罗马式"家具(德国 14 世纪的罗马式)

比如,"三叶饰"象征君圣父、圣子和圣灵的三位一体;"四叶饰"象征四部福音;"五叶饰"则代表五使徒书。又如鸽子是圣灵,百合花是圣洁的象征,橡树叶则表明神的强大和永恒的力量等等。所有的图案都是采用浮雕、深雕、透雕和圆雕相结合的手法来表达的,"哥特式"家具的主要成就在于它那些精致的木雕装饰上。"哥特式"家具的用材因地区不同而异。比如英国用橡木,法国用栗木,意大利用胡桃木等等。木家具上的金属饰件也相当精致美观(图 5-5)。

图 5-5 哥特式家具

6. 意大利文艺复兴时期家具

意大利文艺复兴运动是 14 世纪下半叶至 16 世纪先在意大利开始,而后又遍于欧洲各国的一种文化变革。"文艺复兴"运动的基本口号是"复兴古典文化"和"提倡人道主义"。因此,这一时期的家具有两个主要特征:一是外观厚重庄严,线条粗犷,具有古希腊罗马建筑的特征；二是人体作为装饰题材大量地出现在家具上（图 5-6）。

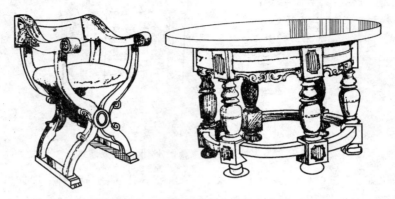

图 5-6　16 世纪意大利文艺复兴家具

7. 隋、唐、五代的家具（公元 589～960 年）

隋唐时期是中国封建社会前期发展的高峰，由于手工业的进步，大大促进了家具的发展。

高形桌案的出现是这时家具的特点之一，这是由于几案由床上移至地上，垂足踞坐习惯渐渐形成和高形坐具逐渐流行的缘故。

坐具有凳、筌蹄、坐墩、扶手椅和圈椅等。床有大有小，通常为案形结体或壶门台座形结体（图 5-7）。在大型宴会的场合，出现了多人列坐的长桌及长凳。可见后代各种家具类型在唐末五代之间已经基本具备。

图 5-7　隋、唐、五代的家具（历代帝王像）

家具的式样简明、朴素大方,桌椅的构件有的做成圆形断面,既实用,线条也柔和流畅。

8. 宋至清的后期传统家具

这是我国传统家具的框架结构体系完善和定型的时期。尤其是我国明代家具,对西方的巴罗克和洛可可式家具产生起极大的影响,在世界家具史上占有重要地位。

宋、元时期的家具(公元 960～368 年),手工业分工很细,家具的生产工具和工艺技术也比以往进步。宋代家具采用梁柱式的框架结构,代替了隋唐时期沿用的箱形壸门结构,这就使得结构由复杂趋向简洁(图 5-8)。

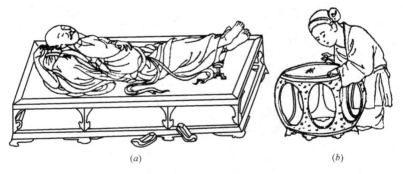

(a) (b)

图 5-8 宋元时期的家具
(a) 榻宋(槐荫消夏图);(b) 鼓墩宋(秋庭县戏图)

9. 明代的家具(公元 1368～1644 年)

明代尤其是嘉靖以后商品生产量的激增,官营和私营手工业及各种手工艺技术的发展,使明代家具达到了我国古典家具发展的历史高峰。概括明代家具的特点有,在造型上是体型稳重、比例适度、线条流畅,在结构上朴实严谨、简练合理、坚固耐用,装饰手法丰富多采、或简或繁、皆臻佳妙,用料考究,既发挥了材料的性能,又充分利用和表现了木材本身的色泽和纹理美。

明代家具的品种已相当完备,遗存至今的主要有:
凳椅类:兀凳、方凳、条凳、梅花凳,官帽椅、灯挂椅、扶手椅、圈椅等(图 5-9)。

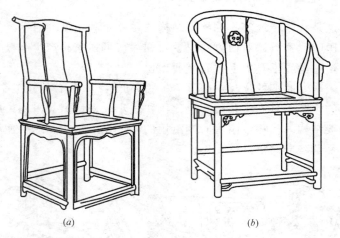

图 5-9 明代家具
(a) 灯挂椅;(b) 圈椅

几案类:平头案、翘头案、条案、书案、架几案,琴桌、二屉桌、方桌、供桌、月牙桌,方几、茶几、琴几、香几等。
柜类:竖柜、书柜、四件柜、衣箱等。
床橱类:凉床、暖床、架子床、罗汉橱。
台架类:花台、烛台、书架、衣架、面盆架、承足、围屏、插屏、地屏等。

10. 清代的家具(公元 1644～1911 年)

清代的北京、广州、扬州、宁波和苏州等地都是制作家具的中心。从家具的发展来看,明代家具以简洁素雅著称,清代家具在造型、结构上仍然继承了明代的传统,但宫廷家具首先在装饰上趋于复杂精细的缕雕。清代家具还吸收了工艺美术的成就,大量出现雕漆、填漆、描金的漆家具。木家具的装饰和雕刻也大量增加，并常利用玉石、陶瓷、珐琅和贝壳等作镶嵌装饰，如果说明代家具注重于整体的造型美，那么清代家具则是注重于局部的装饰美了（图5-10）。

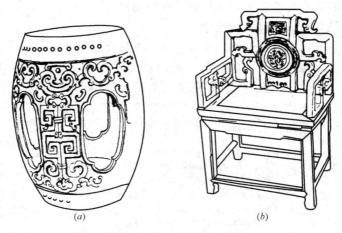

图 5-10 清代家具
(a) 京式鼓墩；(b) 京式独座

家具业的发展，使清代家具更加丰富多采，一般因地而异、各具特色。"苏式"家具精巧、秀丽，"广式"家具厚重、繁琐，"京式"家具具有古典艺术严谨工整的特点，"扬式"家具采用贝壳、玉石的"百宝嵌"和"宁式"家具的"骨木镶嵌"等都是具有鲜明的地方风格的清代家具。

（二）人体工程学与家具功能的设计

人体工程学是运用现代科学手段，对人体的尺寸、姿势、动作、生理等进行测定、分析，研究"人—机—环境"系统的科学。

家具是人们的生活必需品，它直接、间接地与人体接触。在家具功能设计中，人体与家具、空间有着相应的对应关系。

1. 人体基本尺度

人体基本尺度是家具的功能设计的基本依据，它包括人体各部位的基本尺度和使用家具时基本活动尺度。

(1) 人体各部平均尺寸

由于我国幅员辽阔，人口众多，人体尺度随年龄、性别、地区的不同而不同，并随着时代的前进而发生变化，图 5-11 和表 5-1～表 5-4 是建筑科学研究院发表的《人体尺度的研究》中，有关我国人体尺度的测量值，可作为家具设计的参考。

(2) 全国男女平均高度标准范围

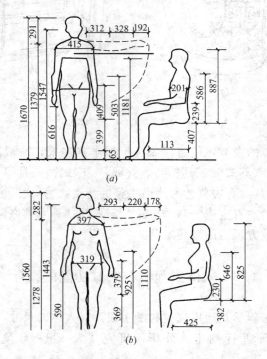

图 5-11 中等人体地区（长江三角洲）的人体各部平均尺寸（单位：毫米）

(a) 中年男子；(b) 中年女子

1）我国成年人的平均高度。男为1.67米，女为1.56米。各地区人体高度差如下：河北、辽宁、山东、山西、内蒙、吉林及青海等地人体较高，其成年人的平均高度为男1.69米，女为1.58米。

不同地区人体各部平均尺寸（单位：mm） 表 5-1

部位 \ 分布区	较高地区（冀、鲁、辽）		中等人体地区（长江三角洲）		较矮人体地区（四川、广西）	
	男	女	男	女	男	女
人体高度	1690	1580	1670	1560	1630	1530
肩宽	420	387	415	397	414	386
肩峰至头顶高	293	285	291	282	285	269
正立时眼高	1573	1474	1547	1443	1512	1420
正座时眼高	1203	1140	1181	1110	1144	1078
上臂长度	308	291	310	293	307	289
前臂长度	238	220	238	220	245	220
手长	196	184	192	178	190	178
肩峰高度	1397	1295	1397	1278	1345	1261
上身高度	600	561	586	546	565	524
臀部宽	307	307	309	319	311	320
肚脐高	992	948	983	925	980	920
上腿长	415	395	409	379	403	378
下腿长	397	373	392	369	391	365
脚高度	68	63	68	67	67	65
座高	893	846	877	825	850	793

全国成年男子身高百分比 表 5-2

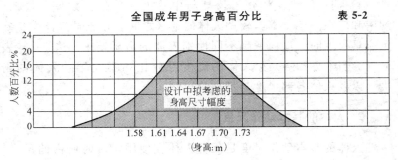

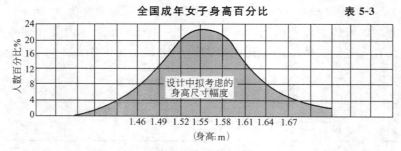

全国成年女子身高百分比　　　　表5-3

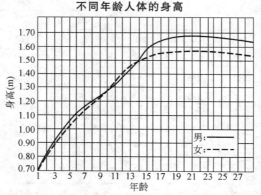

不同年龄人体的身高　　　　表5-4

2）长江三角洲、浙江、安徽、湖北、福建、陕西、甘肃及新疆等地的人身材比较适中，其成年人的平均高度为男1.67米，女1.56米。

3）四川、云南、贵州及广西等地人体较矮，其成年人平均高度为男1.63米，女1.53米。

4）河南、黑龙江介于较高与中等人体的地区之间，江西、湖南和广东介于中等与较矮人体的地区之间。在家具设计中，确定家具尺度时，应照顾到不同性别人体的高矮要求。表5-2～表5-4为全国成年男、女人体的高度百分比和不同年龄人体的高度，以及人体各部尺度与身高的比例。

2. 人体的基本动作尺度

人体的基本动作尺度是反应人体在使用家具时所占的尺度，

他是人体基本尺度的基础，当人体活动时，所占有的这一尺度如图 5-12（1）～（5）所示，是人体基本动作尺度的空间距离。

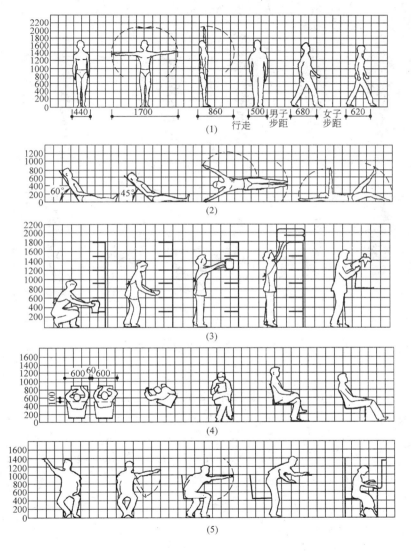

图 5-12 人体活动的基本尺度

3. 人体尺寸略算值

人体尺寸略算值如图 5-13 所示。

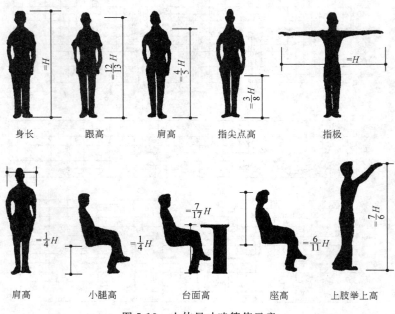

图 5-13　人体尺寸略算值示意

（三）人体工程学在家具设计上的应用

由于人体与家具的关系十分密切，因此，家具设计引进人体工程学，以科学的手段，从研究人体心理机能和生理特点的基础上来衡量和指导家具设计，以适应现代家具力求功能合理的要求。

1. 家具的尺度

（1）椅、凳类尺度

1）座高。指座板前沿高度。它是椅凳尺寸的基准，由它确定靠背和扶手的高度，以及凳面高度等尺寸。

座高应根据人体小腿的高度来确定，通常座高要略小于人体坐姿时小腿腘窝至脚底的垂直距离。一般工作椅可稍高一点，座高420mm左右，休息椅稍低一些，沙发宜在360mm左右。

2）座深。通常根据人体大腿水平长度（腘窝至臀后距离）而定，一般座深应小于大腿水平长度，约600mm，男子平均为445mm，女子约为425mm。

3）靠背高度。椅子靠背高度一般应在人体肩胛骨以下为宜，既能使肌肉适当休息，又不影响上肢活动。工作椅为便于上肢前后左右活动，靠背可低于腰椎骨上沿。专用休息椅的靠背应加高至颈部或头部。有的靠背为了使腰部肌肉得到松弛，高度只到腰椎弯曲部位即可。

4）靠背倾角。座面与靠背间一般都有适宜的角度，并协同向后倾斜，避免身体前滑，又能使身体得到休息。图5-14为不同靠背的倾角示意图，供选择不同倾角时参考。

5）扶手高度和宽度。扶手是为了减少两臂和背部疲劳而设置。一般情况下，座面到扶手上表面的距离以240mm左右为

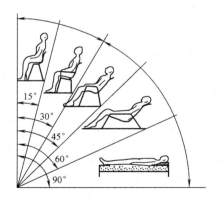 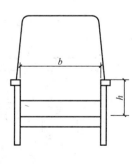

图5-14 不同功能的靠背倾角　　　　图5-15 扶手的高和宽

b—扶手内宽和座宽；h—扶手高

宜。两个扶手间的距离应在 420～440mm 为宜，北方人冬季穿衣较多，应适当加宽扶手间距，通常在 480mm 左右（图 5-15）。

6）其他尺度。椅凳为了更适合人们休息和工作，还应考虑采用弯曲座面和软材料座面。当采用软质座面时，应以弹性体下沉后的外部状态尺寸为依据。

（2）桌台类家具的尺度

桌子既要能存放一定的物品，又要满足人体坐着使用物体时的方便和舒适的要求。为了符合人体的要求，桌类家具的尺度要合理。

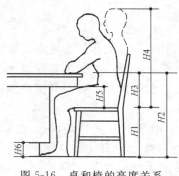

图 5-16　桌和椅的高度关系

1）桌面高度。桌子高度是一个重要尺寸。它与椅高有密切的关系（图 5-16）。据调查，根据我国近年来人们身体的平均高度，认为写字桌椅的适宜高度，以桌类 740～760mm，椅类 410～430mm 为宜。

2）桌面宽度和深度。是根据人们的视野，手臂活动范围以及桌面上放置物品的类型和方式而确定的，如图 5-17 所示。

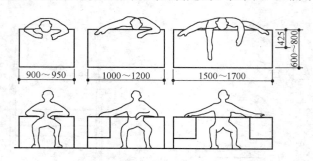

图 5-17　手臂伸展范围与桌面尺度

3）容膝和踏脚空间。容膝空间必须保证下腿直立，膝盖不受阻碍并略有空隙。既要限定桌面高度，又要保证充分的容膝空间，一般情况下，中间抽屉底至椅子座面的垂直距离不应小于160mm。

（3）床的尺度

床的尺度包括长、宽、高三个方向的尺寸，如图5-18和表5-5。

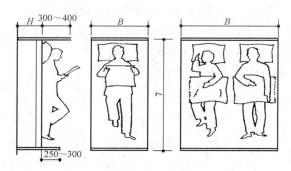

图5-18 床的尺度

床的尺度（mm）　　　　　　　　　　　　表5-5

双人床				单人床			
尺寸 类别	长	宽	高	尺寸 类别	长	宽	高
大	2000	1500	480	大	2000	1000	480
中	1920	1350	440	中	1920	900	440
小	1850	1250	420	小	1850	800	420

1）长度。床的长度确定，应以人体平均身高增加5%较为适宜。

2）宽度。床宽尺寸通常取肩宽的2.5～3倍。单人床宽一般不要小于700mm，以900mm为宜。双人床宽不小于1300mm，一般都取1500mm。

3）床高。床同时兼顾躺卧和坐息两种功能，所以高度应参考椅凳的高度。如果床面为软体材料或弹簧床面，还应考虑到床面受压后的下塌深度，以确定其实际高度。床高的一般尺寸见表

5-5。

（4）贮存类家具的功能及尺度

贮存类家具主要用于贮存物品，要求贮量大，位置合理，存取方便，占地面积小，充分利用室内空间，并利于搬动和清洁卫生。此类家具很多，如衣柜、卧室柜、组合柜、书柜、食品柜等。为满足其贮存和使用要求，应注意解决两个共同的问题，一是合理划分和分配贮存空间；二是合理确定各部位的尺度。

1）贮存空间的划分和分配。图 5-19 是以我国中等人体地区成年妇女为例来分析其尺度如何确定。

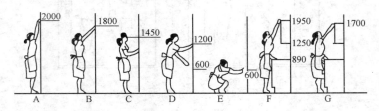

图 5-19 人体可达的范围

图中 A 是人站立时，上臂伸直取物高度为 2m，故 2m 为上分界限。B 是站立伸臂存取，舒展高度为 1.8m，如挂衣棍高度。

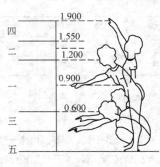

图 5-20 贮存区划分

C 是站立视线，1.45m 可作为要求直视的高度分界。D 是站立存取物品比较舒适的尺寸高度为 0.6~1.2m。E 是下蹲取物高度为 0.6m。F、G 是炊事桌案的使用尺寸。1950mm 为站立伸臂高度，1700mm 为常取物品的上限高度。

综上所述，柜、橱的高度不宜超过 1.9m，在此范围内，可划分为五个域，如图 5-20 所示。

第一贮存区，站立时手能方便达到的范围。

第二贮存区，站立时手臂需抬起能达到的范围。

第三贮存区，需弯腰或下蹲时手能达到的范围。

第四贮存区，手臂向上伸直可达到的范围。

第五贮存区，必须下蹲并弯背才能使手达到的范围。

因此，常用贮存区域应在第一、二贮存区。

2）柜、橱的高度和深度。

确定柜、橱类家具的高度和深度时，应考虑以下几方面的因素。

（A）贮存物品的尺寸。人们的生活用品极其丰富，衣物、用具、食品、餐具、茶具、书报、文化娱乐用品及工艺美术品等，应有尽有，其规格尺寸极不相同。因此，必须了解和掌握各类贮存物品的不同尺寸以及重量，表5-6是常用服装的规格尺寸。

常用服装参考尺寸（mm）　　　　表 5-6

名 称	长 度	肩 宽	名 称	长 度	肩 宽
长大衣	1000～1250	470～540	西服	680～780	430～500
短大衣	880～1020	470～540	连衣裙	1050～1100	400～460

（B）物品的存放形式。物品以何种形式存放，决定了柜橱的内部的平面和空间尺寸。如衣柜，首先确定衣服是折叠平放还是用衣架悬挂；书刊是何种开本，是平放还是竖放等因素，图5-21是图书的两种存放形式。

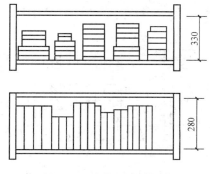

图 5-21　书籍的存放形式

（C）物品存放条件和使用条件。各类贮存类家具应充分考虑到其不同的存放条件和使用条件。如碗柜要求通气条件好，电视柜要求通风散热并且便于收看和减少视觉疲劳。

（D）人体手臂伸展长度。柜类的高度一般应控制在最高层便于两手达到的高度，即为第四贮存区内，如大衣柜应在1800～1900mm 之间，过低会减少容量，过高存放，物品存取不便。为了充分利用室内空间，对于不经常存取的物品，可考虑放在1900mm 以上。对于悬挂物品的悬挂高度，应略高于人体高度。放置茶具、生活用品的位置高度应在 1000～1200mm 之间。对于各种不同的贮存方式和使用形式的高度示意图如图 5-22 所示。

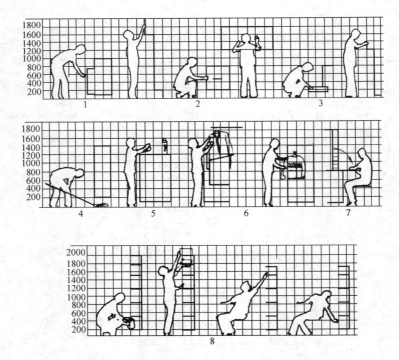

图 5-22　手臂伸展对各种贮存方式和使用形式示意

（E）视线的能见范围。柜橱家具还要满足存取时视线的要求，图 5-23 是人体视线与柜橱深度的关系图。人视线的能见范围与柜橱的深度和分格有关，深度越小，分格越大，能见度越好。

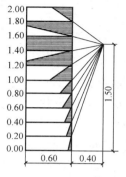

图 5-23　视线可及范围

（四）色彩在家具设计中的作用

1. 色彩的属性

木制品通过其造型、质地、色彩的作用，产生综合效果，通过人的视觉感官和大脑的反应而感知。所以，色彩是反映木制品质量不可少的重要因素之一。

（1）色彩的三要素

人们通过视觉来辨别色彩，而每一个色彩又都是由色相、彩度和明度三个要素组成的。所以色相、彩度及明度称为色彩的三要素。

1）色相。色相是区分颜色的明显标志，是色彩作用于眼睛的一种特征，可以理解为色彩的相貌和名称，也就是色彩的范围，如红、橙、黄、绿、青、蓝、紫。但同一种色彩中又很丰富，如红色就有深红、浅红、大红等。所以，从理论上讲，色相是无穷的。

2）明度。色彩的明亮程度称为明度。光源越强，明度就越高。物体的反射率越高，明度也越高。另外，反射率的高低还决定于不同的色彩。如蓝色明度就暗，黄色的明度就亮。白色以外的色彩加入不同量的白色就可以得到不同明度的色彩，反之，在色彩中加入不同量的黑色，同样能得到不同明度的色彩。

3）纯度。纯度又称彩度或饱和度，彩度即为色彩的鲜艳程度。色彩含标准色成分越多，纯度就越高。如红色就比橙色、粉红色含红的纯度高。即颜色越鲜艳，彩度就越高，纯度最高的色彩称为清色，在高彩度的颜色中加入白、灰、黑就会得到低彩度的色彩。

（2）色彩的原理

色彩是光线作用于物体的结果，是物体对光线的反射、透射和吸收而产生的。我们把花和草放在太阳下时就感到了红的花和绿的草，如果我们把花和草放入暗室里，花的红和草的绿就显现不出来了。可见，色必须通过光、眼、眼神经的输入反馈才能被感知和识别到。故色是光刺激眼睛产生的视感觉。

色彩的运用，可以用不同的色光和色料共同作用。色光的三原色是指红、绿、蓝，色料的三原色是指红、黄、蓝。三原色无法由其他颜色配得，所以三原色称为一次色，又称原色。其他颜色均由三原色配得，两种原色混合配得的颜色叫二次色或间色，三种原色以上或两种间色混合得到的颜色称为三次色、复色、在间色。

2. 色彩的效应

色彩的运用是我们美化生活的手段，色彩不但有相当的表现力，而且不同色彩还会给人们带来不同的生理效应和心理效应。

（1）色彩的表现力

不同的颜色会使人产生不同的联想，见表 5-7，不同的颜色同样有着不同的象征，见表 5-8。

色彩的联想　　　　　　　　　　表 5-7

联想 色名	抽象的联想	具体的联想
红	喜悦、热情、爱情、活力、危险	太阳、火焰、血液、红旗
橙	温情、华美、阳光、嫉妒、虚伪、热烈、活泼	桔子、柿子、秋
黄	希望、快乐、愉快、发展、清朗	黄金、香蕉、柠檬
绿	和平、遥远、健全、生长、安全、新鲜	草木、青菜、山
蓝	诚实、磊落、悠久、沉静、优雅、消极	海洋、天空、水
紫	优美、高雅、神秘、不安	葡萄、茄子、紫藤、牵牛花

续表

联想 色名	抽象的联想	具体的联想
金	华贵、富丽堂皇、阳光、快乐	财富、金银
白	欢喜、明快、洁白、纯真、洁净、不吉	雪、白糖、白云
黑	静寂、悲哀、绝望、沉默、罪恶、严肃、死亡	炭、夜、墨、黑板
灰	平凡、温和、谦让、阴郁、恐怖、中立	阴天、灰、鼠、铅

色彩的象征　　　　　　　　　　　　　表 5-8

地域 色名	中　国	宗　教	古　代
红	火、红旗	圣诞节、新年、范伦泰节	人（幸福）
橙		万圣节（前夜祭）	
黄	中央、土	复活节	太阳（健康）
绿		大主教节、圣诞节	自然（永远）
蓝	东	新年	天空（法律）
紫		复活祭	地
白	西	基督教	
黑	北	万圣节（前夜祭）	

（2）色彩的感觉

1）温度的感觉。不同的颜色会产生不同的感觉，如，我们看到了红色会联想到太阳和火焰而产生温暖感，看见了蓝色、青色会联想到天空、大海而产生凉爽的感觉。所以，人们把红、橙、黄等能产生温暖感的色彩称为暖色调；把青、绿、蓝、紫等能产生凉爽感的颜色称为冷色调。黑、白、灰三色虽属无色调，但白色为冷色调，黑色为暖色调，灰色为中色调。

2）重量感。色彩的明度大则给人轻快感，彩度弱的色彩宜产生轻快感；色彩越暗重量感越强，彩度强的重量感强。

3）距离感。明度越高的色彩近感越强，称近感色；色彩的明度越低越有隐退感，称为远感色。

4）疲劳感。色彩的彩度越高，对人视觉的刺激越大，越易产生疲劳，暖色系较之冷色系易产生疲劳；低彩度和冷色调不易产生疲劳，绿色最不易产生疲劳。色相拼合的数量越多对人视觉的刺激越大，越易产生疲劳。故使用色彩时，拼色数量宜少不宜多。

5）体量感。使用暖色调及明度高的色调涂饰的物体，使人感到体量大；而使用冷色调及低明度色调涂饰的物体，使人感到体量相对小。前者称为膨胀色；后者称为收缩色。

6）华丽与朴素。高彩度及高明度的色彩常使人感到富丽华美；低彩度及低明度的色彩相对朴素。

7）彩度高及暖色调的色彩使人感到快乐、活泼；反之使人感到沉闷、忧郁。一般来说白色是活泼色，黑色是忧郁色，灰色为中性色。

8）软色和硬色。有高明度及低彩度色彩组合的韵调使人感觉柔软；而低明度高彩度的色彩则使人感觉坚硬。

3. 色彩在家具中的运用

色彩在家具上的运用虽说是仁者见仁、智者见智，但就个人审美观而言，仍应有一定的从众性。鉴于以上色彩的特点、效应、表现力等知识，可供使用者参考。在家具上使用的色彩应与环境相协调，还要考虑其使用功能、性质、体量、体型、设置位置、效果表现力等。

单一色彩的运用依色彩的表现力与环境组合后，共同产生的效果体现。非单一色相的运用就相对复杂，其不但考虑选择搭配的种类、数量，还要考虑"主导色"和"调节色"使用的关系。由于个人的修养、生活环境、审美观等的差异，使用色彩所产生的效果有天壤之别。特别是该工艺无一定标准可循，且是一个学无止境的事物，学者可经长期摸索、研究，定能掌握其中的奥秘。

（五）家具的造型

家具是人类智慧的结晶，它以空间形体展示其艺术形象。

家具的造型很重要，它不单单是为了好看、美观，而是把艺术和功能、艺术和技术、创造和制造彼此联系在一起的科学。

1. 造型与美

人们除了对家具要求有很好的使用价值外，还要求它外形美观，给人以精神上的享受。因此，在家具设计和制作时，不但要考虑其使用功能，还要从美学方面探讨其造型。所谓家具造型，就是能动地使用物质条件，给予功能以特定的艺术表现。对家具来说，美是包括功能上、精神上、艺术上、材料上、工艺上等美感的集合。家具的结构"形式美"是评价造型美与丑的重要因素。形式美要求立意要新、外形结构新、采用工艺新、材料新、技术新，使家具有独创性。

真正的美往往很朴素，既不哗众取宠，也不矫揉造作，虽不华丽，但色度宜人，给人以朴实的美感。

变化与统一是美的基本法则，从变化中求统一，在统一中求变化。要将各种因素，如，体量（大小、宽窄、高低、长短）、形状（方圆、曲直）、色彩（浓淡、明暗、冷暖）运用各种排列组合（如横与竖、曲与直、交错与倾斜、间断与连续、疏与密、虚与实、聚与散）构成方法，达到静中有动、动中有静，动而不乱，静而不板，丰富多彩，朴素大方的造型要求。以变化为主调丰富多彩，以统一为主调朴素大方。变化过分则杂乱无章，统一过分则死板单调。因此，要掌握家具美的构成因素、构成方法和构成特点，使家具不断进化和完美，始终展现给人们一种朴实大方的美感。

2. 造型要素

家具的外形轮廓与其他事物一样，都是由点及其集合（线、面）而构成的。因此，必须掌握和运用好点、线、面的表现形式及其特征。

（1）点

这里所说的"点",是指家具设计上的具体的点(图 5-24),如圆拉手、装饰点等。

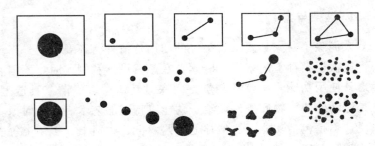

图 5-24 点的特性

1) 点的大小。点是有大有小的。
2) 点的错觉。同样的点,在不同面积中的感觉不相同,在小面积中大,在大面积中小。
3) 点的形状。不同的点,因距离、光线不同,其形状也不同。
4) 点的表现:
(A) 在一方形中只有一个点,似为焦点,有集中收敛效果。
(B) 二点成一线,有张力感。
(C) 三点成折线,有动态感。
(D) 三点成封闭形,有张力感。
(E) 三点排列有平衡感。
(F) 点按大小排列有动感,大点有近感,小点有远感。
(G) 大小点的集散产生渐变感。

(2) 线

线指家具造型中具体的线。线条有长短、纵横、疏密、方圆、曲直、伸折、平行、相交等形式(图 5-25),其特征如下:

1) 垂直线。有正直、坚实、毅力、统一意志等感觉。
2) 斜线。给人以散射、奔驰、突破、上升、放纵、粗犷感。
3) 水平线。给人以开始、平静、沉着、安定、刚直不阿感。

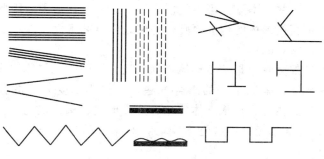

图 5-25 线的特征

4）折线。有锋利、起伏、循环、重复、变化、动态和灵巧之感。

5）曲线。温和、圆润、丰富，似春风、似流水、似彩云，有轻松、愉快、浮动、优雅之感。

直线表现出强硬和力的美，曲线表现出柔和、动的美，二者结合则有刚有柔、形神兼备。

（3）面

面有正方形、长方形、三角形、圆和椭圆形等。它们有以下特征：

1）正方形。缺少变化，给人以单调感。

2）长方形。比例恰当，妙趣横生；若比例失调，则没有美感。

3）三角形。体现安定、静止中富有生气。

4）圆形。富有运动和美的感受。

5）椭圆形。明快、流畅、秀丽，给人以律动、均齐的缓急变化感。

3. 造型的构成

造型就是将造型元素按一定规律和原则组合在一起。家具不论其外形是什么样子，都可以分解成简单的几何体，如，柱体（正方体、矩形体、棱柱体）、锥体（圆锥、棱锥）、球体、环体等形体，这些基本形体可以组成千姿百态的家具形象。因此，家具造型主要指形体的构成原则，并使之具有艺术性。

(1) 家具的形体构成

家具都可看作是若干形体不同、尺寸不同的几何体构成，利用这些形体，采取不同的组合方法，可组成千变万化的家具形体，家具形体构成包括立体感觉、构成形式、构成工艺等。

1) <u>立体感觉</u>。以视觉为中心，对家具的形、光、色、质的综合感觉。

(A) 动感与静感：因不同的线表现不同的特性和表情，不同的线条采用不同组合方法则呈现不同的个性。

(B) 量感与质感：质感指家具所用材料给人的感觉，质地靠材料表面的纹理、光泽、粗糙程度体现，质感不同的家具产生不同量感。质量不同，家具体现的形象也不同。质地粗糙，形象浑厚、古朴；质地细密，则形象精巧、雅致。

(C) 光和影：利用局部的凸凹变化，在光作用下，使家具增加造型风格，如图 5-26 所示。

2) 构成形式：

(A) 虚空间：采用面的转换、切割，线的交织等方式，获得动感、进深感、层次感的效果。

图 5-26　光影的作用

(B) 实体：家具实体一般用分割与堆砌两种方法。

形体分割就是将其主体按一定规则分割若干部分，一般表现在线型和量的方面。净化个性，增加构成的生气。

形体堆砌就是根据功能和造型要求，将不同几何形体按一定规律组成积木式形体。

3) 构成工艺。家具造型，必须符合其工艺条件。在考虑造型时，必须考虑材料和成本因素。

(2) 突出重点

在家具造型中要突出重点，强化主题效果。重点体现其功能效果部位、形体关键部位和结构的结合部位。

1) 体现功能效果部位。在考虑家具造型时不能离开其功能，如，工作椅要突出其座板，休息用椅还要突出其靠背和扶手，对于显示威严的座椅则还须考虑其支架和整个体形。一般衣柜应突出挂衣部分，酒柜应突出陈设酒具部分，书柜应突出书籍陈列的玻璃柜部分；书桌按其用途和布置，一般以正面为主，并处理好抽屉与柜门的相互关系；床铺则以床头造型为重点，如图5-27所示。

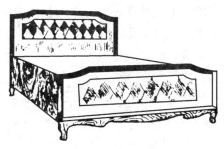

图5-27 突出床头的造型

2) 突出形体关键部位。家具体量上的特别部位、外形构造上的转折与结束部位和视觉上易停留部位均属关键部位，如柜沿、脚架为外形结束部位；梳妆台的镜框为造型重点，如图5-28中的衣柜的脚架和门作了重点处理，使艺术更加鲜明。

3) 突出结构上的结合部位。家具结构中的结合部位也是造型的重点部位，确定重点不宜过多，当有两个以上重点时，应分出主次。

突出重点有时还需用色彩、光泽、

图5-28 突出形体关键部位

质感等特征加以重点体现,如衣柜的油漆,四周框边镶嵌金色线条,框门装饰别致的拉手和锁,会使整个衣柜富丽高雅,起到"画龙点睛"突出重点的作用。

(3) 比例和尺寸适度

1) 比例。家具的比例指的是其外形的长、宽、高三维方向的尺度关系,家具表面的整体与局部、局部与局部以及零件与部件之间尺寸的比例关系。

(A) 按用途要求所形成的比例。由于家具的用途和功能不同,各部的比例关系也有区别。如柜橱、床、桌、椅、凳等,其比例关系基本是由功能所决定的。柜橱类家具的高和宽尺寸接近,而深度因其用途不同差异较大;床的长、宽尺寸较大,高度却很小;书柜和衣柜的高度相近,但书柜为贮存和存取书籍方便,只能摆放一排书,所以书柜的深度较小;衣柜为了放和挂衣服,深度就要大些。

(B) 按人们的审美要求所形成的比例。也就是说要达到家具的"形式美"。如长方形,人们在长期的实践中,找到一种完美的尺寸比例即"黄金值比率",如图 5-29 所示。其形状既不会看成正方形,也不会错看成两个相联的正方形,黄金率矩形的比例为 1:1.618,形式美的矩形还有 $\sqrt{2}$ 矩形、$\sqrt{3}$ 矩形、$\sqrt{4}$ 矩形、$\sqrt{5}$ 矩形等。

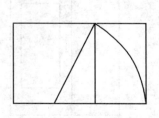

图 5-29 黄金矩形

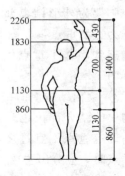

图 5-30 人体各部尺寸

人体是自然界中美的集中表现，其各部尺寸和比例可作为"黄金尺"，用人体的比例造型，可得到优美和谐的家具。如图 5-30 所示，人体有如下的比例关系：

1130∶2260＝1∶2；

430∶700∶1130，相加级数比：

$\left.\begin{array}{l}70∶1130＝1∶1.618\\860∶1400＝1∶1.618\end{array}\right\}$黄金分割比长方形柜体能产生良好

视觉效果的比例，如图 5-31 所示。一般 AD∶AB＝AB∶AF，在实际的日常生活中，人们常用 2∶3 的比率矩形，这是一个近似黄金比率；有些家具的外形还要靠日常观察和经验来确定，如图 5-32 中小桌的延伸多与少，腿的倾斜大与小，并不影响使用，但会直接影响人们对其造型美丑的审视效果。

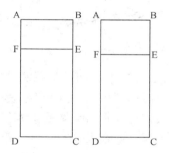

图 5-31 良好的划分效果

图 5-32 不同的桌腿造型效果

2）尺度。尺度是指家具造型，根据人体的尺寸和生理特点以及使用方法，所形成的特定的合理的尺寸范围，即人的使用生理与家具的某些特定标准之间的大小关系。

（A）结构要轻巧，零件尺寸要适应。根据家具整体尺度的大小，零部件大小要有区别，如小凳、小桌、茶几，若用大件家具的结构和零件尺寸，就会笨重、呆板。成套家具的制作，不要为了追求统一，忽略家具的大小，应采用相应尺寸的零部件。如衣柜与床头柜采用同一厚度的侧板，则二者必有其一会显得不协调。

(B) 对存放显露物品的家具,其隔板空间尺度要适应物品存放后疏密有致,虚实适宜,不能过于空虚,也不能太堵塞,如玻璃门的书柜、橱柜、陈列柜和格架、博古架等。图 5-33 中柜中物品存放与空间分隔较为合理。

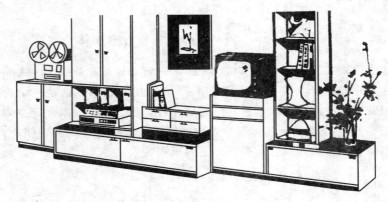

图 5-33　物品存放与家具的尺度感

(C) 家具的尺度要与周围环境相适应。大房间的家具可大些,小房间的家具要小些。尺度是一个同比例相近,但又不仅是比例的问题。单件家具很难显示其真实体量,必须与周围物体和环境相比较,才能显出其体量大小和效果。如教室里的讲桌,若放在礼堂的讲台上,虽然是同一讲桌,但就会显得太小,就不会产生良好的尺度感。

(4) 均衡、稳定

1) 均衡:

(A) 对称。即为调和均衡,对称家具显得庄重、平衡、宁静、安详,有一种结构美,但缺乏变化,显得单调。

(B) 不对称。指对比均衡而言,不对称具有变化、活泼的特点,有刺激美。不对称为相对均衡和不规律均衡。

相对均衡,以外中轴线为基本对称,两侧的分隔、颜色质感不尽相同,可增删,求得变化、活泼的效果。

不规律均衡,亦称异量式,即形式不同量也不同,形体无中心线可划分，它给人以多变生动，玲珑活泼之感，显得不呆板，再从体量、分隔、质量、色彩上加以合理处理，会使人获得均衡感。

2) 稳定：稳定有实际的稳定和视觉的稳定。

① 实际的稳定：一件家具应具有一定的稳定性，就是说一般情况下，在垂直重力作用下不会倾倒。在实际制作时，应尽量降低重心，比如柜橱类家具，一般为下实上虚或下深上浅的结构，或者将家具的支腿向外张开些，以扩大支面面积。

② 视觉的稳定：家具除具实际的稳定外，还必须有视觉感受上的稳定。除按照重心低、支面大的原则造型外，还须在色彩、质感、表面处理上加以考虑，在取得视觉上的稳定的同时，还要感觉轻巧，具有形式优美感。

(A) 体量上的处理：要使家具在感受上觉得稳定，必须处理好其体量，在体量上重心靠下放低。如两个方凳虽构件尺寸完全相同，但由于腿间横档位置不同，感受上稳定效果也不同。横档靠下的感觉稳定；靠上的感觉轻巧秀丽（图5-34）。

(B) 色彩处理：家具色彩本身无重量，但在感受上却有重量感，主要是人的联想习惯而赋予了一定性格。颜色有的

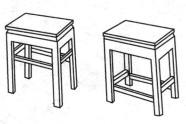

图5-34 体重与视觉稳定关系

给人以活跃感，有的给人以沉静感。深色感受较重，浅色感受较轻。如果下部用深色，上部用浅色，则在感受上加重了下部重量感，也就加重了稳定感。

(C) 质感的处理：材料的质感，也给人以不同重量感，材料表面粗糙，给人以感觉较重；表面细致，给人感觉较轻巧。家具上部使用大面积玻璃，使人心情舒畅。

(D) 线条方向处理：家具都有一定线条，线条的排列方向不同，给人的稳定感也不同。线条水平方向排列，感觉稳定；垂

165

直排列，感觉轻巧。木材纹理的排列，也给人同样感觉，横纹稳重，竖纹轻巧。

（5）节奏和韵律

节奏和韵律对家具而言，是指体量、形状、线条和色彩等因素有规律、有节奏地重复变化，有变化的反复运用，有节奏的重复出现。在变化中以求协调成分，在统一中看到变化。因此，家具在造型方面，处理好节奏与韵律，才能使家具丰富多彩并具有多种多样的韵味。

韵律有：连续韵律、渐变韵律、起伏韵律和交错韵律。

1）连续韵律。由一种或几种组成元素，按一定距离，连续重复排列形成的韵律为连续韵律，如图 5-35 中的床，四周包封的织物缝纫线脚，有规律的连续展示，给人以鲜明感。

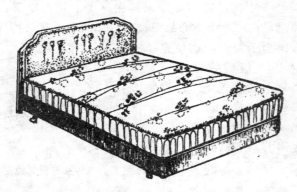

图 5-35　连续韵律在家具上应用

2）渐变韵律。连续重复的组成部分在某一方向，如体积大小、质感粗细或色彩浓淡、冷暖等方面，有规律的逐渐增加或减少，称为渐变韵律，如图 5-36 所示。渐变韵律因组成部分之间的渐变程度繁简不同，又有多种多样的形式，因此，能起到调和作用，具有和谐悦目的渐变韵律感。

图 5-36　渐变韵律

3）起伏韵律。家具造型的各组成部

分，作有规律的增减，即构成起伏韵律，如图 5-37 所示。起伏韵律有的家具采取逐级起伏的形式。有的采用弯曲的波浪形式起伏。

4) 交错韵律。家具造型中的各部组成部分，作有规律的纵横穿插或交错排列，就产生交错韵律，如图 5-38 所示。交错韵律在家具造型中应用较多，如博古架、窗格、隔扇图案等。

图 5-37 起伏韵律

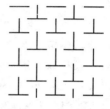
图 5-38 交错韵律

以上这四种韵律的共同特点是重复和变化，没有一定数量的重复便不能产生韵律，没有有规律的变化，会枯燥单调，因此，在家具造型设计时，要处理好家具的韵律。

(6) 分隔与联系

在成套家具各件之间，单件家具各部分之间都有一定联系，即空间的划分问题，除满足功能外，还要从艺术角度考虑。

1) 分隔。分隔的作用是将整体分为局部，运用各局部间的线型、面积、空间等大小对比，明确主次，突出重点，体现家具的特性，使笨重的形体具有轻巧感。

2) 联系。联系是将局部联成整体，使各部分中不同的线型、面积和空间相互协调，彼此衬托，各方呼应，将小联大，形成完美的形体，若每件单独摆放，则零乱无章，不成体统；联成一个整体就比较完美，既有了变化，又增添了风格。

(7) 装饰、比拟、点缀

1) 装饰。造型优美的家具，也必须装饰得体，展示出情调、风格、个性，同时反映出共性美。

装饰可利用局部花纹、边缘纹样、幅面纹理、角隅纹样进行必要的艺术形式上的加工,形成各种图案。利用各种线条在板面上的合理运用,增强区分、加重、平衡、填空、统一的不同效果。可采用胶贴、拼接、喷绘、雕刻、镶嵌、烙烫等手段获取理想的外观装饰。运用不同的材料求得不同效果,如单板或切片的木纹、油漆涂料、不同线型的木线、镶嵌木材、金属、塑料、大理石、玻璃、贝壳等以及烫烙方法,增加家具的艺术感染力。

2) 比拟。家具的造型比拟就是模拟和仿造各种事物的做法。如,可以模拟建筑物,有框架建筑结构,板式结构。家具也相应有框架式和板式家具,并且在造型上也可模拟。对各种动物、物体和人体进行造型模拟,如"八仙桌";家具脚腿中的"马蹄腿";沙发模拟各种物体;运用人体美在家具中的分隔、回转体等方面的模拟。

3) 点缀。点缀作用主要应用于家具的腿脚、拉手、铰链。腿脚有:亮脚、塞脚、包脚。桌椅脚型更是千姿百态,木脚类脚型有如图 5-39 所示种类,金属管家具中的脚型也很丰富。拉手样式更多,有木质、塑料质、玻璃的、钢质的等,可根据家具造型的不同风格,选择不同的拉手。在家具发展中,无拉手家具越来越多,这也是一种装饰,一般在门或抽屉的手拉部位起个暗槽,供开启时用,人们称之为"抠门"。家具表面无杂乱,给人以清静、舒畅感觉。

总之,在家具造型方面,随着时代的发展,风格和习惯也随时代在变化,科学技术在突飞猛进,家具工业日新月异。家具是现代经济、文化、意识的综合反映,除了功能使用外,还要求给人以通俗、平易、亲切、舒美之感,使人得到和谐的、舒展的、稳定的、安逸的享受。因此,家具造型要有以下特点:

(A) 造型简练别致,突出新意,尽量不采用繁琐工艺和对自然的单纯模仿。

(B) 讲究材质属性美,重视发挥自然韵味。

(C) 尽可能采用现代技术处理,展现出光洁美、华丽美。

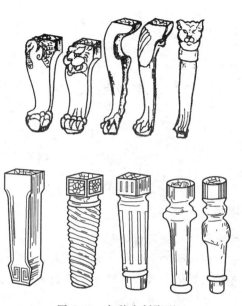

图 5-39 各种木制脚型

(D) 色彩强烈、大胆，力求造型变化，外观要具有很强的抒情效果和时代感。

六、水 准 测 量

（一）水准仪的使用和维修

1. 水准测量基本原理

建筑工程的设计和施工都必须确定地面的高程。水准测量是高程测量工作较为精确的方法。大地表面是高低起伏不平的，因此，对于建筑物的高度必须有一个统一的衡量标准。我国统一规定，以青岛验潮站所测定的黄海平均水平为起算高程的基准点。这个基准面也称为大地水准面。地面某点与大地水准面的高差，叫做该点的绝对高程，又称绝对标高或海拔。在建筑施工测量中，常选定一个假定和大地水准面平行的水准面，作为高程起算面。地面上一点到假定水准面的垂直距离，叫做该点的相对高程，又称相对标高。地面上点与点之间的高程差称为高差。

水准测量就是确定地面点与点之间的高差，并根据高差和已知点高程，推算出其他测点的高程，在测量中，高差是凭借视线水平时，利用竖直的水准尺的读数来计算的。

水准仪就是一种能提供一条与大地水准面平行的水平视线的测量仪器，供念读数的尺子叫水准尺。

如图 6-1 所示，已知 A 点高程 H_A，需要测定 B 点的高程 H_B，如果我们能求出 B 点对 A 点的高差 h_{AB}，则 B 的高程就可求出。

为了求得高差 h_{AB}，先在 AB 两点间安置水准仪。在 AB 两点分别立水准尺，且按照测量的前进方向，规定背向为后视，顺向为前视,然后利用水准仪提供的水平视线读出 A 点水准尺上的读数 a(后视)和 B 点水准尺上的读数 b(前视),则可得到:

B 点对 A 点的高差为:$h_{AB}=a-b$

B 点的高程为:$H_B=H_A+h_{AB}$

将后视读数减去前视读数得到的差称为高差。如果高差为正,说明后视读数比前视读数大,即前视点 B 高于后视点 A,如图 6-1(a)。反之,高差为负时,后视读数小于前视读数,即前视点 B 低于后视点 A,如图 6-1(b)所示。

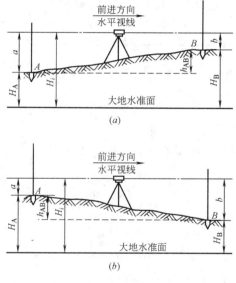

图 6-1 水准测量的原理

在工程测量中常是安置一次水准仪可测出一个或几个点的高程。为了计算上的方便,可先求出 H_i(水准仪的视线高)。视线高一般指水准仪上的水平视线相对于大地水准面(或假定水准面)的标高。然后再根据各点水准尺的读数分别计算各点高程。即待测点的高程等于视线高减去该点的水准尺读数。

从图 6-1 中可知:

视线高 $H_i = H_A + a$

待测点 B 点的高程：$H_B = H_i - b$

在工程测量中，往往待测点同已知点之间距离较长或地势起伏很大，安置一次仪器不能测出待测点的高程时，就需要多次安置仪器，即要通过几个测站来测定待测点高程，如图 6-2 所示。这种方法称为复合水准测量。

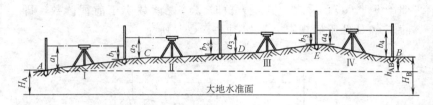

图 6-2　复合水准测量

如果在 A、B 两点分了 n 段，则应安置 n 次仪器，也就是说必须进行 n 次简单水准测量。

根据简单水准测量原理，可得出下列式子：

$$h_1 = a_1 - b_1$$
$$h_2 = a_2 - b_2$$
$$h_3 = a_3 - b_3$$
$$\cdots\cdots$$
$$h_n = a_n - b_n$$

各点的高程分别为：

$$H_C = H_A + h_1$$
$$H_D = H_A + h_1 + h_2$$
$$\cdots\cdots$$
$$H_B = H_A + h_1 + h_2 + \cdots\cdots + h_n$$

由此可得：$H_B = H_A + \Sigma h$

$$\Sigma h = h_1 + h_2 + \cdots\cdots + h_n$$
$$= (a_1 - b_1) + (a_2 - b_2) + \cdots\cdots + (a_n - b_n)$$

$$= (a_1 + a_2 + \cdots\cdots + a_n) - (b_1 + b_2 + \cdots\cdots + b_n)$$
$$= \Sigma a - \Sigma b = h_{AB}$$

由上面式子可得推论：

进行复合水准测量时，终点对于始点的高差，等于各段高差的总和，亦等于后视读数的总和减去前视读数的总和。

在水准测量过程中，属于相邻两个测站的公共点，叫转点，用符号 TP 表示，如图 6-2 中 C、D、E 点。转点一般不需要测它的高程。

在测量过程中，有些点需要测定其高程，但不用它来传递高程，只测其前视读数，不测后视读数，这样的点称为中间点。建筑工程测量中，为了提高测量速度，往往广泛设置中间点。

【例】 如图 6-2 中，已知 H_A 为 48m，$a_1=1.2$m，$a_2=1.1$m，$a_3=0.9$m，$a_4=0.6$m，$b_1=0.7$m，$b_2=0.8$m，$b_3=0.4$m，$b_4=1.4$m。求 H_B。

【解】 $\Sigma h = h_1 + h_2 + h_3 + h_4$
$$= (a_1-b_1) + (a_2-b_2) + (a_3-b_3) + (a_4-b_4)$$
$$= (a_1+a_2+a_3+a_4) - (b_1+b_2+b_3+b_4)$$
$$= (1.2+1.1+0.9+0.6) - (0.7+0.8+0.4+1.4)$$
$$= 3.8 - 3.3$$
$$= 0.5$$
$$H_B = H_A + \Sigma h = 48 + 0.5 = 48.5\text{m}$$

2. 水准仪的构造和使用

从水准测量的原理知道，水准仪要提供一条水平视线，水准仪上的望远镜和水准器就是为了这个目的设置的。它的主要作用是提供一条水平视线来测定地面上各点的高差。

水准仪种类很多，但目前最常用的是 S_3 型微倾式水准仪。水准仪由望远镜、水准器及基座三大部分组成，如图 6-3 所示。

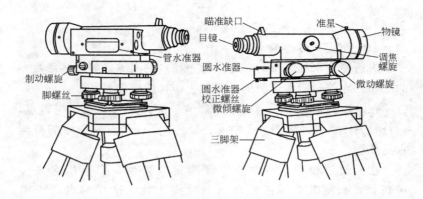

图 6-3 水准仪的构造

(1) 望远镜

望远镜是为瞄准远处的目标用的,由物镜、目镜、十字丝三个主要部分组成,它的主要作用是将水准尺进行放大,从而使观察者看清尺上读数。图 6-4 是望远镜的构造。

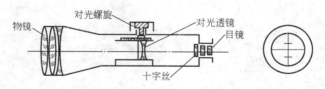

图 6-4 望远镜的构造

物镜装在望远镜前部,目标经过物镜和透镜的作用在镜筒内形成倒立小实像。转动物镜的调焦螺旋,可以前后移动透镜而使目标的像清晰地反映到十字丝平面上,再经过目镜的作用,使目标的像和十字丝同时放大,以便观察者看清并照准目标。望远镜分内对光和外对光望远镜,图 6-4 为内对光望远镜,其优点是密封性好,灰尘和潮气不易进入。

十字丝是刻在玻璃片上相互垂直的两条细丝,中间横的称横丝,竖的称竖丝。在横丝的上下等距处有两根短的横丝,称为视距丝。它是专门用来测定距离的。

测量前,首先要根据观察者的视力用目镜进行对光,使十字丝清晰。然后调节调焦螺旋,使目标清晰地落在十字丝平面上。

做好对光的标准是没有视差。经过调节调焦螺旋,使目标的像恰好落在十字丝平面上,这时眼睛在目镜端上下晃动,十字丝交点总是指在物像的一个固定位置,这就表示没有视差。如果有错动现象,说明有视差。

(2) 水准器

水准仪上的水准器是用来指示视线是否水平或仪器竖轴(仪器的旋转轴)是否竖直的器件。

水准器由长水准管和圆水准器两部分组成。圆水准器装在基座上,用来粗略调平水准仪。长水准管与望远镜连在一起,用来精确地安置仪器,使视线处于水平。

1) 圆水准器。圆水准器装在基座上,是粗略整平用的,圆水准器是一个玻璃圆盒,它的表面是磨光的球面,球面中心有一圆圈,圆的中点叫水准器零点。水准仪整平就是使圆水泡居中,水准仪大概处于水平位置,从而使望远镜的视线同水平线差距处在微倾机构可以调节的范围内,为精平创造条件,如图 6-5 所示。

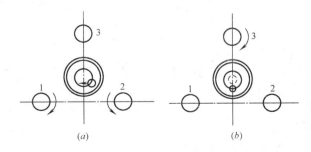

图 6-5 圆水准器的调节

调整圆水泡居中的步骤:首先,相对旋转脚螺旋 1 和 2,气泡走动方向为左手大拇指的指向,使气泡移动到 1 和 2 脚螺旋的中心连线的垂直平分线上,如图6-5（a）所示；然后,再转动脚螺旋3,使气泡移到水准器零点,如图6-5（b）。此时水准仪的竖轴就处于垂直位置了。

2）长水准管。水准管是用一个内表面磨成圆弧形的玻璃管制成的水平放置的圆柱形管,管内装酒精和乙醚混合液,仅留一个气泡密封组成,如图6-6所示。当水准气泡居中时,水准管轴成水平,此时视线也处于水平位置。

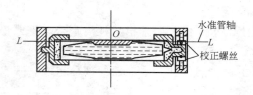

图6-6 长水准管

气泡是否居中主要由调节微倾螺旋来控制。为了提高目估水准管气泡的精度,在微倾水准仪上一般都采用符合棱镜系统,使气泡的像反映在望远镜旁的符合水准泡观测镜中来观察,如图6-7所示。

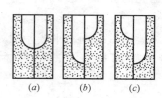

图6-7 符合水准泡的观察

当观测镜中两端圆弧吻合成一个半圆弧时,如图6-7（a）,表示气泡居中；如两端不吻合,如图6-7（b）、(c),说明气泡不居中,此时必须调节微倾螺旋使气泡居中。

(3) 基座

基座主要由轴座、脚螺旋和连接板组成,起支承仪器并与三脚架连接作用。

(4) 水准仪的操作程序

1）架设仪器。打开三脚架,按需要调节架脚的长度,三条腿张开一定的角度（高度和身体相适应）,架设在地面上。架设时,使架头基本处于水平,安装上水准仪,为粗整平打下基础。

2）粗调平。用双手按图 6-5 中箭头所指的方向转动脚螺旋，使圆水准器气泡居中。

3）瞄准。首先，观测者根据自己的视力，调节目镜与十字丝之间的距离。通常将望远镜朝向明亮的背景，观测者从目镜中看十字丝，用手转动目镜对光螺旋，直到十字丝清晰为止。

目镜调好后，用望远镜上的缺口和准星，大致对准目标，旋紧制动螺旋，然后用物镜进行对光，消除视差。调节微动螺旋，使目标在望远镜内出现。

4）精平。使用微倾螺旋调节，使长水准管内气泡居中后，即可进行读数。由于水准仪在精平前是利用圆水准器大致调平的，所以，当望远镜转到另一方向观测时，水准管内气泡有微小变化，因而必须再次转动微倾螺旋，使水准管气泡完全居中后再进行读数。

（5）水准尺的读法

常用的有板式水准尺、折式水准尺和塔式水准尺。

水准尺一般用优质木材制成，尺面为白色，分划线为黑色或红色，呈黑白或红白相间。分划值一般为 10mm 或 5mm。为了使读数方便，通常将 1dm 划分成 10 格为一组，画在尺中的一旁或两旁。尺上每 1dm 处标注数字。注写的数字有正倒两种，分别适用于正、倒成像的仪器。超过 1m 时在数字的上方加点。如电子档表示 1.2m，电子档表示 2.2m。

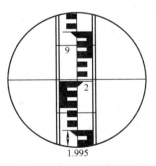

图 6-8　水准尺的读数

观测员精平仪器后读数。读数时，依次读出米（m）、分米（dm）、厘米（cm）、和估读毫米（mm）。图 6-8 中的读数为 1.995m。

3. 水准仪的检验和校正

根据水准测量的原理，当进行水准测量时，水准仪必须提供一条水平视线。视线是否水平,是根据水准管气泡是否居中来判断的。且水准仪必须满足三个基本要求,即圆水准器轴与仪器竖轴平行、十字丝横丝垂直竖轴、长水准管轴平行于视准轴,如图6-9所示。

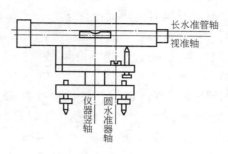

图 6-9 水准仪的检验

(1) 圆水准器轴与仪器竖轴的检验和校正

检验圆水准器轴是否平行于仪器的竖轴。如果是平行的,当圆水准器气泡居中时,仪器的竖轴就处于铅垂位置了。

1) 检验方法:

(A) 安置仪器后,转动脚螺旋,使圆水准器气泡居中,如图 6-10 (a) 所示。

(B) 使望远镜绕竖轴转 180°,如果气泡仍居中,说明圆水准器轴平行于竖轴;如果气泡偏离中心,则说明两轴不平行,如图 6-10 (b) 所示。

2) 校正方法:

(A) 先调节脚螺旋,使气泡退回偏离零点的一半,如图 6-10 (c) 所示,即使竖轴处于铅垂方向。

(B) 用校正针拨动校正螺旋 a 或 b 点移到 e 点,再拨动校正螺旋 c,使气泡由 e 点移到零点,如图 6-11 所示。不论望远镜竖轴旋转到什么位置,气泡都能居中,如图 6-10 (d) 所示,这时说明校正完毕。此项工作一般均需反复数次,才能达到要求。

(2) 十字丝横丝与仪器竖轴相垂直的检验和校正

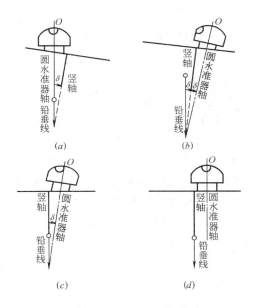

图 6-10 仪器竖轴的检验

当仪器竖轴处于铅垂位置时,十字丝横线应垂直于仪器的竖轴,此时横线是水平的,这样,在横丝的任何部位读数都是一致的。否则,如果横丝不水平,在不同的部位将会得到不同的读数。

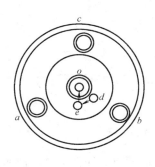

图 6-11 仪器竖轴的校正

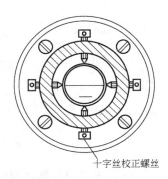

图 6-12 十字丝环的校正

179

1）检验方法：将横丝的一端对准远处一个明显的标志，然后旋紧制动螺丝，调节微动螺旋，使仪器转动。如果标志始终在沿横丝移动，说明横丝处于水平，否则应进行校正。

2）校正方法：如图 6-12 所示，松开十字丝环校正螺丝，转动十字丝环，调整发现的误差，直到十字丝满足要求，然后旋紧校正螺丝。当误差不明显时，一般不必进行校正。因此，在实际工作中，尽可能利用横丝靠近中点部位进行读数。

（3）长水准管轴平行于视准轴的检验和校正

如果长水准管轴平行于视准轴，则当水准管气泡居中时，视准轴是水平的，假如水准管轴和视准轴不平行，当水准管轴在水平方向时，视准轴却在倾斜方向，测量时读数就会出现误差。尺子离仪器的距离越远，读数误差就越大，所以把仪器安置在两点中间测得的高差和仪器靠近一点测得的高差就不会相同。

1）检验方法：如图 6-13 所示，校验时必须先知道两点的正确误差，根据读数误差和尺子离仪器的距离成正比的关系，若距离相等，读数的误差也相等。设仪器安置在 A、B 等距离处观测，两个读数都包含相同的误差 x，两个实际读数 $a+x$、$b+x$ 的差 $a+x-(b+x)=a-b=h$，等于正确的高差。

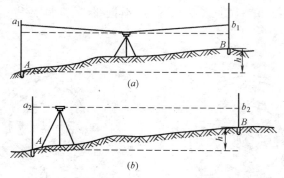

图 6-13　长水准管轴与视准轴相平行的检验

检验的步骤为：选择相距约 80m 的两点 A 和 B，A、B 两点应选在坚实地面上并高差不大，然后按下列步骤检验：

(A) 将仪器安置在 A、B 两点的中点，如图 6-13 (a)，测出两点的正确高差，$h=a_1-b_1$。

(B) 将仪器移近 A 尺（或 B 尺）处，如图 6-13 (b)，使目镜距尺 1~2m，观测近尺读数 a_2，计算当视准轴水平时远尺正确读数 $b_2=a_2-h$，调节微倾螺丝，使目镜中的十字横丝对准 B 尺上 b_2 读数，这时视准轴就处于水平位置，此时如果水准管气泡居中，则说明两轴是平行的，否则，应进行校正。

2) 校正方法：当十字横丝对准 B 尺上正确读数 b_2 时，视准轴已处于水平位置，但水准管气泡偏离中央，说明水准管不水平，拨动水准管的校正螺丝，使气泡居中，这样水准管轴也处于水平，从而达到水准管轴平行于视准轴的条件。校正时，注意拨动上下两个校正螺丝，先松一个，后紧一个，直到水泡居中，如图 6-14 所示。

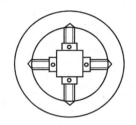

图 6-14 水准管轴与视准轴平行的校正

以上三项水准仪的检验与校正，次序不能颠倒，每项内容，都要认真并且反复几次，才能达到满意效果。

（二）一般工程的抄平放线

1. 建筑物的放线

建筑物的放线就是根据已测好的主轴线，详细测设建筑物各轴线的交点位置，并用木桩（桩顶钉一小钉）为标志，叫做中心桩，再根据中心桩位置，用石灰在地面上撒出基槽开挖边线。

由于在施工开槽时中心桩要被挖掉，因此，在基槽外各轴线的延长线上应设施工控制桩（也叫保险桩或引桩），作为开槽后各阶段的施工中确定轴线位置的依据。控制桩一般设在槽边外

0.5~2m（最好与中心线距离为整数）、不受施工干扰并便于引测和保存桩位的地方。为了保证控制桩的精度，在大型建筑施工中控制桩和中心桩一起测设。但有时先测控制桩，再根据控制桩测设中心桩。在一般小型建筑物放线中，控制桩多根据中心桩测设。

在一般民用建筑中，为了方便施工，在基槽外一定距离外设龙门板，如图6-15所示。

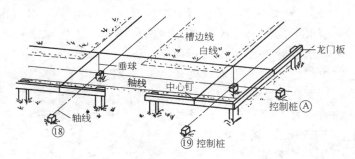

图6-15 龙门板的设置

钉设龙门板的步骤和要求如下：

（1）在建筑物四角与隔墙两端基槽外1.0~1.5m（根据土质情况和挖槽深度确定）的地方钉龙门桩，龙门桩要钉得竖直、牢固，桩面与基槽平行。

（2）根据建筑物场地水准点的高程，在每个龙门桩上测出室内地坪设计高程线，即±0.000标高线。若遇到现场自然地面太低（或太高）时，也可测设比±0.000低（或高）一定数值的线，但同一建筑物最好只选用一个标高。如地形起伏较大，必须用两个标高时，必须标注清楚，以免使用时发生错误。

（3）沿龙门桩上测设的高程线上平钉龙门板，这样龙门板顶面的标高就在一个水平面上了。

（4）用经纬仪将墙、柱的轴线投设到龙门板顶面上，并钉小钉标明，该小钉称为中心钉。

（5）把中心钉钉在龙门板上以后，应用钢尺检查中心钉的间距是否正确，经检验合格后，以中心钉为准，将墙、基槽宽标在龙门板上，最后根据基槽上口宽度拉上白线，用石灰撒出基槽开挖线。

龙门板的优点是：标志明显便于使用，它可以控制±0.000以下各层的标高和槽宽、基础宽、墙宽，并使放线工作能集中进行。缺点是需要较多的木材且占用场地，使用机械挖槽时龙门板不易保存。

2. 基槽、基础工程的抄平放线

在工程施工中应及时准确地给出各种施工标志，如施工中基槽（或基坑）是根据基槽灰线破土开挖的。当挖土将挖到槽底设计标高时，应在槽壁上测设距槽底设计标高为某一整数（如0.5m）的水平桩（俗称平桩），用于控制挖槽深度，如图6-16所示。

基槽内水平桩一般根据施工现场已测设好的±0.000标志或龙门板顶标高测设。如图6-

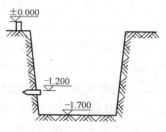

图6-16 基槽的抄平

16，槽底的设计标高为-1.700m，在基槽两壁标高为-1.200m处钉水平桩，水平桩一般可用水准仪来测设。为施工方便，一般在槽壁各拐角处和槽壁每隔3~4m处均测设一水平桩。从水平桩上表面向下量取50cm就是槽底位置。这些水平桩作为清理槽底和打垫层的依据。

垫层打好后，利用控制桩或龙门板上中心钉，在垫层上用墨线弹出墙中线和基础的边线。由于整个墙身砌筑均以此线为准，它是确定建筑物位置的关键环节，所以要严格校核。然后立好基础皮数杆，即可开始砌筑基础。当基础墙砌到±0.000标高下一层砖时，根据水准仪测设的水平线做好防潮层，立上墙身皮数杆，然后再向上砌筑。

3. 多层建筑物的轴线投测和标高传递

（1）轴线投测

多层建筑物的轴线投测一般有以下两种方法：

1）用线锤投测。在墙砌筑过程中，为了保证建筑物位置正确，常用线锤检查纠正墙角，使墙角在同一铅垂线上，这样就把轴线的位置逐层传递上去了。

2）用经纬仪投测。当建筑物较高或风较大时，可用经纬仪把轴线投测到楼板边缘或砖墙边缘，作为上一层施工的依据。

（2）标高传递

在多层建筑物施工中，经常要由下层楼板向上传递标高，以便使楼板、门窗口、室内装修等工程的标高符合设计要求。标高的传递一般可采用以下几种方法：

1）利用皮数杆传递标高：在皮数杆上一般自±0.000起，将门窗口、过梁、楼板等构件的标高都标明，需要哪部分的标高位置时，均可从皮数杆上得到。

2）利用钢尺直接丈量：在标高精度要求较高时，可用钢尺沿某一墙角自±0.000起向上直接丈量，把标高传递上去。

3）吊钢尺法：在楼梯间吊下钢尺，用水准仪读数，把下层标高传到上层。

（三）皮数杆制作与测设

皮数杆（也叫线杆）是砌墙时掌握标高和砖行水平的主要依据。皮数杆一般有砖基础皮数杆和墙身皮数杆。

当基础为砖基础时，可设置皮数杆来传递标高。皮数杆由方木制成，钉在预先埋置的桩上，在方木上按设计标高画出±0.000的标高线，以此从上往下画出每皮砖及砖缝的厚度，直到垫层。在基础皮数杆上还应标注出防潮层，过梁及沟洞等的标高。

墙身皮数杆一般立在建筑物的拐角和隔墙处，如图 6-17 所示。

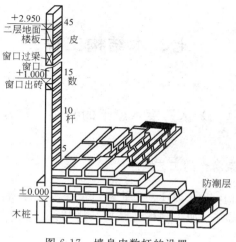

图 6-17　墙身皮数杆的设置

墙身皮数杆也应画出每皮砖和砖缝的厚度和砖的行数。除此还画有门窗口、过梁、预留孔、木砖等位置和尺寸大小。

画皮数杆的主要依据是建筑剖面图及各构件的标高尺寸等。画皮数杆一般有两种方法：一种是门窗口、预留孔、各构件的标高都可以稍有变动，此时可按砖的标准厚度及灰缝的大小画成整皮数，在砌墙时将门窗口、预留孔、构件等的标高都移到皮数杆上的整皮数处；另一种是门窗口、预留孔、各构件设计标高有一定工艺要求不能变动，此时可调整灰缝的厚度，使各设计标高都处于整皮数位置。

立皮数杆时，先在地面上打一木桩，用水准仪测设出±0.000标高位置（立皮数杆时，可测比垫层高一个整分米数的高程），然后把皮数杆的±0.000与木桩上的±0.000对齐，钉牢。为了施工方便，采用里脚手架时，皮数杆应立在墙外边；采用外脚手架时，皮数杆应立在墙里边。皮数杆钉好后，要用水准仪进行检验。

七、木结构工程

(一) 大跨度木屋架的制作、安装

1. 木屋架制作的工艺顺序

熟悉设计图纸→放1:1屋架大样→按大样做出各弦杆的样板→选材→配料→加工制作各弦杆→拼装。

2. 木屋架制作工艺要点

(1) 熟悉设计图纸内容

为使屋架放样顺利,不出差错,首先要看懂、掌握设计图纸内容和要求。如屋架的跨度、高度,各弦杆的截面尺寸,节间长度,各节点的构造及齿深等。同时,根据屋架的跨度,计算屋架的起拱值。

(2) 放1:1屋架大样

以图7-1所示屋架为例(本例屋架跨度为16米)。

1) 弹出各弦、腹杆的中心线或轴线:如图7-2所示,用墨斗线弹一条水平线,在水平线上量取线段$AB=1/2$屋架跨度,即$AB=1/2 \times 16000=8000$(mm)。过B点作AB的垂直线BC。以B为起点,量取$BD=1/200$屋架跨度,即$BD=1/200 \times 16000=80$(mm)(BD为起拱高度)。再以D点为起点,量取DE等于屋架的高度,即:$DE=4000$mm。DE即为屋架中竖杆的中心线,E点为屋架的脊节点中心。连接AD、AE,则AD为屋架下弦的轴线,AE为屋架上弦的中心线。在水平线AB上

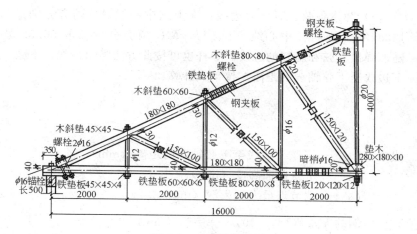

图 7-1 木屋架构造图

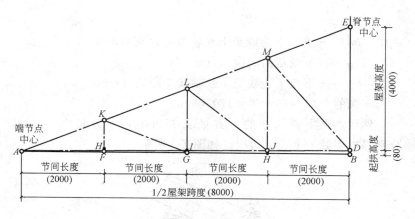

图 7-2 木屋架放线图

量取各节间长度得 F、G、H 三点，即 $AF=FG=GH=HB=2000$mm。过 F、G、H 分别作 AB 的垂直线，交下弦轴线 AD 于 H、I、J，交上弦中心线 AE 于 K、L、M。则 KH、LI、MJ 分别为竖杆的中心线。连接 KI、LJ、MD，分别为斜杆的中心线。

2) 弹出各弦、腹杆的边线：在上弦中心线 AE 两旁分别量取 90mm，在斜杆中心线 KL、IJ、MD 两旁分别量取 50mm，随即弹出上弦和斜杆的边线。竖杆也可按此方法弹出边线。下弦下边线至下弦轴线的距离，按下式计算：

$$h_下 = (H_总 - H_齿) \times \frac{1}{2}$$

式中　$h_下$——下弦下边线至下弦轴线的距离（mm）；

$H_总$——下弦截面高度（mm）；

$H_齿$——端节点最大的齿深（mm）。

本例的 $h_下 = (180 - 40) \times \frac{1}{2} = 70$（mm）。

下弦上边线至下弦轴线的距离，按下式计算：

$$h_上 = H_总 - h_下$$

式中　$h_上$——下弦上边线至下弦轴线的距离（mm）；

$H_总$——下弦截面高度（mm）；

$h_下$——下弦下边线至下弦轴线的距离（mm）。

本例的 $h_上 = 180 - 70 = 110$（mm）。

然后，在下弦轴线的上方量取 110mm，下方量取 70mm，分别弹出下弦的上、下边线。如图 7-3 所示。

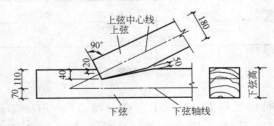

图 7-3　下弦轴线位置及端节点单齿构造

3) 弹出各节点的齿槽形状：

（A）中间节点齿槽，以图 7-4 中 K 节点为例，根据图纸齿深要求，分别弹出齿深线和 $\frac{1}{2}$ 齿深线，即齿深线距上弦下边线 30mm，$\frac{1}{2}$ 齿深线距上弦下边线 15mm $\left(\frac{1}{2}\times 30=15\text{mm}\right)$。$\frac{1}{2}$ 齿深线交斜杆中心线于 a 点。过 a 点作斜杆中心线的垂直线，交齿深于 b 点、交斜杆下边线于 c 点。连接 bd（d 点为斜杆上边线与上弦杆下边线的交点），则斜杆端部齿成形。离 d 点 5mm 左右，在上弦下边线上定一点 d'，连接 bd'，则上弦槽成形。如图 7-4 所示。

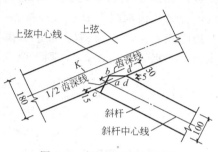

图 7-4 中间节点齿槽构造

其他中间节点以及单齿端节点，均可按此方法作出相应的齿槽。

（B）下弦中央节点：硬木垫块嵌入下弦 20mm，两边斜杆端头兜方锯平，紧顶在垫块斜面上，并在中间加暗梢。中竖杆穿过下弦杆及垫块，端头加垫板，双螺母拧紧，如图 7-5 所示。

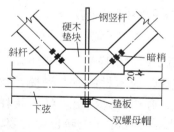

图 7-5 下弦中央节点构造

（C）脊节点：脊节点为两根上弦与中竖杆联结处。当竖杆为圆钢时，上弦端头平接，相互抵紧，两侧用硬木夹板（或钢板）穿上螺栓夹紧，螺栓直径不小于 12mm，每侧至少两只。脊尖处要削平一些，将中竖杆穿过弦杆接缝孔中。端头加垫板，双螺帽拧紧，如图 7-6 所示。

（D）双齿端节点：若木屋架端节点设计为双齿，则弹线按如下步骤进行：首先分别弹出第一

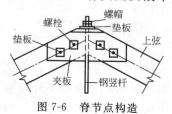

图 7-6 脊节点构造

齿和第二齿的齿深线。设第一齿深为 30mm，第二齿深为 50mm，则第一、第二齿的齿深线至下弦上边线的距离，如图 7-7 所示，分别为 30mm 和 50mm。然后过 a、c 两点（a 点为上弦上边线与下弦上边线的交点，c 点为上弦中心线与下弦上边线的交点）分别作上弦中心线 AE 的垂直线，并交第一齿深线于 b 点，交第二齿深线于 d 点。连接 bc、de（e 为上弦下边线与下弦上边线交点），则上弦双齿成形。离 e 点 5mm 左右，在下弦上边线上定一点 e'。连接 de'，则下弦双槽成形。如图 7-7 所示。

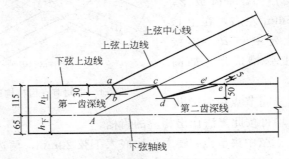

图 7-7 下弦轴线位置及端节点双齿构造

（3）出样板

上述大样经认真检查复核无误后，即可出样板。样板必须用木纹平直不易变形和含水率不超过 18% 的木材制作。先按各弦杆的宽度将各块样板刨光、刨直，然后放在大样上，将各弦杆齿、槽、孔等形状和位置画在样板上，并在样板上弹出中心线，最后按线锯割、刨光。每一弦杆要配一块样板。全部样板配好后，须放在大样上拼起来，检查样板与大样图是否相符。样板对大样的允许偏差不应大于 ±1mm。样板在使用过程中要注意防潮、防晒，妥善保管。

（4）选材

根据屋架各弦杆的受力性质不同，应选用不同等级的木材进行配制。当上弦杆在不计自重且檩条搁置在节点上时，上弦杆为受压构件，可选用Ⅲ等材；当檩条搁置在节点之间时，上弦杆为压弯构件，可选用Ⅱ等材。斜杆是受压构件，可选用Ⅲ等材，竖杆是受拉构件，应选用Ⅰ等材。下弦杆在不计自重且无吊顶的情况下，是受拉构件，若有吊顶或计自重，下弦杆是拉弯构件。下弦杆不论是受拉还是拉弯构件，均应选用Ⅰ等材。

上述木材等级系指制作构件的选材标准，并非木材供应的分级标准。各等级木材的缺陷限制，参见相关资料。

(5) 配料

配料时，要综合考虑木材质量、长短、阔狭等情况，做到合理安排，避让缺陷。具体要求如下：

1) 木材如有弯曲，用于下弦时，凸面应向上；用于上弦时，凸面应向下。

2) 木材裂缝处不得用于受剪部位（如端节点处）。

3) 木材的节子及斜纹不得用于齿槽部位。

4) 木材的髓心应避开齿槽及螺栓排列部位。

5) 上弦杆、斜杆断料长度要比样板实长多30～50mm。

6) 若弦杆需接长，各榀屋架的各段长度尽可能一致，以免混淆，造成接错。

各弦、腹杆料断好后，在木料上弹出中心线，然后把样板放在木料上，两者中心线对准，沿样板边缘用铅笔划出其外形线，此线就是加工制作的依据。

(6) 加工制作应注意的问题

1) 所有齿槽都要用细锯锯割，不要用斧砍，然后用刨或凿进行修整。齿槽结合面应平整、严密。结合面凹凸倾斜不大于1mm。弦杆接头处要锯齐锯平。

2) 钻弦杆接头处螺栓孔时，先将夹板夹于弦杆两侧临时固定牢，然后一起钻孔。钻头与木料面保持垂直，每钻下50～60mm后，提起钻头，清除木屑后，再往下钻。临近穿透时，下钻速度应缓慢，以免洞口边木料撕裂。受剪螺栓（如，连接受拉木构件接头的螺栓）的孔径不应大于螺栓直径1mm。系紧螺栓（例如系紧受压木构件接头的螺栓）的孔径可大于螺栓直径2mm。

3）按样板制作的各弦杆，其长度的允许偏差不应大于±2mm。

(7) 拼装

1）在下弦杆端部底面，钉上附木。根据屋架跨度，在其两端头和中央位置分别放置垫木。

2）将下弦杆放在垫木上，在两端端节点中心上拉通长线。然后调整中央位置垫木下的木楔（对拔楔），并用尺量取起拱高度，直至起拱高度符合要求为止。最后用钉将木楔固定（不要钉死）。

3）安装两根上弦杆。脊节点位置对准，两侧用临时支撑固定。然后画出脊节点钢板的螺栓孔位置。钻孔后，用钢板、螺栓将脊节点固定。

4）把各竖杆串装进去，初步拧紧螺帽。

5）将斜杆逐根装进去，齿槽互相抵紧；经检查无误后，再把竖杆两端的螺帽进一步拧紧。

6）在中间节点处两面钉上扒钉（端节点若无保险螺栓、脊节点若无连接螺栓也应钉扒钉），扒钉装钉要保证弦、腹杆连接牢固，且不开裂。对于易裂的木材，钉扒钉时，应预先钻孔，孔径取钉径的0.8～0.9倍，孔深应不小于钉入深度的0.6倍。

7）在端节点处钻保险螺栓孔，保险螺栓孔应垂直上弦轴线。钻孔前，应先用曲尺在屋架侧面画出孔的位置线，作为钻孔时的引导，确保孔位准确。钻孔后，即穿入保险螺栓并拧紧螺帽。受拉、受剪和系紧螺栓的垫板尺寸，应符合设计要求，不得用两块或多块垫板来达到设计要求的厚度。各竖钢杆装配完毕后，螺杆伸出螺帽的长度不应小于螺栓直径的0.8倍，不得将螺帽与螺杆焊接或砸坏螺栓端头的丝扣。中竖杆直径等于或大于20mm的拉杆，必须戴双螺帽，以防其退扣。

3. 木屋架制作的质量标准

(1) 主控项目

1）木材的树种、材质等级、含水率和防腐、防虫、防火处理必须符合国标 GB 50206—2002 的要求和施工规范的规定。受拉构件或拉弯构件，应选用 I_a 等材；受弯构件或压弯构件可选用 II_a 等材；受压构件可选用 III_a 等材。含水率大于 25% 的木材，不得直接制作木屋架。

2）木屋架中所用钢材的钢号应符合设计要求，并有钢材的出厂质量证明书或试验报告单。钢件的连接应采用电焊，不应用气焊或锻接。圆钢拉杆应平直，如须焊接，应用双绑条焊接，绑条直径不小于拉杆直径的 0.75 倍，绑条在接头一侧的长度宜为拉杆直径的 4 倍。所用钢件均应除锈，并涂防锈漆。

3）屋架支座节点、脊节点和上、下弦接头的构造必须符合设计要求和施工规范规定。

4）放大样的允许偏差应符合表 7-1 的规定。

足尺大样的允许偏差　　　　　　表 7-1

结构跨度(m)	跨度偏差(mm)	结构高度偏差(mm)	结点间距偏差(mm)
≤15	±5	±2	±2
>15	±7	±3	±2

5）屋架的几何轴线、中心线、刻槽深度等必须严格控制。

（2）一般项目

1）螺帽数量及螺杆伸出螺帽长度应符合施工规范的规定。钢拉杆顺直，垫板平整，各钢件均应作防锈处理。

2）腹杆轴线垂直平分槽齿承压面，连接应紧密，扒钉牢固，扒钉孔处无裂缝。

（3）允许偏差项目

木屋架和梁、柱制作的允许偏差和检验方法应符合表 7-2 的规定。

4. 常见质量通病和防治方法

（1）选料不当引起节点不牢，端头劈裂。

木屋架和梁、柱制作的允许偏差检验方法 表 7-2

项次	项目		允许偏差(mm)	检验方法
1	构件截面尺寸	方木构件高度、宽度 板材厚度宽度 原木构件梢径	-3 -2 -5	尺量检查
2	结构长度	长度不大于 15m 长度大于 15m	± 10 ± 15	尺量检查屋架支座节点中心间距，梁、柱检查全长(高)
3	屋架高度	跨度不大于 15m 跨度大于 15m	± 10 ± 15	尺量检查脊节点中心与下弦中心距离
4	受压或压弯构件纵向弯曲	方木构件 原木构件	$L/500$ $L/200$	拉线尺量检查
5	弦杆节点间距		± 5	
6	齿连接刻槽深度		± 2	
7	支座节点受剪面	长度 宽度 方木 　　　 原木	-10 -3 -4	尺量检查
8	螺栓中心间距	进孔处 出孔处 垂直木纹方向 　　　 顺木纹方向	$\pm 0.2d$ $\pm 0.5d$ 且不大于 $4B/100$ $\pm 1d$	
9	钉进孔处的中心间距		$\pm 1d$	
10	屋架起拱		$+20$ -10	以两支座节点下弦中心线为准，拉一水平线，用尺量跨中下弦中心线与拉线之间距离

注：d 为螺栓或钉的直径；L 为构件长度；B 为板束总厚度。

1) 主要原因：

对木屋架各杆件的受力情况缺乏了解，以至选料不当或操作时马虎，不认真。

2) 防治措施：

(A) 承重木结构的用料，应符合《木结构工程施工及验收规范》(GB 50206—2002)中规定的木材质量标准。

（B）严格按各杆件的受力特点，选用相应的木材等级。由于上下弦各节间的受力大小不一样，因此好料应放在端节点处。

（C）木屋架受剪面长度应符合设计要求，而且木材髓心要避开受剪面。如图 7-8 所示。

图 7-8　髓心避开齿连接受剪面

（D）木节应避开刻槽处。下弦中央节点附近的木料，其下边缘不得有较大的缺孔和木节。

（E）木材裂缝处不宜用在下弦端节点及弦杆接头处。对斜裂纹要按规范要求严格限制。

（F）对有微弯的木材，用于上弦时，凸面应向下，用于下弦时，凸面应向上。

（G）上、下弦的接头位置应错开。下弦接头设在中间节间内；上弦接头设在节点附近，但不宜设在端节间和脊节间内。原木大头应放在端节点处。

（H）对于上下弦端头发生开裂而又无条件调换的，应及时在开裂处灌入乳胶，并用 8 号镀锌钢丝捆扎牢固；如弦杆接头处开裂，除按上述方法作加固外，还要根据开裂程度，适当加长夹板，并增加接头螺栓的数量。

（2）槽齿作法不符合构造要求。

1）主要原因：

在木屋架施工图中，一般不画出槽齿节点的详图，都由工人按有关规定及要求自行绘制和制作。但由于操作人员对槽齿结合的构造要求了解不够，造成槽齿作法错误。常见错误作法如图 7-9 所示。图 7-9（a）、（b）、（c）、（d）中，共同的错误是齿槽的非承压面，未收掉 3～5mm，没有留有楔形空隙。另外，图 7-9（a）、（d）的错误之处，在于腹杆的承压面未被腹杆的中心线平分，图 7-9（b）、（c）的错误之处，在于腹杆的承压面未被腹杆的中心线垂直平分。

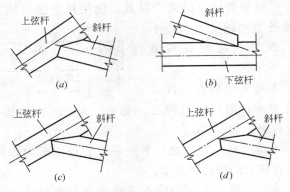

图 7-9 槽齿错误作法示意图

2）防治措施：

正确掌握槽齿连接的放样及画线方法，确保腹杆槽齿部的承压面被该腹杆的中心线垂直平分。槽齿结合错误的杆件必须调换。

(3) 屋架高度超差过大。

1）主要原因：

（A）各杆中心线、轴线位置不准确；弦杆加工时，画线、锯割不准，从而影响屋架拼装精度。

（B）屋架竖杆采用钢杆时，钢拉杆调节不当，造成屋架高度超差。

2）防治措施：

（A）放大样和套样板时，各弦杆的中心线、轴线必须正确；上弦杆中心线通过上弦截面中心，若端节点为单齿连接时，则中心线垂直平分端节点槽齿承压面，若端节点为双齿连接时，则中心线通过第二齿承压面的顶点；对于方木屋架，下弦杆轴线通过下弦净截面中心，若为圆木屋架，则通过下弦截面中心；斜杆中心线通过截面中心并垂直平分槽齿承压面，竖杆中心线通过截面中心；相交弦杆的中心线或轴线汇交于节点中心。

（B）弦杆加工时，画线、锯割要准确；弦杆组装时，各节点连接要严密。

（C）发现屋架高度超差，应首先校验各杆长度。若各杆长度基本正确。则可放松钢拉杆螺帽，采用逐个分数次上紧钢拉杆螺帽的方法加以调整。

（4）槽齿承压面接触不密贴；锯割过线，削弱弦杆截面。

1）主要原因：

（A）画线、锯割不准或木材含水率较大，产生收缩、翘曲变形，使槽齿不合。

（B）上下弦保险螺栓孔位略有偏差，螺栓穿入后，使槽齿不合。

（C）操作马虎不认真，以致锯割过线。

2）防治措施：

（A）用作屋架的木料要有一定的自然干燥时间。木材进场后，应进仓库，按规格加垫板堆放平整，保持空气流通，不得受潮。

（B）样板要选用干燥不易变形的优质软材制成。按样板画线时，样板与木料要贴紧，笔要紧靠样板画线，线要细、且清晰。

（C）弦杆加工时，注意力要集中。做槽齿时，不得走锯过线。做双齿时，第一槽齿如不密合不易修整，故应留线锯割，第二槽齿留半线锯割。

（D）钻保险螺栓孔时，应将上、下弦临时固定在一起，然后划线，从上弦向下钻孔，最好一次钻透。若钻头不够长，要分两次钻时，第一次钻孔深度必须在下弦中，然后移开上弦再钻第二次。

（E）槽口锯割过线严重的应增设夹板加固。

5. 安全操作注意事项

（1）进入施工现场，必须戴好安全帽，扣牢帽带，禁止穿拖鞋或光脚。

(2) 木工机械应由专人负责。操作人员必须熟悉机械性能，熟悉操作技术。开机操作前，应认真检查机械现状，如圆锯机锯片是否有断齿、裂口；平刨机刨刃是否锋利，锯片、刨刀是否松动等。

(3) 木工机械应有良好可靠的接地或接零。圆锯机应有防护罩，平刨机应有护指装置。操作过程中，若有不正常声音或发生其他故障时，应切断电源，停车修理。操作木工锯、刨机械，不得带手套。袖口要扎紧。

(4) 机械锯割、刨削屋架弦、腹杆时，必须两人配合操作。操作时，注意力要集中，配合默契。锯料时，回料不得碰撞锯片；刨料时，不得在刨刃上回料。机台面、机台四周要保持清洁，碎料、边皮、刨花等要及时清理。木工棚内严禁吸烟。

(5) 发生夹锯，应立即关闭电源，在锯口处插入木楔，扩大锯路后再锯。

(6) 使用电钻，操作人员应戴绝缘手套。

(7) 安装锯片、刨刀时，固定螺帽、顶紧螺丝必须紧固可靠。

(8) 磨锉锯片、刨刀时，操作人员应戴防护眼镜，站在砂轮旋转方向的侧面，以免砂轮破碎飞出伤人。

(9) 拼装屋架时，高凳要稳固，脚手板要绑扎牢固，不得有空头板。屋架的临时支撑要可靠，且位置合适，不妨碍操作。不得从支撑上攀登或站在支撑、屋架上弦杆上进行操作。

（二）马尾屋架的制作、安装

1. 马尾屋架的构造

四个坡屋面（图 7-10）在房屋端部设置的屋架称马尾屋架（也称角屋架）。马尾屋架实际上是半屋架。

马尾屋架的端节点，与全屋架一样为槽齿连接，通过附木和螺栓与墙体连成一体。

马尾屋架与正屋架连接的形式有两种,如图7-11所示。其中图7-11(a)为各弦不在跨中相交,上弦杆靠齿槽、螺栓与正屋架上弦相接,如图中$2_上$节点所示;下弦端直接搁置在正屋架下弦上,用竖向螺栓

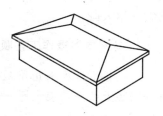

图7-10 四屋面示意图

连接,如图$2_下$节点所示。图7-11(b)为各弦杆在跨中相交。各上弦杆端承压面要求贴合严密,中间的马尾屋架上弦要用水平方向螺栓与正屋架连接,如图$3_上$节点所示。下弦相交处,常见的做法是,在正屋架下弦中央节点的侧面,附设钢板焊成的承套,并用两排直径为12mm的螺栓与正屋架连接,三榀马尾屋架的下弦,分别用螺栓固定在钢板承套上,如图$3_下$所示。

在图7-11(a)、(b)的连接形式中,马尾屋架与正屋架的连接点附近,均应加设木竖杆(受压杆),其断面比该处下弦节点

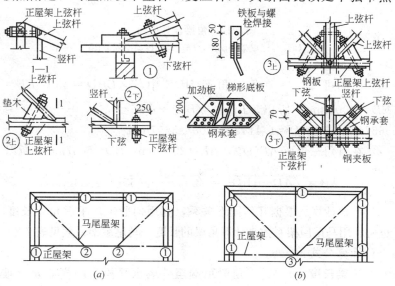

图7-11 马尾屋架构造图

的斜杆稍大些。

2. 马尾屋架操作工艺顺序

角梁长度计算→角梁放样→出样板→选料、加工→安装下弦→安装上弦→安装竖杆→安装斜杆。

3. 操作工艺要点

（1）角梁长度计算

图 7-12 为某四坡屋面的平面布置图和角梁的空间计算简图。图中 AB、AC 为马尾屋架的上弦，即角梁。

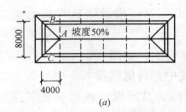 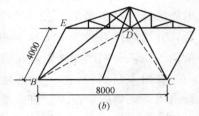

图 7-12　角梁计算简图
（a）马尾屋架平面图；（b）马尾屋架空间简图

由图可知，在直角三角形 BDE 中，$\angle EBD = 45°$，$EB = ED = 4000$mm，所以，$BD = \sqrt{BE^2 + DE^2} = \sqrt{4000^2 + 4000^2} = 5657$mm 或，$BD = 1.4142 \times 4000 = 5657$mm

在直角三角形 ABD 中，$AD = 2000$mm，$BD = 5657$mm，所以

$$AB = \sqrt{AD^2 + BD^2} = \sqrt{2000^2 + 5657^2} = 6000\text{mm}$$

上述计算是根据几何图形关系，利用勾股定理求解角梁长度。也可利用马尾屋架系数来计算角梁的长度。马尾屋架系数见表 7-3。

计算公式：

角梁长度＝1.414×角梁顶端至外墙水平投影距离×角梁坡度系数＝角梁顶端至外墙水平投影距离×角梁长度系数。

式中，角梁长度系数＝1.414×角梁坡度系数，则图 7-12 中的角梁长度：$AB=4000\times 1.5000=6000$（mm）

马尾屋架系数表　　　　　　　表 7-3

正屋架高跨比	正屋架坡度（％）	角梁坡度（％）	角梁坡度系数	角梁长度系数
1/6	33.33	23.57	1.02724	1.4528
1/5	40.00	28.28	1.03915	1.4697
1/4.5	45.00	31.42	1.04934	1.4841
1/4	50.00	35.40	1.06081	1.5000
1/3.464	57.70	40.82	1.08004	1.5274

上述角梁的计算长度，一般是以角梁下端外墙的中心（角梁下端上皮鱼尾螺栓眼的中心点）至角梁上端上皮中心点（图 7-13）计算的。实际施工时，应根据结构的不同予以具体考虑。

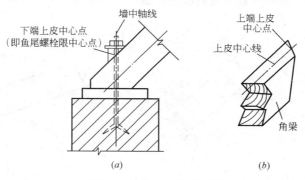

图 7-13　角梁上、下端点图
(a) 下端点；(b) 上端点

（2）角梁的放样

在图 7-12 中，A 点是两角梁上表面中心线 AB、AC 的交点，D 是 A 点的平面投影。虽然 $\angle BDC=90°$，但 $\angle BAC$ 并不等于 $90°$。

图 7-14 表示某两角梁相交的平面位置图。由上述可知，该两角梁的夹角不等于 $90°$，即角梁端头上表面上的长角，长出短角的长度不等于角梁料宽度。但在角梁的投影图即平面图上，长角长出短角的长度，正好等于角梁料宽度，如图 7-16 (a) 所示。

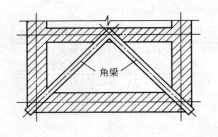

图 7-14　尾屋架角梁平面位置图　　图 7-15　角梁交接图

由于角梁在空间位置有坡度，故角梁上表面长角长出短角的长度等于角梁料宽乘角梁坡度系数，如图 7-16（b）所示。

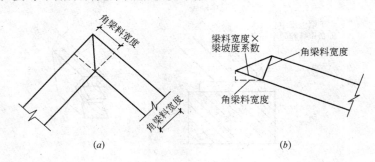

图 7-16　角梁上表面长、短角关系图
（a）角梁交接处投影图；（b）上表面长短角放样图

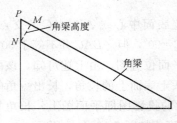

图 7-17　角梁侧视图

因为角梁有坡度，所以在角梁交接处的角梁高度这个面上（侧面），也存在斜度，如图 7-17 所示。由图可得：$PM = MN \times$ 角梁坡度，即在角梁侧面上，长角长出短角的长度等于角梁高度乘角梁坡度。

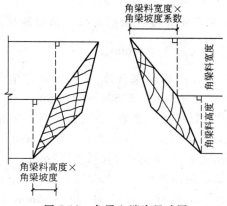

图 7-18　角梁上端头尺寸图

图 7-19　角梁交接面斜线展开图

图 7-18 为角梁上端头尺寸示意图，图 7-19 为角梁交接面斜线展开图。

【例】　角梁上、下端交接，如图 7-20 所示。试求：角梁长

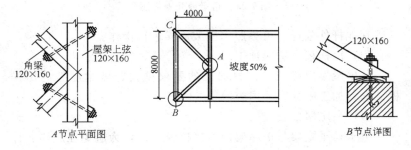

图 7-20　马尾屋架平面节点图

度和 A、B 两点下料线。

【解】 1) 求角梁长度：由图可得，角梁顶端至外墙轴线水平投影距 $= \dfrac{8000}{2} - \dfrac{120}{2} = 3940$ mm。

查表 7-3，得：当正屋架坡度为 50% 时，角梁长度系数为 1.500，故角梁长度 $= 3940 \times 1.500 = 5910$ mm。

2) 求 A 点下料尺寸：查表 7-3，得：当正屋架坡度为 50% 时，角梁坡度为 35.4%，角梁坡度系数为 1.06081。所以，角梁上表面长、短角差值 $= 120 \times 1.06081 = 127$ mm。

角梁侧面长、短角差值 $= 160 \times 35.4\% = 57$ mm。

3) 求 B 点下料尺寸：若已知 $EF = 90$ mm、$DE = 70$ mm，则：$FG = EF \div 坡度 = 90 \div 35.4\% = 254$ （mm）
$$ED = 70 \times 35.4\% = 25 \text{mm}$$

4) 根据上述计算结果划出角梁展开平面图，图 7-21 即为角梁各个面划线的依据。

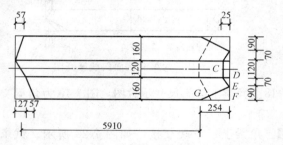

图 7-21 角梁展开平面图

其他杆件放样，可参照木屋架放样进行操作。

(3) 出样板、选料加工

马尾屋架出样板、选材加工的要求见大跨度木屋架的出样板、选料加工中的有关内容。

(4) 马尾屋架安装

由于马尾屋架与正屋架的连接比较复杂，为避免在放样、计算、制作过程中出现误差，不宜采用装配好后再吊装的方法，而应在正屋架安装固定后,将其逐根杆件就位安装。对于有三榀马尾屋架弦杆与正屋架跨中相交的,应先安装中间(与正屋架相垂直)的一榀。马尾屋架逐根安装的次序是:下弦杆→上弦杆→竖杆→斜杆。安装过程中,所有螺帽不要先拧得很紧,待全部安装完毕,且检查无误后,再拧紧全部螺帽,并在中间节点处用扒钉钉牢。

4. 质量标准

(1) 马尾屋架制作质量标准同大跨度木屋架质量标准。

(2) 马尾屋架安装质量标准同大跨度木屋架质量标准。

1) 主控项目:

(A) 制作质量必须符合设计要求,运输中无变形或损坏。

(B) 木结构的支座、支撑连接等构造必须符合设计要求和施工规范的规定,连接必须牢固,无松动。

2) 一般项目:

(A) 屋架的支座部位不封闭在墙体之内,构件的两侧及端部留出的空隙均不小于50mm。

(B) 木构件与砖石砌体、混凝土的接触处,以及支座垫木需作防腐处理,其处理方法、吸收量应符合施工规范规定。

3) 允许偏差项目:

木屋架安装的允许偏差和检验方法应符合表7-4的规定。

木屋架和梁柱安装的允许偏差和检验方法　　表7-4

项次	项　目	允许偏差(mm)	检查方法
1	结构中心线的距离	±20	尺量检查
2	垂直度	H/200但不大于15	吊线、尺量检查
3	受压或受压弯构件纵向弯曲系数	L/300	吊(拉)线、尺量检查
4	支座轴线对支承面中心位移	10	尺量检查
5	支座标高	±5	用水准仪检查

注:H屋架、柱的高度;L为构件的长度。

5. 常见质量通病和防治措施

(1) 制作马尾屋架常见的质量通病和防治方法同大跨度木屋

架中的有关内容。

（2）杆件安装后，齿槽结合面缝隙过大。制作误差和组装不妥是产生结合面缝隙过大的常见原因。特别角梁端头的划线、锯割，一定要符合要求。安装时，杆件逐根安装，但螺栓不要装一根拧紧一根。应先稍拧紧能固定即可，待全部杆件安装后，经检查质量符合要求，再将螺帽进一步拧紧。发现齿槽结合面缝隙过大，首先应采取调整相邻螺栓松紧度的办法加以解决。若无效，再检查螺栓处的垫木长度，齿槽的形状、质量等，并采取相应的修整措施。

6. 安全操作注意事项

（1）马尾屋架制作过程中的安全操作注意事项同大跨度木屋架。

（2）安装马尾屋架必须搭脚手架。脚手架要稳定、牢靠，铺设脚手板的宽度应符合安全规定，不得有探头板。上、下脚手架，应走专用扶梯，不得从脚手架的立杆、横撑等杆件上攀登。

（3）安装马尾屋架时，工具要握紧，螺栓、螺帽要放妥。严禁在屋架上弦、支撑、檩条上行走和操作。

（4）弦、腹杆钻孔时，要固定稳当，用力要平稳。

（5）安装马尾屋架应两人配合操作，施工时要相互联系，及时传递信息。切忌独断独行。

（6）上下传递物体要打招呼，对方未作出反应前，不得脱手。严禁抛掷。

（三）屋面木基层制作

1. 屋面木基层的构造

屋面木基层是指铺设在屋架上面的檩条、椽条、屋面板等，这些构件有的起承重作用，有的起围护及承重作用。屋面木基层的构造要根据其屋面防水材料种类而定。

(1) 平瓦屋面木基层

它的基本构造是在屋架上铺设檩条，檩条上铺屋面板（或钉椽条），屋面板上铺油毡、顺水条、挂瓦条等（图7-22）。

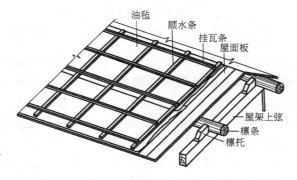

图 7-22　平瓦屋面木基层

檩条用原木或方木，其断面尺寸及间距依计算而定，一般常用简支檩条，其长度仅跨过一屋架间距。檩条长度方向应与屋架上弦相垂直，檩条要紧靠檩托。方檩条有斜放和正放两种形式，正放者不用檩托另用垫块垫平（图7-23）。

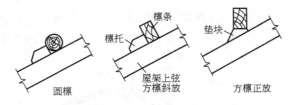

图 7-23　檩条搁置方式

檩条在桁架上弦的接头，如上弦较宽，可用对头接头［图7-24（a）］；如上弦较窄，可用交错搭接［图7-24（b）］或上下斜搭接［图7-24（c）］。

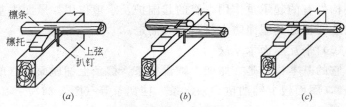

图 7-24 檩条在屋架上弦的接头
(a) 檩条对头接头；(b) 檩条交错搭接；(c) 檩条上下斜搭接

屋面板一般用厚度为 15～20mm 的松木或杉木板，有密铺和疏铺两种。密铺屋面板是将各块木板相互排紧，其间不留空隙；疏铺屋面板则各块木板之间留适当空隙。屋面板长度方向应与檩条垂直。屋面板上干铺油毡一层，油毡上铺钉顺水条（又称压毡条），顺水条与屋脊相垂直，其间距约 400～500mm，断面可用 8～10mm×25mm。在顺水条上铺钉挂瓦条，挂瓦条应与屋脊相平行，间距要依瓦长而定（一般在 280～320mm 之间），断面可用 20mm×25mm。

若屋面木基层不用屋面板，则垂直于檩条设置椽条，常见的以方木居多，如采用原木时，原木的小头应朝向屋脊，顶面略砍削平整。

（2）青瓦屋面木基层

它的基本构造是在屋架上铺檩条，檩条上铺椽条，椽条上铺苇箔、荆芭或屋面板等，并将调稀的麦草泥铺上屋面，未干时即

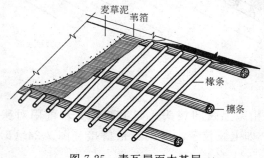

图 7-25 青瓦屋面木基层

盖上瓦，靠麦草泥把瓦与屋面木基层连成一体（图7-25）。

南方多见在椽条上直接铺放小青瓦的做法，如图7-26所示。

檩条可用原木或方木，一般仅放置在屋架上弦节点上。椽条一般用原木或方木制成，边长或直径为 40～70mm，间距为 150～400mm。椽条应与檩条相垂直。

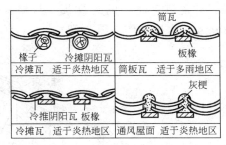

图 7-26　南方常见小青瓦铺法

（3）波形瓦屋面

波形瓦中有石棉瓦、木质纤维波形瓦、钢丝网水泥波形瓦、镀锌瓦楞钢板、玻璃钢波形瓦等，其中以波形石棉瓦应用最多。

石棉瓦的规格有大波、中波、小波三类。石棉瓦可直接用螺钉钉在木檩条上，或在木檩条上铺放一层钢丝网（或钢板网）再铺瓦。一般每块瓦常搭盖三根檩条，瓦的上下接缝应在檩条上，檩条间距视瓦的规格而定。

木檩条宜采用上下斜搭接法。在有屋面板时，则在屋面板上铺油毡一层，瓦固定在屋面板上，这对防水隔热均有好处。

屋脊处盖脊瓦，以麻刀灰或纸筋灰嵌缝，或用螺钉固定。钉帽下套钢质垫圈，垫圈涂红丹铅油，并衬以油毡，也可采用橡皮垫圈（图7-27）。

（4）封檐板与封山板

在平瓦屋面的檐口部分，往往是将附木挑出，各附木端头之间钉上檐口檩条，在檐口

图 7-27　石棉瓦与檩条的连接

檩条外侧钉有通长的封檐板，封檐板可用宽200～250mm，厚20mm的木板制作（图7-28）。

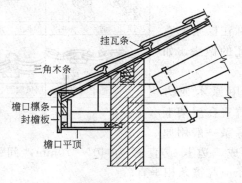

图7-28 封檐板

青瓦屋面的檐口部分，一般是将檩条伸出，在檩条端头处也可钉通长的封檐板。在房屋端部，有些是将檩条端部挑出山墙，为了美观，可在檩条端头外钉通长的封山板，封山板的规格与封檐板相同（图7-29）。

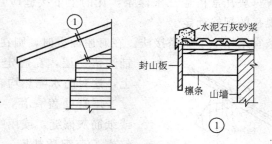

图7-29 封山板

2. 屋面木基层的装钉

（1）檩条的装钉

1）简支檩条一般在上弦搭接，搭接长度应不小于上弦截面宽度，因此，配料时要考虑檩条搭接所需要的长度，即每根檩条配料长度等于屋架间距加一个上弦宽度。

2）檩条的断面尺寸及其间距，应按施工图要求设置。一榀屋架斜面上所需檩条的根数＝2×（屋脊顶至屋檐口端之长÷施工图中要求的檩条斜向设置间距）＋1。

如果上式计算的不是整数，则将小数点后的数删去加1，以满足檩条间距不大于规定尺寸。

3）装钉檩条应从檐口处开始，平行地向屋脊进行，各根檩条紧靠檩托，与上弦相交处都要用钉钉住。檩条如有弯曲应使凸面朝向屋脊（或朝上）。原木檩条应使大小头相搭接。檩条挑出山墙部分应按出檐宽度弹线锯齐。檩条支承在砖墙上时，应在支承位置处放置木垫块或混凝土垫块，木垫块要作防腐处理，檩条搁置在垫块上。檐口檩条留到最后钉，以免钉坡面檩条时运料不便。檐口檩条的接头采用平接，一定要在附木上，不能使其挑空。檩条装钉后，要求坡面基本平整，同一行檩条要求通直。

（2）椽条的装钉

1）椽条的配料长度至少为檩条间距的2倍。装钉前，可做几个尺棍，尺棍的长度为椽条间的净距，这样控制椽条间距比较方便。也可以在檩条上划线，控制椽条间距。

2）椽条装钉应从房屋一端开始，每根椽条与檩条要保持垂直，与檩条相交处必须用钉钉住，椽条的接头应在檩条的上口位置，不能将接头悬空。椽条间距应均匀一致。椽条在屋脊处及檐口处应弹线锯齐。

3）椽条装钉后，要求坡面平整，间距符合要求。

（3）屋面板的铺钉

1）屋面板所采用的木板，其宽度不宜大于150mm，过宽容易使木板发生翘曲。如果是密铺屋面板，则每块木板的边棱要锯齐，开成平缝、高低缝或斜缝；疏铺屋面板，则木板的边棱不必锯齐，留毛边即可。

2）屋面板的铺钉宜从房屋中央开始分两边同时进行，但也可从一端开始铺钉。

3）屋面板要与檩条相互垂直，其接头应在檩条位置，每段接头的延续长度应不大于1.5m，各段接头应相互错开。屋面板与檩条相交处应用两只钉钉住。密铺屋面板接缝要排紧；疏铺屋面板板间空隙应不大于板宽的1/2，也应不大于75mm。

4）屋面板在屋脊处要弹线锯齐，檐口部分屋面板应沿檐口檩条外侧锯齐。

5）屋面板的铺钉要求板面平整。

（4）顺水条与挂瓦条的铺钉

1）屋面板经清扫后，干铺油毡一层，油毡应自下而上平行于屋脊铺设，上、下、左、右搭接至少70mm。

2）油毡铺一段后，随即钉顺水条，顺水条要与屋脊相垂直，端头处必须着钉，中间约隔400～500mm着钉一只。

3）顺水条钉好后，按照瓦的长度决定挂瓦条的间距。钉挂瓦条时，先在檐口外缘钉一行三角木条（用40mm×60mm方木斜对开），或钉一行双层挂瓦条，这样可使第一行瓦的瓦头不致下垂，保持与其他瓦倾角一致。然后，用一尺棍比量间距，或在顺水条上弹线标记，自下而上逐行铺钉，挂瓦条与顺水条相交处必须着钉一只，挂瓦条的接头应在顺水条上，不能挑空或压下钉在屋面板上。

4）挂瓦条要求钉得整齐，间距符合要求，同一行挂瓦条的上口要成直线。

（5）封檐板与封山板的装钉

1）封檐板与封山板要求选择平直的木板。为了防止其翘曲变形，可在背面铲两道凹槽，凹槽宽约8～10mm，槽深约1/3板厚，槽距约100mm，也可在其背面每隔1m左右钉上拼条。封檐板与封山板的接头处应预先开成企口缝或燕尾缝。

2）封檐板用明钉钉于檐口檩条外侧，板的上边与三角木条顶面相平，钉帽砸扁冲入板内。封山板钉于檩条端头，板的上边与挂瓦条顶面相平。如果檐口处有吊顶，应使封檐板或封山板的下边低于檐口吊顶25mm，以防雨水浸湿吊顶。封山板接头应在檩条端头中央。

3）封檐板要求钉得平整，板面通直。封山板的斜度要与屋面坡度相一致，板面通直。

（6）石棉瓦的装钉

1）石棉瓦的铺法有切角铺法与不切角铺法两种。前者使上下、左右搭缝均在一条线上，美观整齐，受压时不易折断；后者施工较快，适用于大面积屋面。切角法为了免去上下两排和左右两行瓦四块相交处太厚不平，将相交处夹在中间的两层石棉瓦角割去一小三角，使该两层瓦经切角后成为在平面内顶接，而减少了厚度。不切角铺法应将上下两排的长边搭接缝错开（图7-30）。

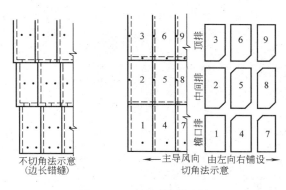

图7-30 石棉瓦铺设方法

2）檩条上铺石棉瓦时，应从檐口铺向屋脊，横向应顺主导风向搭接。檐口处如无檐沟，则第一块瓦应伸出檐口120～150mm。装钉前，先在瓦上钻孔，为了考虑温度变化引起的变化，孔的直径较钉的直径大2～3mm，钉从瓦楞背钉入。每张瓦的每边着钉3只，也有在每张瓦下端用两只螺丝钉固紧在屋面板上，如图7-30所示。石棉瓦在钢筋混凝土檩条或钢檩条的安装方法与木檩条上的装钉基本相同，仅以镀锌钢筋钩或扁铁钩代替螺钉。

复习思考题

1. 试述木屋架的操作工艺顺序。
2. 试述木屋架弦杆加工制作的要求和注意事项。
3. 试述马尾屋架的拼装操作过程。
4. 试述马尾屋架的拼装操作工艺顺序。
5. 试述马尾屋架安装的次序及施工要点。

八、木装修工程

（一）木地板工程

1. 空铺式木地板施工技术

空铺式木地板铺装主要应用于面层距基底距离较大，需用砖墙和砖墩支撑，才能达到设计标高的木地面，如首层木地面、计算机房地面等（图 8-1）。

(1) 木地板基层施工

地板面层以下部分，统称为木地板基层。木地板基层包括木搁栅（也叫木楞、木梁）、垫木、压檐木、剪刀撑（水平撑）、毛地板、地垄墙（或砖墩）等。

1) 地垄墙砌筑。地垄墙坐落在坚硬的基底上，地垄墙一般采用红砖、水泥砂浆砌筑。

地垄墙的厚度和砌筑高度应符合设计要求；地垄墙之间距离一般不宜大于 2m。砖墩布置要同木搁栅的布置一致，如木搁栅一般间距 500mm，则砖墩间也应为 500mm。若砖墩尺寸偏大，墩与墩之间距离较小而密时，可将其连在一起变成地垄墙。

地垄墙标高应符合设计标高，必要时，可于顶面抹水泥砂浆或豆石混凝土找平。

2) 空铺式架空层同外部及每道架空层间的隔墙、地垄墙、暖气沟墙，均要设通风孔洞。在砌筑时，将通风孔留出，尺寸一般为 120mm×120mm。外墙每隔 3~5m 预留不小于 180mm×180mm 的通风孔洞，外面安篦子，下皮标高距室外地墙不小

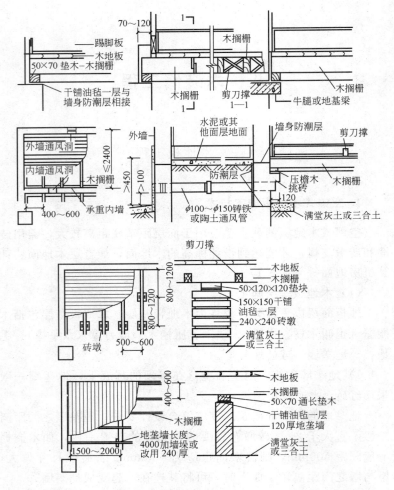

图 8-1 空铺式木地板构造

于 200mm。

如果空间较大,要在地垄墙内穿插通行,要在地垄墙设 750mm×750mm 的过人孔洞。

3)垫木。从安全考虑,在地垄墙与搁栅之间,一般用垫木连接,将搁栅传来的荷载,通过垫木传到地垄墙或砖墩上。垫木使用前，应进行防火防腐处理，垫木的厚度一般为50mm，可锯成一段，直接铺放在搁栅底下，也可沿地垄墙通长布置。若通长布置，绑扎固定的间距应不超过300mm，接头采用平接。在两根接头处，绑扎的钢丝应分别在接头处的两端150mm以内进行绑扎，以防接头处松动。

4）木搁栅。木搁栅的作用是固定与承托面层，木搁栅断面尺寸大小依地垄墙的间距大小而定。间距大，木搁栅跨度大，断面尺寸大。无论怎样选木搁栅断面尺寸，应符合设计要求。

木搁栅一般与地垄墙成垂直摆放，间距一般为500～600mm，并应根据设计要求，结合房间具体尺寸均匀布置。木搁栅的标高要准确，表面用水平尺抄平，也可以根据房间500mm标准线进行检查。特别要注意木搁栅表面标高与门扇下沿及其他地面标高的关系。

木搁栅找平后，用100mm的钢钉从搁栅的两侧中部斜向45°与垫木钉牢。搁栅安装要牢固，并保持平直。木搁栅表面要作防火、防腐处理。

5）剪刀撑。它的作用是增加木搁栅侧向稳定性，增加楼地面的整体刚度，减少搁栅本身变形，剪刀撑布置在木搁栅两侧面，用75mm钢钉固定在木搁栅上。其间距应符合设计要求。

6）毛地板。双层木地板的下层称毛地板，毛地板是使用松木板、杉木板等针叶木，其宽度不大于120mm，铺前必须先把毛地板下空间内的杂物清除。

面层若是铺条形地板，毛地板应与木搁栅呈30°角或45°角斜向铺钉，木板的材心应朝上，边材应朝下铺钉，板面刨平，板缝一般为2～3mm，相邻接缝应错开，毛地板和墙之间应留10～20mm的缝隙。

毛地板固定用板厚2.5倍的圆钉，每端钉两个。

（2）弹施工控制线

为了保证地板按照预定的角度铺钉，一般用施工控制线来控制。图8-2为地板的施工控制线的平面图。

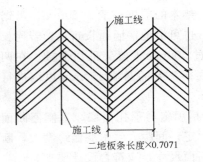

图 8-2 地板施工平面图

1) 弹出房间的纵横中心线和镶边线。如图 8-3 所示，图中 d 为房间镶边宽度。

2) 在纵向中心线的两侧弹出起始施工线，其间距为事先计算所得的起始施工线间距 a。

3) 在起始施工线的左右一次弹出施工线间距为 b。为了保证弹线的精度，避免产生累计误差，弹施工线时可采用"斜线整数等方法"。

如设计要求面层地板下需铺油毡，而不便弹线时，可采用挂线的方法代替弹线。

(3) 面层铺钉

1) 铺钉长条地板：

(A) 毛地板清扫干净后，弹直条铺钉线。

(B) 为防止在使用中发生声响和潮气侵蚀，铺钉前先铺设一层沥青油毡。

(C) 由中间向边铺钉（小房间可从门口开始）。

(D) 先跟线铺钉一条作标准，检验合格后，顺次向前展开，用长度为板厚 2.5 倍的钉子从凹槽边倾斜 45°角或 60°角钉入毛地板上。钉帽砸扁冲入板内 3~5mm，钉头不露。钉到最后一块，可用明钉钉牢。

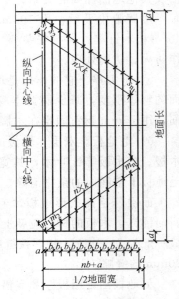

图 8-3 施工线布置图

(E) 采用硬木长条地板时，铺钉前应先钻孔，孔径为钉径的0.7～0.8倍。

（F）为使缝隙严密顺直，在铺的板条近处钉铁扒钉或用楔块将板条靠紧，使之顺直见图8-4。接头间隔断开，靠墙端留10～20mm空隙。

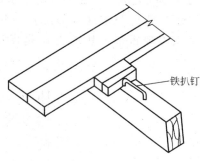

图8-4 钉扒钉铺长条地板

（G）企口板铺完后，清扫干净。先按垂直木纹方向粗刨一遍，再按顺木纹方向细刨一遍，然后磨光，刨磨的总厚度不超过1.5mm，并应无刨痕。

（H）刨磨的木地板面层在室内喷浆或贴墙纸时应采取防潮、防污染的保护措施，进行覆盖。

（I）油漆和上蜡。应待室内一切施工完毕后进行。

2）铺钉拼花木地板：

拼花地板常用方格式、席纹式、人字式和阶梯式等，如图8-5所示。

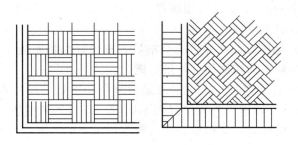

图8-5 拼花木地板样式

（A）毛地板清扫干净后，根据拼花形式，在地板房间中央弹出两条相互垂直的中心十字线或45°角斜交线，按拼花大小标出块数进行预排。

（B）预排合格后确定镶边宽度（依房间大小或材料的尺寸，一般300mm左右），然后弹出分档施工控制线和镶边线，并在拼花地板线上沿长向拉通线钉出木标准条。

（C）铺拼花木地板面层，应从房间中央开始向四周铺钉。人字纹木地板第一块的铺设是保证整个地板质量的关键（图8-6）。

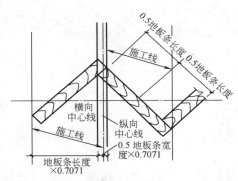

图 8-6　铺第一块地板位置示意

（D）为了隔声、防潮，在毛地板上铺一层沥青油毡纸。

（E）铺钉时，硬木拼花板条先钻好斜孔，孔大小为圆钉直径的 0.7~0.8 倍。然后用板厚 2.5 倍长的钉子两颗穿过预先钻好的斜孔钉入毛地板内。

（F）标准板铺好并检验合格后，按弹好的档距施工控制线，边铺油毡顺次向四周铺钉，最后圈边。

（G）钉镶边条。镶边条应采用直条骑缝铺钉，拼角处宜采用 45°交接。当室内外面层材料不同时，门口处的镶边条应铺到门扇位置的外口，使门扇关闭后看不到木地板。镶边宽度不满足镶边的正倍数时，不得采取扩大缝隙的办法，而应按实际缝隙的大小锯割镶边，锯割口一边应靠墙钉。圈边地板仍要做成榫接，末尾不能榫接的地板，用胶粘钉牢。

（H）地板刨光。拼花木地板宜采用地板刨光机（或手提电刨）先粗刨，然后净光。

2. 实铺式木地板施工技术

实铺有两种情况：一是将木搁栅直接固定在基底上，二是将拼花地板块直接铺贴在平整光滑的混凝土或水泥地面上。这两种方法，当前室内装饰木质地面多被采用。

(1) 加搁栅做法地板安装

1) 如果是在首层，往往是在地面打混凝土时，按放搁栅的位置在墙上作出标记，依此拉线埋放 8 号或 10 号钢丝，并呈 U 形，两边露出的长度应满足绑扎 50mm×70mm（可依空间放小搁栅截面尺寸）木方的长度，一般每边留 200mm 左右。

2) 将提前进行防腐、防火处理过的木搁栅依设计位置就位。固定和调整的次序：先将房间两边两根木搁栅调平调直用钢丝绑扎牢固作为其余搁栅的标志。而后，依这两根标志拉线，小线应离搁栅上表面 1mm，其余搁栅按设计位置和拉线标高绑扎固定，高低调整时，上表面以线为据，下部不平处可用背向木楔垫平全部调好后用细石混凝土在搁栅下 1/3 处抹小八字（或采用木搁栅间用木拉撑固定木搁栅，并将背向楔用钉子与木搁栅固定的方法）。搁栅在绑扎钢丝处上表面应刻槽使钢丝嵌入，以免造成搁栅表面不平。

3) 为了保温和隔声效果，可在搁栅内填焦渣类的填充物。若追求木地板本来的弹性效果，搁栅之间应保留虚空间。

4) 面层做法可参考空铺木地板的方法，即：毛地板→油毡→面层地板→镶边→木踢脚→打磨、油漆、上蜡。构造层如图 8-7 所示。

(2) 不加搁栅做法

1) 水泥地面拼花木地板胶粘法。

胶粘法木地板施工一般是在标准层以上楼层使用，适应不潮湿的环境，其施工操作比较简单。在抹好（平整度经检查符合要求）且已干燥透的水泥砂浆地面上经打磨清扫干净后，用水重 30％的水泥加 108 胶或水重 15％的水泥乳液腻子分两遍找平

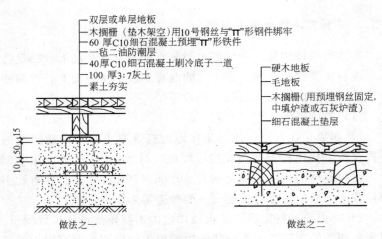

图 8-7 实铺式木地板构造层示意

（如地面比较平整可省去此工序），干燥后，用 1 号砂纸打磨平整，用潮布擦干净。

干透后，在上面弹施工线，依线用白乳胶中略加水泥的水泥乳液胶打点粘结（在地板条之间应满涂两口胶），逐块粘铺。

所有的地板条粘铺完成以后的工作，如镶边、镶踢脚板、打蜡工序可同前面做法。

2）水泥地面拼花木地板沥青玛琋脂粘贴法。

用沥青玛琋脂粘贴拼花木地板块，应先将基层清扫干净，涂刷一层冷底子油。涂刷要薄且均匀，不得有空白麻点及气泡，待一昼夜后，再用热沥青玛琋脂随涂随铺。冷底子油配方见表 8-1。

冷底子油参考配合比及配制方法　　　表 8-1

配合比成分(重量百分比)		调 剂 方 法
10号建筑石油沥青	40	将沥青放入锅中熔化，使其脱水不再起泡为止。将熬好的沥青倒入料桶中，再加入溶剂。如果用慢挥发性溶剂，则沥青的温度不得超过140℃，如果采用快挥发性溶剂，则沥青的温度不得超过110℃，溶剂应分批加入，开始每次加入 2～3L，以后每次加入 5L，不停的搅拌至沥青全部融化为止
煤油或轻柴油	60	
30号建筑石油沥青	30	
汽油	70	

粘贴时，要在木地板和基层上两面涂刷沥青，基层涂刷沥青厚度一般为2mm，木地板呈水平状态就位时，用木块顶紧，将木地板排严。

铺贴时溢出表面的热沥青应及时刮去并擦干，结合层凝固后，进行刨平磨光，刨削厚度不大于1mm，一般每次刨削厚度为0.3mm。刨平后，拆去四边的顶紧块，进行木地板收边。

3) 木地板胶粘剂铺贴法。

木地板的胶粘剂法可用环氧树脂胶、万能胶、木地板胶水铺贴的方法：

粘贴前，先将基层表面彻底清擦干净（可依水泥乳液粘贴的方法处理底层），基层含水率不大于15%。先在基层上涂刷一层薄而匀的底子胶，然后依设计方案和尺寸弹施工线。

待底子胶干燥后，按施工线位置，依线由中央向四周铺贴。边涂胶边贴。在基层上涂刷1mm左右胶液；在木地板背面涂刷0.5mm厚胶液，停5min，表面不粘手后进行铺贴，贴时木地板块要放平，用橡皮锤敲实排紧。

其余施工要求与上述沥青粘铺法相同。

硬木地板块（无论人字纹，正、斜席纹）在使用前均应选料。方法是选颜色花纹相近的用在一起，颜色花纹有误差的应放在另外的房间，如无条件，可采用渐变的方法减小混乱感且要经刨方处理。方法是：每一地板条都要规方，而后将花纹颜色相近的若干块拼在一起（块数以呈方为准），用带胶的纸条或胶带粘在一起再次规方。且在此前应在板条底面刷清油一道以防板条变形。

木地板镶贴后，在常温下保养2~3d即可进行刨平，用手提电刨刨削，方向应同板条成45°角斜刨，刨子不宜走得太快，吃刀量不宜过大，最大吃刀量厚度不宜超过0.5mm。以加工面无刨痕为宜。

木地板刨平后，应用电动磨光机磨光，第一遍粗磨用3号砂纸，第二遍磨光用0~1号砂纸。

而后刮腻子（清油地板或木质档次较高的可不用腻子，以体现木材档次和木纹）→油漆→上蜡。

(3) 拼花木地板质量控制与检验

1) 拼花木地板面层是用加工好的成品铺钉于毛地板上，或是用沥青玛琋脂胶结料（或其他胶粘剂）粘贴于水泥地面（基层）上。

2) 拼花木地板面层图案、树种、规格应符合设计要求选用。如无设计要求时，应选用硬木材质，如水曲柳、核桃木、柳桉等质地优良，不易腐朽、开裂的木材做成企口、截口或平头接缝的拼花木地板。

3) 在毛地板上的拼花木板应铺钉紧密，所用钉长度应为面层板厚的2～2.5倍，从侧面斜向钉入毛地板中，钉头不应露出。拼花木地板的长度不大于300mm时，侧面应钉两个钉；长度大于300mm时，应钉三个钉。顶端均应钉一个钉。

4) 拼花木地板预制成块，所用的胶应为防水和防菌的。接缝处应仔细对齐，胶合紧密，缝隙不应大于0.2mm，外形尺寸准确，表面平整。

预制成块的拼花木地板铺钉在毛地板或木格条上，以企口互相连接，铺钉的要求应同前述。

5) 用沥青玛琋脂铺贴拼花木地板，其基层应平整洁净、干燥，并预先涂刷一层冷底子油，然后用热沥青玛琋脂随涂随铺，其厚度一般为2mm。铺贴时，木板背面亦应涂刷一层薄匀的沥青玛琋脂。

6) 用胶粘剂粘贴拼花木地板，通常选用903胶、925胶、万能胶、环氧树脂等，铺贴时，板块间的缝隙宽度以＜0.5mm为宜，板与结合层间不得有空鼓现象，板面应平整。铺完后1～2d即应油漆、打蜡。

7) 用沥青玛琋脂或胶粘剂铺贴拼花木地板时，其相邻两块的高度差不应超过±0.5mm，过高或过低应予修整。

铺贴时，沥青玛琋脂或胶粘剂应避免溢出表面，如有应随即刮去。

8)拼花木板条面层的缝隙不应大于0.3mm。面层与墙之间的缝隙，应以踢脚板或踢脚条封盖。

9)拼花木地板表面应予刨（磨）光，所刨去的总厚不大于1.5mm，并应无刨痕。铺贴的拼花木地板面层，应待沥青玛琋脂或胶粘剂凝结硬固后，方可刨（磨）光。

10)拼花木地板面层的踢脚板或踢脚板压条等，应在面板刨（磨）光后再进行安装。

11)质量检验可按《建筑地面工程施工质量验收规范》GB 50209—2002中规定，允许偏差见表8-2。

木（竹）地面面层的允许偏差和检查方法　　　表8-2

项次	项目	允许偏差(mm)				检验方法
		实木地板面层			实木(竹)复合地板中密度(强化)复合木地板	
		松木地板	硬木地板	拼花地板		
1	板面缝隙宽度	1.0	0.5	0.2	0.5	用钢尺检查
2	表面平整度	3.0	2.0	2.0	2.0	用2米靠尺和楔形塞尺检查
3	踢脚线上口平齐	3.0	3.0	3.0	3.0	拉5米通线，不足5米拉通线和钢尺检查
4	板面拼缝平直	3.0	3.0	3.0	3.0	
5	相邻板材高差	0.5	0.5	0.5	0.5	用钢尺和楔形塞尺检查
6	踢脚线与面层的接缝	1.0				楔形塞尺检查

（4）质量通病及防治措施

1)地板缝不严。板缝宽度大于0.3mm。

产生原因：

（A）地板条规格不合要求。地板条不直（有顺弯或死弯）宽窄不一、企口榫太松等。

（B）拼装企口地板条时缝太虚，表面上看结合严密，经刨平后即显出缝隙，或拼装时敲打过猛，地板条回弹，钉后造成缝隙。

(C) 面层板铺到最后时，剩余的宽度与地板条宽度不成倍数，加大了板缝。

(D) 在铺设阶段，木板含水率过大，由于干缩出现"扒缝"。

预防措施：

(A) 地板条的含水率应符合规范要求，一般应不大于10%。材料进场后，必须存放在干燥通风的室内。

(B) 地板条铺装前需严格挑选，对不符合要求的应剔除，地板条有顺弯应刨直，有死弯应从死弯处截断，经适当修整后使用。

(C) 地板条间缝隙小于1mm时，用同种木料的锯末加胶和腻子嵌缝。缝隙大于1mm时，用同种木材刨成薄片（成刀背形），蘸胶后嵌入缝内刨平（高档地板不允许）。

2) 表面不平整。

原因分析：

(A) 房间内水平线弹的不准，如抄平时线杆不直，画点不准，墨线太粗等因素，造成积累误差大，使每个房间实际高低不一，或者木搁栅不平等。

(B) 使用电刨刨地板时，吃刀量和用手工刨刨光两处吃刀深度不同，造成整个地面高低不平。

预防措施：

(A) 施工前应先校正水平线，有误差先调整。

(B) 注意施工顺序，相邻房间的地面标高应以先施工为准。

(C) 使用电刨刨地板时，刨刀要细要快，转速不宜过低（最好在每分钟4000转以上），行走速度要均匀，中途不要停顿。

(D) 人工修边要尽量找平。

(E) 两种不同材料的地面如高差在3mm以内，可将高处刨平或磨平，但必须在一定范围内，磨后不得有明显的痕迹。

(F) 门口处高差为3～5mm时，可加门槛处理。

(G) 高差在5mm以上，需将木地板拆开调整木搁栅高度（砍或垫），在2mm以内顺平。

3）拼花不规矩，如地板对角不方、错牙等。

原因分析：

（A）有的地板条规格不合要求，宽窄长短不一，施工前又未严格挑选，铺时没有套方，造成拼花犬牙交错。

（B）铺钉时，没弹施工线或施工线弹的不准，排档不匀，操作人员互不照应，造成混乱，以致不能保证拼花图案均匀、角度一致。

预防措施：

（A）拼花地板条应经挑选，规格整齐一致。要分颜色装箱编号，操作中应逐一套方。

（B）铺贴拼花木地板时，宜从中间开始，每一房间的操作人员不要过多，以免头多不交圈。

（C）对称的两边镶边宽窄不一致时，可将镶边加宽或作横镶边处理。

4）地板颜色不一致。

原因分析：

由于使用材料树种不同，施工人员不重视感观效果，是造成"大花脸"的主要原因。

预防措施：

（A）施工前，按房间把木板条根据不同颜色编号，同一房间用同一号。

（B）如一房间地板条不是一个颜色时，可调配使用，色由浅入深或由深入浅逐渐过渡。将颜色深的板条用在光线强的部位。

5）地板表面戗槎。

原因分析：

（A）电刨刨刃太粗，吃刀太深，刨刃太钝，或电刨转速太慢，都容易将地板啃成戗槎。

（B）电刨的刨刃宽，能同时刨几根地板条，而地板条的木纹有顺有倒，倒纹就容易戗槎。

(C) 机械磨光时，砂布太粗或砂布绷得不紧，有皱折，将地板打出沟槽。

预防措施：

(A) 使用电刨刨口要细，吃刀量要小，要分层刨平。

(B) 行走速度要均匀，电刨转速要不少于 4000r/min。

(C) 机器磨光时，砂布要先粗后细，要绷平，按顺序进行，不要乱磨，不要随意停留，必须停留时先要停转。

(D) 人工净面要用净刨认真刨平，再用砂纸打光。

(E) 有戗槎的部位应仔细用净刨手工刨平。如有局部戗槎较深，净刨刨不平时，可用扁铲将该处剔掉再用相同的材料涂胶镶补。

6) 地板起鼓。

原因分析：

(A) 室内作业场地周围潮湿度太大，木板吸湿膨胀。

(B) 未铺防潮层或地板未开通气孔，铺设面层后内部潮气不能及时排出。

(C) 毛地板未拉开缝隙或拉的缝隙太小，受潮后鼓胀严重，引起面层起鼓。

(D) 房间内上水、暖气试水时漏水，泡湿地板。

(E) 门厅或阳台进雨水使木地板受潮起鼓。

预防措施：

(A) 木地板施工必须合理安排工序，应先将外窗玻璃安好，然后按先施工湿作业后施工木地板，湿作业完成后至少隔 7~10d，待室内基本干燥再铺装地板。

(B) 门厅或带阳台房间的木地板门口处可采取图 8-8 做法，以免雨水倒流。

(C) 毛地板条之间拉开 3~5mm 的缝。

(D) 地板面层留通气孔，每间不少于 2 处，踢脚板上一般打 ϕ12mm 通气孔或设风篦子。

(E) 室内上水和暖气片试水时，应在铺地板前进行或在木地板刷油、烫蜡后进行，试水时要采取有效措施，使木地板免遭浸泡。

（F）双层地板面板起鼓时，应将起鼓木地板面层拆开，在毛地板上钻若干通风孔，待晾干燥后重新铺。

(5) 木地板材料估算

1) 木材用量。木地板的施工方法主要有架空和实铺式两种，但表面木地板用量算法相同，只需将木地板的总面积再加上6%的损耗量。但对空铺地板，核算时应考虑架空铺用的木方和基层厚板，如施工图没有注明，可按常规方法计算每100m^2架空铺地板需60mm×80mm大木方0.9m^3，20mm厚板1.98m^3。

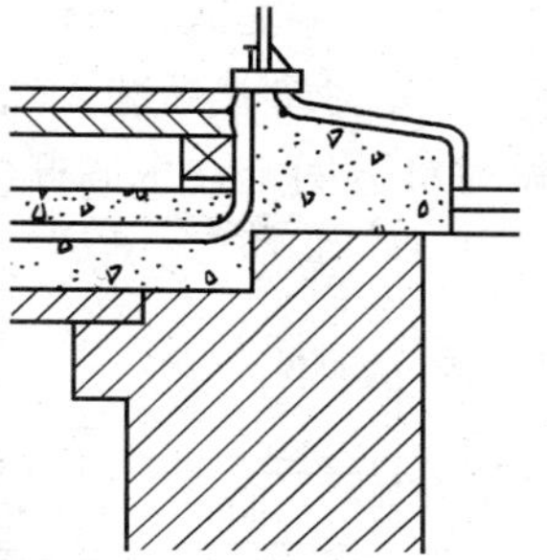

图8-8 阳台门处做法

2) 辅助材料见表8-3（依工艺不同辅助材料用量有一定变化，此表只作一般参考）。

实铺木地板辅助材料 表8-3

	名　　称	数量(kg)	名　　称	数量(kg)
实铺地板	沥青	50	地板蜡	7
	虫胶片	1.5	酒精	8
	硝基外用清漆	30	钢钉	10
	油性腻子	40	白乳胶	25
	砂纸	200张	棉纱丝	5
拼花地板	地板胶水	36	油性腻子	20
	水胶粉	5	砂纸	230张
	水晶粉	20	棉纱丝	5

3. 弹性木地板施工技术

弹性木地板具有良好的弹性，在舞台、练功房、体育建筑的比赛场地等处用的很多。从构造上，弹性地板分为衬垫式和弓式两类。

(1) 施工前的材料准备

弹性木地板除地板外还有橡皮、软木泡沫、扁担木弓、钢弓、金属圆管等。

(2)施工铺装方法

1)衬垫式铺装。这种铺装方法简便,是选用弹性好的材料做衬垫,固定在木搁栅的下面(图 8-9)。

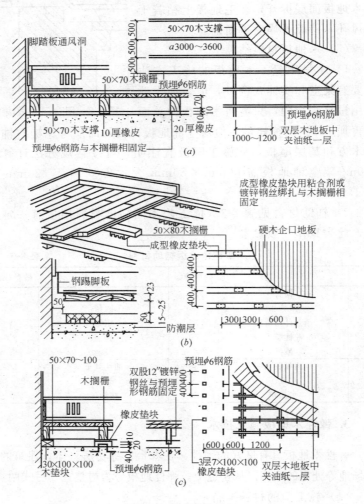

图 8-9 橡皮弹性地板

(a)橡皮条(橡皮条与木搁栅粘结并用)镀锌钢丝固定;
(b)成型橡皮垫块;(c)橡皮垫块

（A）清理基层用水泥砂浆找平做防水层。

（B）弹施工线。按线将选好的条形橡胶垫或是橡胶块固定在基层上，条形橡胶衬垫为100mm×10mm，用胶沿施工线固定在基层上；同时在橡皮条上每隔一段距离钉立一根ϕ6mm粗、90～100mm长钢筋固定搁栅用；块状橡胶衬垫尺寸为60mm×80mm×20mm、60mm×100mm×20mm，在施工线上每隔600mm用胶粘剂或镀锌钢丝固定。

（C）在衬垫上安放木搁栅；安放方法放在条形衬垫上的木搁栅应按条形衬垫上ϕ6钢筋相应位置在木搁栅上钻ϕ7.5～ϕ8孔，钢筋穿进后外露出压倒压实。钢筋应卧在搁栅内与上表面内平。固定在块状橡胶衬上的木搁栅用预埋的镀锌钢丝绑扎固定。

（D）铺面层地板。木搁栅固定应找平，然后铺地板，其铺法同前。

（E）刨光、打磨、刷油、上蜡。

2）弓式铺装方法。弓式分为钢弓和扁担木弓两种。

（A）木弓式弹性地板是用扁担木弓架支托搁栅来增加搁栅弹性，木弓下设通长垫木，垫木用螺栓固定在结构层上，木弓长约1000～1300mm，高度H通过试验决定，木弓的两端放置ϕ12钢管活节做活动支点，上面再放置搁栅，在搁栅上铺毛地板、铺油纸，最后铺硬木地板［图8-10（a）］。

（B）钢弓式弹性地板是用5mm×55mm×375mm钢弓支托木搁栅来增加搁栅弹性，基层上先铺一层10mm厚消声毛毡，按钢弓布局位置点安装钢弓，在钢弓两脚下安装120mm×120mm橡胶垫，用螺栓将搁栅和钢弓连接，待全部搁栅固定后找平，然后铺钉毛地板，铺油毡，最后铺钉硬木地板［图8-10（b）］。

弹性地板四周沿墙要留有10～20mm空隙，用踢脚板遮盖。

4. 弹簧木地板施工技术

弹簧木地板由于使用了弹簧，弹性更好，适用于电话间等。弹簧木地板特点是地板可与Lx2—121脚踏行程开关相连，当人

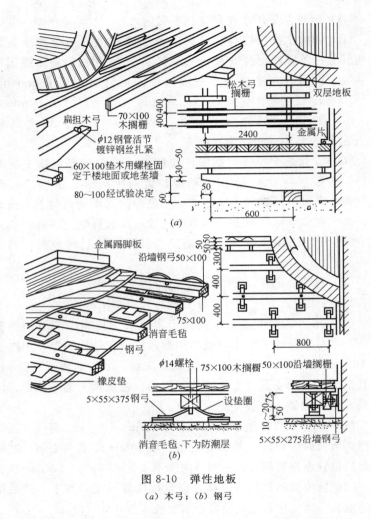

图 8-10 弹性地板
(a) 木弓；(b) 钢弓

进入踏上地板后，地板向下移位，电流接通，电灯开启；人离开后，地板在弹力作用下复原，切断电流，电灯自动熄灭（图 8-11）。

5．抗静电活动地板施工技术

活动地板也称抗静电活动地板，它是由面板块、桁条、可调

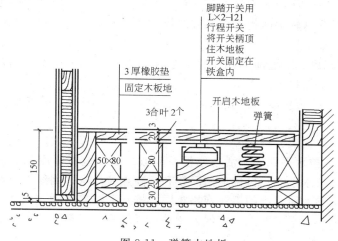

图 8-11 弹簧木地板

支架等拼装而成的一种新型架空地面,架空方法如图 8-14 所示。

活动地板与基层地面或楼面之间架空空间可敷设电话线和管线,经设计在架空地板上安置通风口(通风百叶或是通风型地板)(图 8-12),静压送风等空调如图 8-13 的要求。这种地板适用于电子计算机房、实验室控制室、调度室、广播室、自动化办公室的室内地面装修。

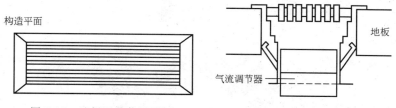

图 8-12 地板通风装置平面　　图 8-13 地板通风装置剖面

(1) 施工前的准备

1) 材料。活动地板的面板品种较多,有抗静电和不抗静电面板,有铝合金的和刨花板的面板;支架有拆接式支架、固定式支架、卡锁搁栅式支架和刚性龙骨支架等等。施工前,应先检查地板有无基体开裂等缺陷，复合板粘贴的面层与基体是否出现脱胶现象并按施工面积大小清点板块、支架横梁的质量和数量是否符合设计要求。

2) 原基层地面或楼面要平整，无明显凹凸不平，否则，用水泥砂浆做找平层。

3) 按板块规格在基层上弹出铺贴方格网墨线，并在墙面标定出地板高度线。

(2) 铺装方法

1) 拉水平线。按活动地板高度减去活动地板厚度的高度为标准点拉水平线，再依地面网线和标高点拉出水平网线，拉线的位置应和地面弹出的墨线网格相同。按水平线将活动支架高度调整在同一个水平面上，以保证活动地板的表面平整度。

2) 固定支座。在地面弹线方格网的十字交叉处固定支座（支架）。固定方法是在地面上钻眼下膨胀螺栓，靠膨胀螺栓把支座固定在地面上。

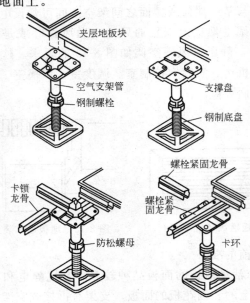

图 8-14 活动地板的各种支架

3) 调整支座顶面高度与要求高度一致。达到水平调整时，松开支座顶面活动部分的锁紧螺钉或螺母，把支座顶面调至与拉出的水平线一平，然后再锁紧固定。

4) 安装支撑桁条（横梁）。将地板支撑桁条放在量支座之间，再用下列方法之一连接固定。①用平头螺钉固定；②用定位销卡固定；③用龙骨卡锁固定在支座盘上（图 8-14）。

5) 在组装好的桁条框架上铺装活动地板面板，并调整板块的缝隙。铺装时，应将板块尺寸误差小的、表面好的，铺在正面大面。板块误差较大的放在次要部位或桌子、柜子下边。

6) 地板块铺贴后，应避免重物放在地板上拖拉，重物与地板的接触面不能太小，如重物与地板的接触面小而重量大，则应在接触面处加木板衬垫或应在受力处增加支座。

（二）木花格隔断施工技术

用木花隔断来划分室内空间，可产生灵活而丰富的空间效果和独特的装饰美，与木板隔墙相比，隔断能增加室内空间的层次和深度，创造出一种似隔非隔、似断非断，虚虚实实的装饰意境，增强装饰性，增加美感，提高房屋档次。

1. 施工准备

（1）材料。木花格宜选用硬木或杉木制作，要求节疤少，无虫蛀、无死节、无腐朽等疵病。

（2）工具。常用的工具有手工刨、凿、铲刀、锯、锤、砂纸、尺子、刷子等。

2. 施工操作步骤

（1）选料、下料

按图示选择合适的木材，按毛料（留量）尺寸下料。毛料尺寸应大于图示尺寸 3～5mm（手工制作为 2～3mm）。

(2) 刨料、加工装饰线

将毛料刨平刨光规方，达到净尺寸（截面），然后加工装饰线（依设计的线形磨制正反线刨），如果所下的料为长料应在长料上出线，而后段料。

(3) 开榫

在榫床上或用锯、凿子在要求连接的部位开榫头、榫眼、榫槽，尺寸一定要准确，安装无缝隙达到紧配合（图 8-15、图 8-16）。

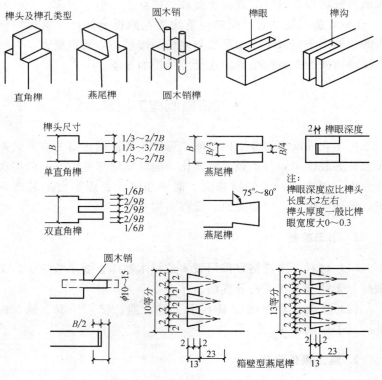

图 8-15 木花格连接榫卯示意

(4) 做连接件花饰

竖向板式木花格常用连接件与墙、梁固定，连接件应在安装

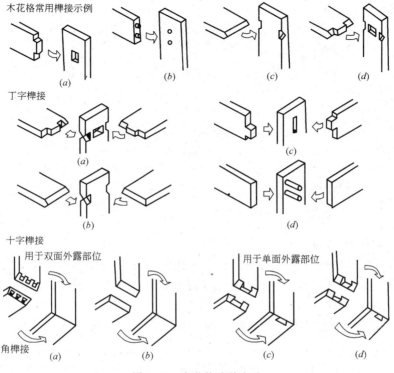

图 8-16 木花格连接方法

前按设计做好,竖向条板间的花饰也应做好。

(5) 安装

1) 预埋(留)。在拟安装的墙梁上预埋铁件或凹槽。

2) 小面积花格可按制作木窗一样,先制作好再安装到位。竖向板式花格则应将竖向构件逐一安装到位。先用尺量出每一构件的位置,检查是否与预埋件相对应作出标记,再将竖板立正吊直,与连接件拧紧,随立随装花饰。

3) 木花格隔断的连接方法以榫接为主,也有采用胶接、钉接和螺栓连接等方法的(图 8-17)。

4) 表面处理。木花格安装好后,表面应用砂纸打磨、批腻

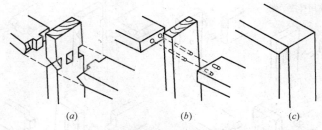

图 8-17 木花格隔断的连接方法
（a）榫接；（b）销接；（c）钉接

子，刷涂油漆。

3. 质量要求及允许偏差

（1）外观质量要求

1）所用的材料品种、规格、颜色等符合设计要求，且表面整洁，色泽一致。不得有破损、翘曲、缺棱掉角、裂纹、污染及变色等缺陷。

2）隔断骨架与基体结构的连接应牢固，无松动现象。凡填塞水泥砂浆、石膏灰浆的部位，要填实压紧。

3）粘贴和用钉子或螺钉固定罩面板，表面应平整，粘贴罩面板不得脱层。

4）胶合板不得有刨透处。

（2）木花格的安装质量要求

可按有关专业工程的规定或参照某些规定检验。

（3）隔墙罩面板工程质量允许偏差

应符合相关标准。

4. 木花格质量通病及防治方法

（1）外框变形。

原因分析：

1）木材含水率不合规定。

2）选用材质不适当。

3）构造设计不合理。

4）堆放不平，露天堆放未遮盖。

防治方法：

1）选用符合规定含水率的木材。

2）选用不易变形的优质木材加工花格。

3）事先进行构造设计，保证花格刚度和连接牢固。

4）堆放时，底面应支撑在一个平面内，并采取防晒、防雨及防潮等措施。

5）安装前检查，变形严重者应予矫正或更换。

（2）木材表面有明显刨痕，手感粗糙不光滑。

原因分析：

机械加工者对木材加工参数，如进给速度、转速、刀轴半径等选用不当。刨刃不快。手工加工者，刨子不快，刨子没端稳，戗槎推刨。

防治方法：

调整加工参数。必要时，可改用手工工具重新精加工。

（3）外框对角线相差过多。

原因分析：

1）榫头加工不方正。

2）组装时未校正垂直或不牢固。

3）搬运过程中不小心碰撞变形。

防治方法：

1）划线准确，加工打眼要方正。

2）组装时，应校正垂直，各节点松紧应一致。

3）搬运时，注意轻拿轻放，不能甩碰。

（4）花格中的垂直立梃变形弯曲。

原因分析：

1）选用木材材质不佳，含水率不合格。

2）保管不当，受日晒雨淋。

3）用料断面过小。
4）安装时立梃不垂直。

防治方法：

1）选用优质木材，含水率不得超过规范规定。
2）妥善保管，不受日晒雨淋，保持通风干燥。
3）用料断面应经设计，确保刚度。
4）安装时，应在两个垂直方向同时进行校正。

（5）横向杆件安装位置偏差过大。

原因分析：

1）加工安装粗糙，位置不准。
2）原有框架尺寸不准或整体外框变形。

防治方法：

1）精心加工，划线尺寸准确。
2）花格外框尺寸不能过大，以免硬装，造成变形。
3）花格尺寸小于洞口尺寸过多，应事先修复。

（6）花格尺寸与建筑物洞口缝隙过大或过小。

原因分析：

洞口尺寸过大，正误差；花格尺寸过小，负误差，安装时未调整。

防治措施：

1）安装前，先检查洞口尺寸和花格外框尺寸，予以调整。
2）减少误差积累，不要将误差叠加集中于一处。
3）误差过大，不能保证框边梃外露或框边梃四周缝很宽时，应先进行修理后，方可安装。

（三）装饰墙板、隔声门、木柱、微薄木施工技术

1. 装饰墙板施工技术

保温装饰墙板施工技术

外墙装饰中在室内安装保温装饰墙板，具有重要的功能性作用，尤其在北方，冬期取暖效果明显。一般装修中，墙板都不同程度地起到了保温作用。有数据表明，24mm厚度的针叶树种墙板的保温性能与115mm厚度的砖墙相等。众所周知，保温不佳的房间，墙壁在室内外有温差，而室内相对湿度大时就会有水珠凝结。若墙壁长期处于潮湿的环境中，就会不同程度地出现霉斑、墙皮剥落等。用聚苯乙烯泡沫或者玻璃棉附加的保温层，能有效地增强墙壁的保温性能，消除水珠凝结现象。为了阻止屋内空气中的潮湿成分不在保温层中凝结，在保温层的室内一侧还要铺设锡铂或者塑料膜组成的防潮层（图 8-18、图 8-19）。

如果不设这个防潮层，那么保温层中的湿气将会凝结出水

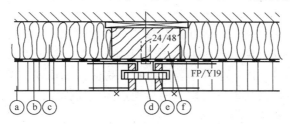

图 8-18　敷设防潮层的保温装饰墙
ⓐ墙板；ⓑ防潮层；ⓒ聚苯乙烯泡沫板；ⓓ插入式榫片；
ⓔ异型墙板卡子；ⓕ木方

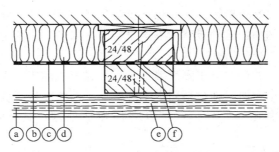

图 8-19　敷设防潮层留有墙板后间隙用于潮湿房间的保温装饰墙
ⓐ水平安放的墙板；ⓑ墙板后间隙；ⓒ防潮层；ⓓ聚苯乙烯泡沫板；
ⓔ不锈钢墙板固定卡子；ⓕ木方

珠。保温层的保温作用将会减弱，或者水珠从保温层中流出，损坏建筑物和装饰墙。特别是厨房、卫生间等空气湿度大，防潮层设置更需合理。其次，在湿度大的房间，墙壁板后要留出通风间隙，并采用不锈钢固定元件，将墙内的木制龙骨等部件浸渍无味的木材保护剂。潮湿室内装饰墙板应采用实木且以针叶材中变形较小者如红松、白松、樟子松等为好。墙板表面不应着色，并尽少涂漆，以让木材自然呼吸。如果墙板较宽，板背面一定要开卸力槽。如采用胶合板，必须选择酚醛树脂胶合板。

2. 隔声装饰墙板施工技术

隔声装饰墙通常用于广播室内装修。

但一些特殊要求的办公室、会议室，也往往采用。而对一些音乐厅、影剧院、歌舞厅的特殊室内装饰，其墙壁不但要隔声，而且还要通过墙壁反映出一定的音响效果，使声音撞击墙壁板后，返回到空间产生回响，这类特殊房间的装饰就不单单是一般美化问题，其功能性要求却明显地成为主要部分。

（1）隔声装饰墙

隔声装饰墙必须具备以下三个主要因素：①墙壁和装饰板之间应设置隔声材料；②截断所有的传声通道；③装饰材料应该厚度小但重量要大。

隔声材料一般采用矿物棉，要均匀地、无空隙地安装在墙板背面的结构中。这种板状的隔声材料的优点是易于固定，并且本身不存在透声的微孔。

传声点的消除对于隔声墙也是不可忽视的环节。主要处理手段是，采用弯曲柔性材料固定于墙壁上。因墙壁是砖混等硬性结构，均是声音的良导体，所以需作弹性处理，具体施工工艺如下：

1）施工前的准备：

（A）材料。25mm厚矿棉板，100mm宽弹性钢带或弓形钢丝弹簧片，25mm×50mm木方，按设计要求制作的护墙板块，

T形连接木线、建筑胶粘剂、钉等。

(B) 工具。壁纸刀、锤、钳、手锯、手刨、凿、铲等。

2) 施工操作的步骤：

弹线→贴条→制作木框架→安装钢片→固定木框架→安装矿棉板→安装面板。

(A) 弹线。按设计要求将准备固定木框的位置划于墙面。

(B) 在弹线处用建筑胶粘剂将 100mm 宽的矿棉条粘贴于墙上。

(C) 按设计要求制作木框架。

(D) 安装钢片。将 100mm 宽的弹性钢片固定在木框架上，用 15mm 长小钉固定，钉间距不大于 100mm。

(E) 固定木框架。将木框架调整好水平、垂直度后，用钢钉从弹簧钢片边缘钉入墙内预埋木砖上。钉距不大于 500mm。

(F) 安装矿棉板。将矿棉板按木框内大小切割，严实地放进木框内。

(G) 安装面板。将 T 形木线按需求长度截下后钉入木框上，再将预制好的装饰面板插入 T 形木线上，再钉入第二条 T 形木线，再插板，依次完成。然后在木线上封面。封面材料可用薄木单板，也可用塑料带。如果用无头圆钉固定 T 形条，不作封面处理也可以。图 8-20 为隔声墙断面结构。

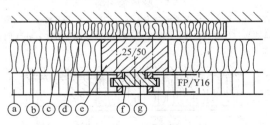

图 8-20　隔声装饰墙

ⓐ墙板；ⓑ矿物棉板；ⓒ矿物棉板条；ⓓ钢条振荡带；
ⓔ木方；ⓕ塑料带；ⓖ榫片

3) 常见质量通病的处理

(A) 弹簧钢板的弹性不够，使柔性降低，隔声效果减小。

处理：换弹簧钢板。

(B) 装饰墙面缝隙不直、不均匀。

处理：用直角尺、吊垂线找直校正。

(2) 音响效果装饰墙

这种装饰墙的作用是利用它的结构来改变室内的音响效果，大幅面平面装饰墙板对声波产生反射。在墙背板内敷设隔声材料，对声波产生吸收作用。表面封闭式墙板，主要吸收声音的低音部，表面开放式墙板，在表面敷设吸声材料可以吸收声音的高音部。

音响效果装饰墙的工艺过程和结构方式与隔声墙类似，其结构参考木护墙板背面结构，工艺过程参考隔声装饰墙。图 8-21～图 8-24 列出了 4 种墙面装饰的横断面结构。

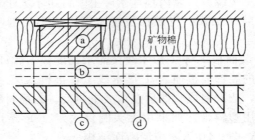

图 8-21 吸声装饰墙（一）

ⓐ垂直木方，墙板和墙壁的间隙内敷设开矿物棉；ⓑ开槽木方，用于固定裁口式间隙放置的墙板；ⓒ整个结构采用暗式固定方法；ⓓ板间空隙

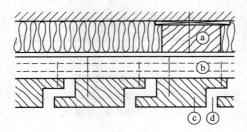

图 8-22 吸声装饰墙（二）

ⓐ垂直木方；ⓑ水平槽木方；ⓒ间隔式墙板；ⓓ板间空隙

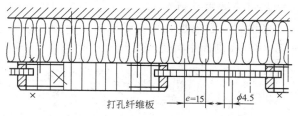

图 8-23 吸声装饰墙（三）
墙后敷设矿物棉，墙板为垂直固定的贴面细木工板，
板间采用打孔纤维板连接

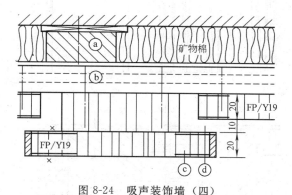

图 8-24 吸声装饰墙（四）
ⓐ垂直木方；ⓑ水平安放的开槽木方；ⓒ条状墙板；ⓓ板间空隙

3. 木隔声门技术

木隔声门主要用于会议室、谈判室、经理办公室等一些有特殊要求的环境。

优质隔声门的性能主要决定于门板的隔声效果及门边裁口、地板接触面及门板内部结构的声音通道消声效果。

门板的隔声效果取决于它的自身重量、结构和应用材料。门板的结构分为单层夹芯门板、双层夹芯门板。

单层夹芯门板结构及制作工艺类似蒙板门。在蒙板式门扇中空部位填入矿棉板后包制而成。

双层夹芯门板结构及制作工艺与单层夹芯门板类似，即在门中夹层内，多设置一层隔板，而使矿棉板一分为二，变为双层矿棉板。从图 8-25 横剖面中可见到其结构。

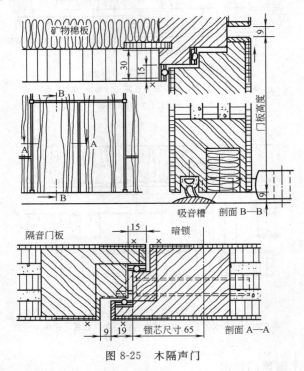

图 8-25　木隔声门

门边裁口的直接传声通道可以采取双密封裁口，其结构及加工安装过程，从图 8-26 中可以清楚见到。

门与门框双密封裁口接触时，密封胶条可固定于门框上；两扇门均为活动门（双开门），密封裁口在两边对边处，密封胶条在各扇门上对应位置，各安装一条。

门底边与地板间的封闭方法很多，图 8-26 中介绍了三种木门槛式挡风、隔声方式，即将地板平面错开 1～3cm，或者加设一个门槛，然后，在门底边裁口处安装密封胶条，此种隔声效果较好。图中（a）、（b）、（c）中门底边处理方式是采用挡风条式

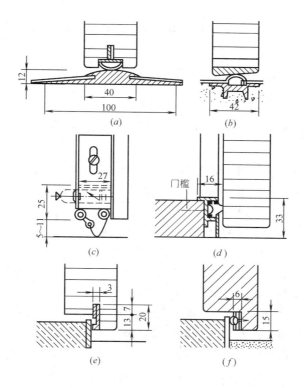

图 8-26 门底边与地板间封闭法
（a）密封条在隆起式门坎上滑动；（b）成品密封门坎和橡胶密封条；
（c）自动密封装置；（d）镶嵌在轻金属条内的密封条式密封门坎；
（e）与地板镶嵌金属条配合使用的硬、软聚乙烯异形条门槛封闭方式；
（f）门槛上镶金属条和门边上嵌入轻金属条内的
橡胶密封条形成的密封方式

与吸声槽结合，其特点是地面近乎于平面，行走过程不易发生误踢脚，整体装饰效果较好，但隔声能力稍低。

4. 柱体装饰结构施工技术

柱体装饰较常见，柱体装饰工艺难度较高，要求造型准确。其常见建筑柱体装饰为圆形、椭圆形、造型柱、功能柱、六角柱或八角柱等。其结构有木结构、钢木混合结构，以及钢筋混凝土结构等。

柱面常见饰面有：石材、玻璃、铝合金、不锈钢、钛金饰面板、木材油漆饰面等。

(1) 放线

将原建筑方柱装饰成圆柱的放线较为典型，现以其为例，介绍基本作法。

由于圆心在原柱的中心点，在柱子中，而无法直接利用柱子的圆心划圆，现用弦切法作。柱底圆的放线步骤如下：

1) 确立基准柱底框：

（A）测量方柱的尺寸，找出最长的一条边。

（B）以该边为边长，用直角尺在方柱底画出一个正方形，并校正该正方形的重心与原柱子的重心重合后，该正方形就定为基准方框形（图 8-27）。并将该方框的每条边中点标在每边上。

2) 放样板。用一张尺寸合适胶合板，以装饰圆柱的半径画出一个半圆，并剪裁下这个半圆，以标准底框边长的一半尺寸为宽度，以该半圆形直径边为据做一条向圆弧平移的直线，从该线处剪裁这个半圆。所得到的这块圆弧形就是该柱的弦切弧样板（图 8-28）。

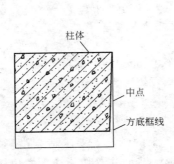

图 8-27　柱体基准方框画法

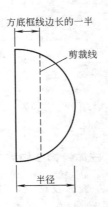

图 8-28　弦切弧样板

3）画线。以该圆弧的直边靠柱基准底框的边。且将样板的中点对准底框边长的中点。这样依样板即可画出圆柱底边的线形来（图8-29）。顶面线形可以依底边线形预制样板后，通过用线锤打直的方法固定上样板，或不放上口线，而在做龙骨和面层时用线锤打直的方法。

（2）骨架制作

装饰柱体的骨架有木骨架和钢骨架等。木骨架用木方连接成框体，钢骨架用角钢焊接制作。木骨架主要用于木材饰面及粘贴饰面板、不锈钢饰面板、钛金饰面板、玻璃镜片等。钢骨架主要用于铝合金饰面板和石材饰面。

1）竖向龙骨。

柱子一般以竖龙骨为主龙骨。安装时，先依设计将龙骨位置画在地面和顶面，并在地面和顶面先打螺栓孔，将锯好的龙骨就位试装一下，合适后在龙骨上钻孔依次安装龙骨，螺栓先不要拧紧，经校正后逐一拧紧。如果不用膨胀螺栓亦可用射钉与顶面、地面固定。钢骨架与地、顶的连接可采用角钢连接件、螺栓及地顶预埋件焊接的方法连接（图8-30）。

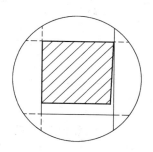

图8-29 装饰圆柱的底圆画法

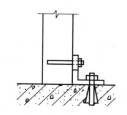

图8-30 竖龙骨的固定

2）横向龙骨。

横向龙骨主要是具有弧形的装饰柱体之用。在具有弧形的装饰柱体中，横向龙骨一方面是龙骨架的支撑件，另一方面还起着造型的作用（图8-31）。

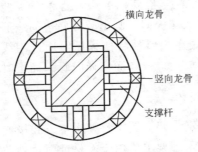

图 8-31 装饰圆柱龙骨的骨架

(A) 在圆柱等有弧面的木骨架中，制作弧面横向龙骨，通常方法是用 30～50mm 厚的木板或 15mm 胶合板或 19mm 中密度纤维板按预制的样板画线，按线锯割，锯时应留线而后用刨子修至成形。

(B) 在钢骨架中，纵横龙骨可采用预制成半成品后现场连接固定，亦可先现场连接纵龙骨，纵向龙骨可采用角钢或槽钢焊制，而后焊横向龙骨，横向龙骨可用扁钢焊制。

3) 纵、横龙骨的连接（骨架）：

(A) 木龙骨纵横龙骨的连接可采用十字刻半榫胶结或胶钉结的方法（图 8-32）。

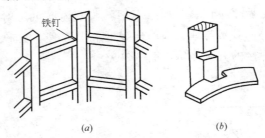

图 8-32 装饰木圆柱龙骨的连接
(a) 加胶钉接法；(b) 槽接法

(B) 钢骨架一般采用焊接的方法连接。但焊缝应在柱体框架的内表面。以免影响柱体表面的平整度。

(C) 木骨架罩面层为铝塑板等非木质面层时，在纵横龙骨的外部应钉一道胶合板或纤维板，而后在其上粘结面板。

4) 骨架与柱体的连接。

为保证装饰柱体的稳固，使之与装饰柱体骨架相固定连接。支撑杆可用木方或角钢来制作，用膨胀螺栓或射钉、木楔铁钉的方法与建筑柱体连接。其另一端与装饰柱体骨架钉接或焊接。支撑杆应分层设置，在柱体的高度方向上，分层的间隔为800～1000mm。

5) 饰面板安装施工技术。

柱体饰面板安装前，一定要检查柱体结构是否符合质量要求。饰面板依质地不同和龙骨各异其安装方法亦有别。为此，各类面板与不同龙骨的组合数较多，且面板安装技术又相对简单，一般木龙骨与木质类（木板、胶合板、纤维板等）均采用钉、（多为射钉）胶结合的方法。有些木龙骨作非木质面板是采用胶粘技术（如铝塑板等）。钢木龙骨、钢龙骨与金属面板的连接常采用定型构件技术等。由于篇幅有限在此略之。

6) 检查与校正：

（A）垂直度检查。无论外形为圆、方形或多边形截面的柱子垂直度的检查均宜采用弹尺板楔形尺检查。一般不少于4点位置。柱高在3m以下，可允许歪斜度误差在3mm以内，3m以上者，其误差在6mm以内，如超过误差值，必须修整。

（B）弧度检查。弧度检查一般采用套版柱体骨架的圆度，经常表现为凸肚和内凹，这将对饰面板的安装带来不便，进而影响装饰效果。检查圆度的方法竖向也采用垂线法。将圆柱上下边用垂线相接，如中间骨架顶曲垂线，说明柱体凸肚，如细垂线与中间骨架有间隔，说明柱体内凹。横向可用九厘板或木板制成弧度靠尺检查。柱体表面的圆度误差值不得超过±3mm。超过误差值的部分应修整。

（C）方正度检查。方正度检查较方便，用直角尺在柱的四个边角上分别测量即可，方正度的误差值不得大于3mm。

5. 装饰微薄木贴面板施工技术

微薄木贴面，主要用于高级建筑、车、船的内部装修。一般常贴在挂镜线和踢脚线范围内。

（1）施工前的准备

1) 装饰微薄木的曲面、弯角、线角等处，可作成型粘贴，以减少拼接。

2) 粘结剂可用白胶、108胶（白胶70%、108胶30%）拌均匀使用。

3) 腻子用化学糨糊和老粉拌均匀。

4) 采用装饰微薄木的房间必须具备一次完成的条件。

5) 材料在搬运过程中，应注意避免风吹雨淋和对板面的磨损及碰伤。破损的装饰微薄木需经裁剪，否则不能使用，以免影响拼接质量。

6) 在贮存中，应注意防潮，堆放时要放平整。

7) 卷曲的微薄木可用清水喷洒，然后放在平整的纤维板上，晾至九成干后方能粘贴（基本上以下午喷洒晾干，隔日上午用为宜）。

8) 当墙面高低尺寸不一致时，应用钢卷尺量其四周，以最高尺寸为落料尺寸。

9) 装饰微薄木施工前，应将突出基层表面的物体或附件卸下，墙面凹的部分用墙腻子嵌平。

(2) 施工操作的步骤

1) 基层处理：

（A）清除基层表面砂浆、灰尘、油污。

（B）在基层上进行两次满刮腻子，干后用零号砂纸（或用砂纸机）打磨平整。

（C）基层应涂清油一遍（清漆＋信那水）。

2) 挂线。粘贴第一幅装饰微薄木之前，应用线锤在墙面上弹出装饰微薄木位置的垂直线，并按面上垂直线粘贴第一幅装饰微薄木。

3) 涂胶。用干净的漆刷蘸取胶液均匀涂于微薄木反面和被粘的基层表面，涂刷需均匀，不宜漏胶。

4) 粘贴

（A）涂胶后，应晾干10~15min，当被粘贴表面胶呈半干状态时，便可将微薄木贴于基层上。

（B）粘贴时，一只手拿住微薄木上端，按垂直线逐步粘贴，双手配合，一边擦赶，一边对正垂直线逐步将微薄木贴平，双手赶出气泡，切忌整张微薄木向基层粘贴，以免产生起壳。

（C）接缝处采用叠缝施工，即将第二张微薄木相邻两边尽量靠紧，随手用电熨斗烫平、服帖，缝口不能有"张口"，为避免熨斗烫坏微薄木，可垫一层湿布进行操作。

5）抛光。微薄木贴完后待干，按常规涂一遍清油，一遍色油，两遍泡力司，两遍蜡克，将木纹理显露出即可。

（3）施工中应注意的问题

1）装饰微薄木的胶层耐潮、耐水，但若长期在潮湿的环境中使用，应加强表面的油饰处理。

2）在油漆之前，如果需要打水粉子，应涂刷均匀，手工拼缝处如遇大量水分时，可能膨胀，且在局部地方还有轻微凸起，打砂纸时，手工砂平即可。

3）在装修立面时，应根据花纹的美观和特点，区分上下，但在一般情况下，应按花纹区分树根和树梢，使用时，树根方向应朝下，为了便于使用，背板有检验印记的一端为树根的方向。

4）要求开沟槽的产品，沟槽形状分为V、U、L形三种，为了突出板面花纹的立体感，沟内应涂深色（如黑色等）油漆。

5）用于室内装修时，在决定树种的同时，应考虑灯具灯光、家具色调以及其他附件的陪衬颜色。

（4）施工质量标准

1）基层一定要满披腻子两遍，要求平整，然后用砂纸磨平，用2m直尺检查，平整度误差不大于2mm。

2）粘贴不允许有起壳和起鼓，每张薄木的周围边口不允许"张嘴"，薄木拼缝要尽量看不见，摸不出，使表面保持平整。

3）拼缝要直，切口要齐。

(四) 异形窗扇的制作

1. 六边形硬百叶窗

六边形硬百叶窗,窗框的内角为 120°,窗框间采取割角榫接,百叶板与窗框嵌槽加榫结合,百叶板与窗平面的倾斜角度为 45°;百叶板之间留有一定空隙,且上面百叶板的下端与下面百叶板的上端有适当的重叠遮盖。常见的六边形硬百叶窗有平顶和尖顶两种,如图 8-33 所示。

(1) 操作工艺顺序:放样→求百叶板与斜窗框的交角→计算百叶板尺寸→杆件加工制作→拼装。

(2) 操作工艺要点:通过以下实例,分别叙述平顶和尖顶六边形百叶窗的操作工艺。

【例 8-1】 某六边形尖顶硬百叶窗,窗框料 50mm×50mm,百叶板厚 10mm,窗框边长 300mm(外包尺寸),百叶板 12 块,框上凹槽一端开通、一端离框边 5mm(即框上凹槽的高度为 50−5=45mm)。

1) 1:1 放样弹出百叶窗平面形状:

(A) 以 300mm 为半径作一圆,并在圆弧上以 300mm 长度依次截取,得 a、b、c、d、e、f 六点。分别连接 ab、bc、cd、de、ef、fa,则得边长为 300mm 的六边形 $abcdef$。在此六边形内部,分别画出其平行线,且间距为 50mm,得六边形 $a'b'c'd'e'f'$。如图 8-34 所示。

(B) 因为百叶板厚度为 10mm,百叶板与窗平面的倾斜角为 45°,所以成品百叶板小面宽度为:$10 \times \sqrt{2} = 10 \times 1.414 \approx 14.1$mm,由图 8-35,量得 $a'd'$ 长度为 485mm。故百叶板间距 $= \dfrac{485 - 14.14 \times 12}{12 + 1} = 24.3$mm

(C) 在 $a'd'$ 上依次截取 24.3 和 14.1mm,然后利用曲尺分别画出各块百叶板的平面位置(图 8-34)。

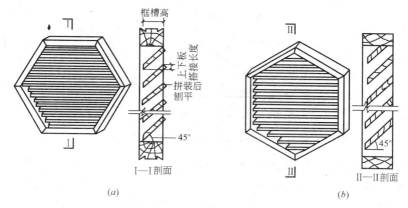

图 8-33 六边形硬百叶窗示意图
(a) 六边形平顶百叶窗；(b) 六边形尖顶百叶窗

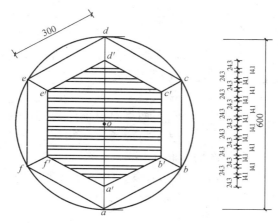

图 8-34 百叶窗平面放样图

2) 图解法求百叶板与斜窗框的交角：

(A) 作一直角三角形 MNP，使 $MN=45$mm（凹槽高度），$\angle PMN=60°$（六边形内角的 1/2）。则可量得：$MP=90$mm、$NP=77.9$mm（NP 长度即为百叶板一端长、短角的差值，在后面计算百叶板下口长度时，可直接选用）。如图 8-35 所示。

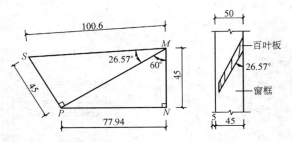

图 8-35 百叶板与斜窗框交角做法示意

(B) 过 P 点作 PM 的垂直线 PS, 且 $PS=45$mm(凹槽高度)。连接 SM, 则 $\angle PMS$ 的大小即为百叶板与斜窗框的交角。可量得：$\angle PMS=26.57°$, 凹槽长度 $SM=100.6$mm。然后, 用活络尺按图示角度调整备用。百叶板与竖直窗框的交角等于百叶板与窗平面的倾斜角, 即为 45°。亦可用活络尺调整固定备用。

3) 算百叶板尺寸：

两侧竖直窗框间的百叶板长度等于图 8-36 中的长度加上两端进槽的深度。

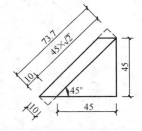

图 8-36 百叶板宽度图解

两侧斜窗框间的百叶板, 其上口和下口的长度不相同。两者的差值为图 8-35 中的 NP 长度的 2 倍, 即 $77.9\times 2=155.8$mm。百叶窗上部斜框间的百叶板, 其上口长度大于下口长度; 下部斜窗框间的百叶板其上口长度小于下口长度。百叶板上口尺寸, 可用放样图量得, 端面斜角为 30°。

百叶板宽度可由图解法求得：成品宽度 $=45\times\sqrt{2}=63.7$mm, 配料宽度 $=45\times\sqrt{2}+10=73.7$mm。如图 8-36 所示。

百叶板平面图形如图 8-37 所示。

4) 杆件加工制作：

(A) 将窗框料、百叶板料按图纸尺寸要求刨削平直、规方。

(B) 划出窗框间连接的燕尾榫、槽线和割角线, 窗框间的割角为 60°。然后，将窗框放在放样图上，引出百叶板的位置，在斜框上用 26.57°的活络尺在竖直框上用 45°的活络板，分别划出凹槽线。最后划出凹槽中的榫眼线。榫眼线应垂直于凹槽线，榫眼位于凹槽的中央，一般为半眼。百叶板划线时，榫头的位置、大小、长短、必须与凹槽中的榫眼相符。上部第一块百叶板的宽度应根据第一条凹槽的实际长度配制。

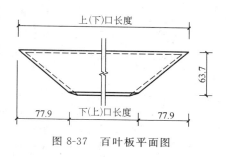

图 8-37 百叶板平面图

（C）按线锯割、刨削、凿眼，制作窗框和百叶板。百叶板小面刨成 45°，另一小面待拼装后，统一刨平。

5）拼装：

拼装前，应认真检查各杆件的制作质量。确认无误后，先将三根窗框拼装成一体，然后将百叶板逐一插入，最后将另三根拼成一体的窗框拼装上去，连接成形，并刨平凸出的百叶板及四周净面。

【例 8-2】 某六边形平顶百叶窗，窗框料 50mm×50mm，百叶板厚 10mm，窗框边长 300mm（外包尺寸），百叶板 8 块。框上凹槽一端开通，一端离框边 5mm（即凹槽高为 45mm）。

1）弹出窗框平面图：具体作法见例 8-1，量得的水平窗框料间距为 420mm。

2）计算百叶板的间距：百叶板间距 $= \dfrac{420-14.14\times 10}{10} =$ 27.86mm，并在窗框平面图上弹出百叶板位置。

3）求百叶板与斜窗框的交角：作一直角三角形 ABC，使 $AB=45$mm，$\angle CAB=30°$。则可量得：$AC=52$mm、$BC=26$mm（BC 长度即为百叶板一端长、短角的差值，在计算百叶板下口长度的时候可直接选用），过 A 点作 AC 的垂直线 AD，

且 $AD = 45\text{mm}$。连接 CD，则 $\angle DCA$ 即为百叶板与斜窗框的交角。可量得：$\angle DCA = 40.89°$，凹槽长度 $CD = 68.8\text{mm}$。如图 8-38 所示。

以后操作过程均类似于六边形尖顶百叶窗，仅具体数字作相应改变即可，如百叶板画线的倾斜角应为 60° 等。

(3) 常见质量通病和防治方法

1) 百叶窗成形后，百叶板的倾斜角度不准。

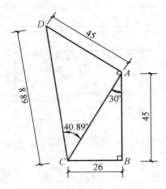

图 8-38　百叶板与斜窗框交角做法示意

百叶板与窗平面的设计倾斜角度为 45°，由于六边形窗框存在与百叶板斜交的边框，因此，百叶板在斜边框上的投影（即凹槽线）与窗平面的夹角就不是 45°。加工制作前，必须通过图解或运用三角函数计算，求得斜框上凹槽的倾斜角度，作为划线的依据。

2) 百叶板不平行

引起百叶板不平行的原因主要是划线、加工存在误差。窗框划线时，对称的窗框料应一起划，凹槽线位置应从大样图上引出。宜用多把活络尺分别固定划线角度，不要一尺多用，临时改变角度。六边形尖顶百叶窗，宜为 26.57°、45°、30°、60° 四把专用活络尺；六边形平顶百叶窗，宜有 26.57°、45°、60° 三把专用活络尺。活络尺使用时，应轻拿轻放，以免角度变化。

3) 百叶窗割角，凹槽接缝不严密。

六边形百叶窗拼装的杆件多，长短不一交角不规则，很容易引起割角，凹槽接缝不严密。制作时，各杆件的划线必须准确、细而清晰；百叶板厚度与凹槽要吻合；剔槽时应留半线，榫眼要清洁而方正；百叶板榫头应短于槽眼深度 2mm。百叶窗拼装成型后,应放在放样图上作校核,发现有误差及时修整。

4)平顶百叶窗首、末百叶板与上下窗框接缝不严。

由于该处是属于面与线的结合,故要做到接缝严密难度较大。因此首、末百叶板加工时,宽度要适当留线,以便拼装时有修整余量。另外,若设计无规定,可当首、末百叶板位置分别向上、向下移 5mm(图 8-39)。这样能完全避免此缝的产生,但百叶板间距应重新计算,作相应调整。

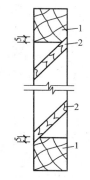

图 8-39 首、末百叶板位置图
1—窗框;2—百叶板

2. 圆弧形窗

圆弧形窗常见的有圆形和椭圆形两种。下面以椭圆形窗为例,如图 8-40,叙述其操作工艺。

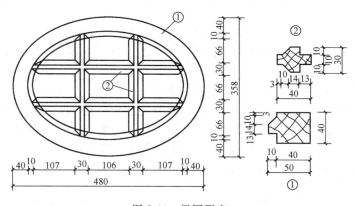

图 8-40 椭圆形窗

(1)操作工艺顺序

弹线放大样→出样板→配料→窗梃制作→窗棂制作→拼装。

(2)操作工艺要点

1) 弹线放大样：首先应弹出椭圆的外形。作椭圆的方法有多种，现介绍两种适宜于木作活的简单作图方法。

① 四圆心法：

(A) 弹两条互相垂直平分的直线，交点为 O，本例使 $AB=480mm$、$CD=358mm$。以 O 为圆心，分别以 OA（等于 240mm）、OC（等于 179mm）为半径，作出两个同心圆。连接 AC。以 C 为圆心、CK 为半径（$CK=OA-OC=240-179=61mm$）画弧，交 AC 于 L 点，作 AL 的垂直平分线，交 AB 于 E，交 CD 于 F，则 MF 为相邻椭圆弧的分界线。如图 8-41（a）所示。

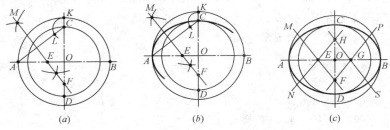

图 8-41 四心圆法画椭圆示意

(B) 以 F 为圆心 FC 为半径作弧。再以 E 为圆心，EA 为半径作弧。两弧在直线 MF 处相交接。即为所求椭圆的 1/4。如图 8-41（b）所示。

(C) 在 OB 上求得 E 点的对称点 G，在 OC 上求得 F 点的对称点 H。连接 EH、FG、HG、并分别延长，则 NH、SH、PF 分别为相邻椭圆弧连接的分界线，以 H 为圆心，HD 为半径作弧；以 G 为圆心，GB 为半径作弧，与前两弧连接，即得所求的椭圆。如图 8-41（c）所示。

② 钉线法：

(A) 作椭圆的长、短轴 AB、CD，且两者互相垂直平分（本例 $AB=450mm$，$CD=340mm$）。

(B) 以 D 为圆心，$AB/2$ 为半径划弧，交 AB 于 M、N 两点。M、N 为椭圆的焦点。

(C) 取一根略长于长轴 AB 的平直、柔软的细铜丝或无伸缩性的细绳,将其两端固定在焦点 M、N 点,两固定点之间的细铜丝长度等于长轴 AB 的长度,然后,用笔扯紧细铜丝,移动一周,即得所求的椭圆,如图 8-42 所示。

本例椭圆窗放样时,要做三个椭圆。重复上述操作步骤,即可作出里面另外两个椭圆。椭圆作好后,再将窗棂按图画出。

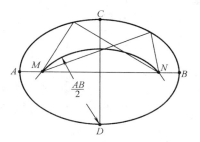

图 8-42 钉线法作椭圆

2) 出样板:椭圆形窗梃一般由四块料拼接而成。出样板前,应先确定拼接位置。为方便制作,因块料应两两对称。拼接位置宜设在四条分界线 MF、NH、SH、PF 与椭圆的相交处。见图 8-41 (c)。

样板材料宜选用硬质纤维板。样板制作要准确,误差不得超过 0.2mm,窗棂榫接位置也应在窗梃样板上划出。窗棂与窗梃相交处,接缝是弧形的,故也应出窗棂样板。

3) 配料:制作椭圆形窗的材料,应选用木纹顺直,含水率不大于 12% 的木材。套样板划线配样时,应使窗梃料的木纹尽量长,不得有节子、斜纹和裂缝;窗棂料的榫头、榫眼应避开节子和斜纹。窗梃料的长度要放足余量,满足高低缝搭接的长度要求。

4) 窗梃制作:先用绕锯留半线锯割成型,然后用轴刨将窗梃内边刨修光滑,窗梃刨好后,即可划出榫眼线、线脚线以及窗梃间连接的榫槽位置线。窗梃凿眼时,应将锯割下来的弧形边料垫在窗梃下面,这样凿眼方便、稳妥,不易发生断料或榫眼偏斜的质量事故。

四块窗梃料的连接,一般采用带榫高低缝,中间加木销或斜面高低缝,中间加木销的连接方法,如图 8-43 所示。木销的位置、方向要正确。木销的两个对角应在窗梃的中线上,即窗梃的连接缝上,另两个角的倾斜方向应与其所在窗梃的榫头方向一致,不得装反。否则,窗梃接缝不会随木销越楔越紧。木销材料

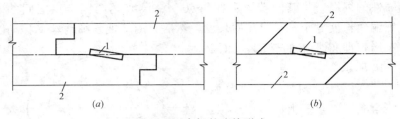

图 8-43 窗棂的连接形式
(a) 带榫高低缝，中间加木销；(b) 斜面高低缝，中间加木销
1—木销；2—窗棂

应用硬木，厚 3mm，长度比销孔长 5~10mm，木销大面为梯形，上口比下口长 4~6mm。销孔的形状、尺寸应与木销吻合，用细齿锯锯割，阴角要方正，且不锯割过线，以免损伤窗棂。

窗棂高低缝结合面应平整、兜方，且企口缝的榫、槽大小相等。制作企口缝榫、槽时，榫头和凹槽的外边线（离高低缝结合面远的一边）应留半线，结合面处不留线；斜面锯割时，外口应留半线，里口不留线。这样在拼装时，能保证高低缝结合面严密无缝隙。榫、眼、结合面等加工完毕后，最后加工窗棂内周边的线脚（起线）。先用斜凿按线脚位置沿椭圆弧刻一条刀痕，然后用特制的圆边线脚刨进行刨削。这样不易发生线脚毛刺，窗棂面撕裂等现象。若无圆边线脚刨，只能用凿子慢慢地修凿，再用木锉修整、砂纸磨光。

5) 窗棂制作：纵横窗棂有通长的和短接的两种。对于短接的窗棂，应先按窗棂全长进行刨削成形，然后根据相应的安装尺寸，锯断为多根短窗棂，并按序编号。拼装时，不要搞错。这样，既加工制作方便，又易保证拼装后的窗棂顺直。窗棂和窗梃，采用半榫，飘肩结合。该处飘肩的外形是不规则的，故也应根据样板划线，锯割。

6) 拼装：先将窗梃拼装成形，四块窗梃两两相连，然后将窗棂与连成一体的两块窗梃榫接，最后将另两块连成一体的窗梃拼装上去，并用木销楔紧。拼装时，榫头、榫眼、凹槽、木销、高低缝结合面等都应涂胶加固。

窗扇拼装成形后，应按大样图校核，静置24h后，修整接头，细刨净面。

（3）质量标准

圆弧形窗制作的质量标准同弹簧门。

（4）常见质量通病和防治方法

1）椭圆形状误差大。

影响椭圆形状的主要因素是窗梃的制作质量。窗梃制作时，必须严格按样板操作，榫眼位置应正确，垂直、方正；窗梃连接处，木销位置要正确、留线、去线要合理，凸榫应比凹槽短1～2mm，窗梃外边可适当留线，待拼装后修整。窗梃外形刨削成形后，应逐根与大样图校核，若有偏差及时修整。窗扇拼装时，各块木销先稍作紧固，待窗扇经大样图校核无误后，再把全部木销楔紧。

2）纵或横窗梃接头处不顺直。

其主要原因是窗梃上正、反面榫眼存在偏差或短窗梃不是从一根长窗梃上锯下来，断面有偏差，故窗梃的榫眼，除划线必须兜方、位置准确外，凿眼时，正、反面都应留半线，不得一面留线，一面不留线。窗梃接头存在少量偏差，可将凸出的窗梃稍作修凿，加以补救。

3）窗梃与窗梃的割角不严密。

由于窗梃为椭圆形，因此，窗梃线脚即使用圆边线脚刨刨出，也难免有误差。故该处割角除应按样板划线、锯割外，尚需随锯随校核。即锯割时宁放线而不去线，每根窗梃锯割后，立即与窗梃临时拼接。

（五）护墙板、门窗贴脸板、筒子板的制作

1. 护墙板（木台度）

（1）操作工艺顺序（以胶合板面层为例）

按图弹出标高水平线和纵横分档线→按分档线打眼，下木楔→墙面做防潮层，并钉护墙筋→选择面料，并锯割成形→钉护墙板面层→钉压条。

（2）操作工艺要点

1）弹标高水平线和纵横分档线：按图定出护墙板的顶面、底面标高位置，并弹出水平墨线作为施工控制线。定护墙板顶面标高位置时，不得从地坪面向上直接量取，而应从结构施工时所弹的标高抄平线或其他高程控制点引出。纵横分档线的间距，应根据面层材料的规格、厚薄而定，一般为 400～600mm。

2）按分档线打眼下木楔：木楔入墙深度不宜小于 40mm，楔眼深度应稍大于木楔入墙深度，楔眼四壁应保持基本平直。下木楔前，应用托线板校核墙面垂直度，拉麻线校核墙面平整度，在钉护墙筋时，在墙的两边各拉一道垂直线（或先定两边的两条墙筋，用托线板吊垂直作为标志筋），再依两边的垂直线（或标志筋）为据，拉横向线校核墙筋的垂直度和平整度。钉筋时，采用背向木楔找平，加楔部位的楔子一定着钉钉牢。

3）墙面做防潮层，并钉护墙筋：防潮层材料，常用的有油毡和油纸及冷热沥青。油毡、油纸应完整无误。随铺防潮层随钉。沥青可在护墙筋前涂刷亦可后刷。护墙筋将油毡或油纸压牢并校正护墙筋的垂直度和水平度。护墙板表面可采用拼缝式或离缝式。若采取离缝形式，钉护墙筋时，钉子不得钉在离缝的距离内。应钉在面层能遮盖的部位。

4）选择面板材料，并锯割成形：选择面板材料时，应将树种、颜色、花纹一致的材料用于一个房间内，要尽量将花纹木心对上。一般花纹大的在下，花纹小的朝上；颜色、花纹好的安排在迎面，颜色、花纹稍差的安排在较背的部位。若一个房间内的面层板颜色深浅不一致时，应逐渐由浅变深，不要突变。面层板应按设计要求锯割成形，四边平直兜方。

5）钉护墙板面层：钉面层前，应先排块定位，认清胶合板正反面，切忌装反。钉帽应砸扁，顺纹冲入板内 1～2mm，离缝间距，应上、下一致，左右相等（三合板等薄板面层可采用射钉）。

6）钉压条：压条应平直、厚薄一致，线条清晰。压条接头应采取暗榫或45°斜搭接，阴、阳角接头应采取割角结合。

（3）质量标准

护墙板的质量标准见楼梯木扶手质量标准中的有关内容。

（4）常见质量通病和防治方法

1）护墙板垂直度、平整度偏差过大。

钉护墙筋时，未认真校正其垂直度和水平度，是引起护墙板垂直度、平整度超偏的主要原因。护墙筋材料，应厚薄一致，表面平整光洁。墙面两端的护墙筋，应先装钉，并校正其垂直度。然后拉长麻线控制中间护墙筋的平整度。对由于护墙筋表面个别凸块、节疤引起的垂直度、平整度偏差，可刨削其表面治理；对由于护墙筋整体引起的垂直度、平整度偏差，应分别调整垫衬材料的厚薄加以校正。

2）面层花纹错孔，颜色不均。

铺钉面层前，必须按块定位，统筹安排，切忌随拿随铺。对严重影响感观质量的面板，应返工重新铺钉。

（5）安全操作注意事项

1）锯、刨床加工护墙筋时，应用推棍和推板，遇节疤要放慢速度。大块胶合板锯割时，应选用小而锋利的锯片，且必须两人配合操作。

2）采用冲击电钻打眼，钻头要垂直墙面，操作人员戴绝缘手套。用钢凿打眼，注意力要集中，锤、斧柄要装牢，以免击手或发生意外事故。

2. 门窗贴脸板、筒子板

（1）操作工艺顺序

制作贴脸板、筒子板→铺设防潮层→装钉筒子板→装钉贴脸板。

（2）操作工艺要点

1) 制作贴脸板、筒子板：用于门窗贴脸板、筒子板的材料，应木纹平直、无死节，且含水率不大于12%。贴脸板、筒子板表面应平整光洁，厚薄一致，背面开卸力槽，防止翘曲变形，如图8-44所示。筒子板上、下端部，均各做一组通风孔，每组三个孔，孔径10mm，孔距40~50mm。

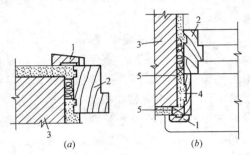

图 8-44 贴脸板、筒子板的装钉
(a) 贴脸板的装钉；(b) 筒子板的装钉
1—贴脸板；2—门窗框框；3—墙体；4—筒子板；5—预埋防腐木砖

2) 铺设防潮层：装钉筒子板的墙面，应干铺一层油毡作防潮处理。压油毡的木条，应刷氟化钠或焦油沥青作防腐处理。木条应钉在墙内预埋防腐木砖上。木条两面应刨光，厚度要满足筒子板尺寸的要求，装钉后的木条整体表面，要求平整、垂直。

3) 装钉筒子板：首先应检查门窗洞的阴角是否兜方。若有偏差，在装钉筒子板时要作相应调整。装钉筒子板时，先装横向筒子板，后钉竖向筒子板。筒子板阴角应做45°割角，筒子板与墙内预埋木砖要填平实。先进行试钉（钉子不要钉死），经检查，待筒子板表面平整，侧面与墙面平齐，大面与墙面兜方，割角严密后，再将钉子钉死并冲入筒子板内。锯割割角应用割角箱，以保证割角准确。

4) 装钉贴脸板：门、窗贴脸板由横向和竖向贴脸板组成。横向和竖向贴脸板均应遮盖墙面不小于10mm。

贴脸板装钉顺序是先横向后竖向。装钉横向贴脸板时，先要量出横向贴脸板的长度，其长度要同时保证横向、竖向贴脸板，搭盖墙面的尺寸不小于10mm。横向和竖向贴脸板的割角线，应与门窗框的割角线重合，然后将横向贴脸板两端头锯成45°斜角。安装横向贴脸板时，其两端头离门窗框梃的距离要一致，用钉帽砸扁的钉子将其钉牢。

竖向贴脸板的长度根据横向贴脸板的位置决定。窗的竖向贴脸板长度，按上、下横向贴脸板之间的尺寸，进行划线、锯割。门的竖向贴脸板长度，由横向贴脸板向下量至踢脚板上方10mm处。其上端头与横向贴脸板做45°割角，下端头与门墩子板平头相接。竖向贴脸板之间的接头应采取45°斜搭接，接头要顺直。竖向贴脸板装钉好后，再装钉门墩子板。如设计无墩子板时，一般贴脸的厚度应大于踢脚板，且使贴脸落于地面。门墩子板断面略大于门贴脸板、门墩子板断料长度要准确，以保证两端头接缝严密。门墩子板固定要不少于两只钉子。装钉贴脸板、筒子板的钉子，其长度为板厚的2倍，钉帽砸扁顺纹冲入板内1～3mm。贴脸板固定后，应用细刨将接头刨削平整、光洁。

（3）质量标准

贴脸板、筒子板的质量标准，见楼梯木扶手质量标准中的有关内容。

（4）常见质量通病和防治方法

1）筒子板不方整、割角不严密。

筒子板安装前，对门窗洞口未严格找方，仅随墙面铺钉，是产生筒子板安装后不方整，甚至引起割角不严密的主要原因。因此，安装前必须对门窗洞口认真找方，根据找方结果垫衬相应厚薄的背楔。安装时，要逐块铺钉逐块检验。横向筒子板要呈水平，竖向筒子板要垂直，由于筒子板较宽，锯割割角时，必须用割角箱作依托，以保证割角质量。另外，使用过久的割角箱上的割角槽，将会产生较大误差，必要时，应重新开割角槽后再进行锯割。发生筒子板不方整，可试在其背面相应位置塞嵌木条弥补。若补救无效，应返工重做。

2）筒子板松动。

设有筒子板的墙面，在每块筒子板的两边应分别留设预埋防腐木砖，这样才能保证筒子板安装稳固。故在安装筒子板前，要认真检查预埋木砖的数量和位置。若有遗漏，应打眼下木榫弥补。

3）贴脸板割角不严、割角线位置不准。

锯割割角时，45°角度不准确或锯割面不垂直，贴脸板表面，背面向外偏出，将会引起割角不严密。割角处横向贴脸板与竖向贴脸板宽度不一致，将会引起割角线位置不在贴脸板内、外角的对角线上。割角不严密，可用细齿锯按割角线小心锯割，将下部相碰处锯掉。然后将横向、竖向贴脸板分别向上、向下移位，直至割角严密。割角线不在贴脸板的内、外角对角线上，则必须更换横向或竖向贴脸板。

(5) 安全操作注意事项

1）使用锯、刨床、冲击电钻等工具的操作注意事项，同护墙板安全操作注意事项。

2）操作人员站在窗台上打眼时，站位要稳当，身体不得外倾，锤柄不宜过长。

3）采用高凳、人字梯作业，高凳放置要稳当，人字梯底脚要拉牢，不得缺档。人字梯移位时，操作人员应下梯搬动，不得人在梯上，用脚左右移动人字梯。

（六）木 楼 梯

1. 木楼梯段

(1) 踏步的构造

木楼梯由踏步板、踢脚板、三角木、休息平台、斜梁、栏杆（栏板）及扶手等组成。具体构造形式有明步木楼梯和暗步木楼梯两种，如图 8-45 所示。

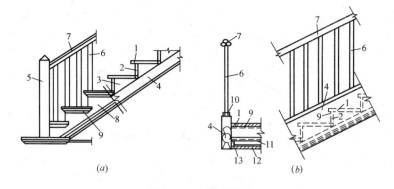

图 8-45　木楼梯构造
(a) 明步木楼梯；(b) 暗步木楼梯
1—踏步板；2—踢脚板；3—三角木；4—斜梁；5—楼梯柱；6—楼梯立杆；
7—楼梯扶手；8—护板；9—挑口线；10—压条；11—板条筋；
12—板条；13—粉刷层

明步木楼梯斜梁上下端做吞肩榫与平台梁（楼搁栅）、地搁栅相联，并用铁件加固。踏步三角木钉在斜梁上，踏步板、踢脚板分别钉在三角木上。为了遮盖三角木与斜梁的接缝，斜梁外侧面钉有护板。踏步靠墙处需做踢脚板，以保护墙面和遮盖踏步板与墙面的竖缝。楼梯栏杆分别与扶手、踏脚板榫接。暗步木楼梯的踏步板和踢脚板分别嵌在斜梁的凹槽内。栏杆上端凸榫插入扶手内，下端凸榫插入斜梁上的压条内，如果不做压条，则凸榫直接插入斜梁内。楼梯背面一般做板条粉刷或钉纤维板封闭，或用其他面板材料覆面。

(2) 操作工艺顺序

放样或按图计算、出样板→配制各部件→安装搁栅与斜梁→钉三角木（明步木楼梯）→铺钉踏步板和踢脚板→安装栏杆、扶手→安装靠墙踢脚板和护板→钉挑口线。

(3) 操作工艺要点

1) 放样或按图计算、出样板：制作木楼梯，首先应根据施工图纸，把楼梯的踏步高度、宽度、级数及休息平台尺寸放出足

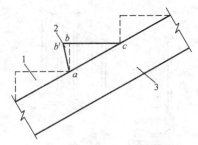

图 8-46 踏步三角示意图
1—踏步三角；2—冲头三角；
3—斜梁

尺大样图，或按图计算各部分尺寸，同时制出三角样板和楼梯斜梁样板。放样或计算步骤，参见楼梯模板部分的有关内容。

踏步三角按设计图一般都是直角三角形，如图 8-46 中虚线所示。但在有时实际制作时，须将 b 点移出 $10\sim20\mathrm{mm}$ 到 b' 点。按照三角形 $ab'c$ 套出的样板，叫冲头三角板。按照直角三角形 abc 套出的样板叫楼梯三角板，其坡度与楼梯坡度是一致的。

2）配制各部件：配料时，应注意各部件的长度必须包括两端榫头尺寸在内。踏步板须用整块木板，厚度为 $30\sim40\mathrm{mm}$。若用拼板时，应采取有效措施防止错缝开裂。明步木楼梯的踏步板长度要考虑挑出护板的尺寸。踢脚板与踏步板需用开槽方法连接，踢脚板厚度为 $20\sim25\mathrm{mm}$。明步木楼梯踢脚板长度要考虑与护板做 45°割角的尺寸。三角木厚度为 $50\mathrm{mm}$ 左右，制作三角木时，应使三角木的最长边平行于木纹方向。斜梁配制时，应将木节、斜纹向上放置。斜梁与平台梁的榫肩，应上口不留线，下口留半墨线。护板成踏步形，但不宜事先锯割，应在踏步板、踢脚板安装后，将护板料套上去按实际尺寸划线，然后再锯割成踏步形状为好。为避免踢脚板与护板的端头木纹外露，两者的交接处应锯成 45°的割角相连，且护板的厚度应与踢脚板厚度相等。靠墙踢脚板也成踏步形，可事先预制，但两端应适当放有余量，以便安装时上下移动作修整，保证接缝严密。楼梯柱与踏步板及扶手的结合处要作榫头，栏杆与扶手的结合处可作半榫。榫眼必须符合要求，保证榫接紧密牢固。

3）安装搁栅与斜梁：安装前，先按施工图纸定出地搁栅、休息平台搁栅和楼搁栅的中心线和标高位置。施工时，先安搁栅后装斜梁。斜梁入榫后，应再加铁件加固。底层斜梁的下端可做成凹槽压在垫木（枕木）上。

4）钉三角木：明步木楼梯需钉三角（三角木位置应先在斜梁上画出，然后按线钉牢。每块三角木至少用两只钉子固定，钉子钉入斜梁深度不少于 60mm，收紧钉子时，要注意不使三角木开裂。两根斜梁上的三角木应高低进出一致，护板处的三角木必须与斜梁外侧面平。每钉一级三角木应随铺临时踏步板，以方便施工操作。

5）铺钉踏步板和踢脚板：踏步板与踢脚板连接的槽口要密缝。如不采取冲头三角木，则踏步板与踢脚板应互相垂直。相邻踏步板以及相邻踢脚板均应互相平行。踏步板、踢脚板均采用暗钉，钉帽敲扁顺纹冲入木内。

6）安装栏杆、扶手：先分别将栏杆榫接在踏步板或斜梁的压条上，然后将已榫接好的扶手和楼梯柱一起安装上去，使这四部分榫接成整体。安装立杆前，必须认真检查其杆长、榫长和榫肩的斜度。立杆长度不一致或立杆榫长大于眼深，都会引起扶手安装后顶面不平直。榫肩斜度一致性差，将会引起肩缝不严密，影响感观质量。

7）安装靠墙踢脚板和护板：明步木楼梯的踏步板、踢脚板均突出斜梁侧面，这将会造成护板塞线不准。因此，应先取几块木块用小钉临时钉在斜梁侧面，木块厚度等于上述突出量。然后将长度准确的护板料紧靠其上，用笔将踏步板、踢脚板的外形画在护板料上，再用细锯按线锯割即可（留半墨线）。护板与踢脚板的交接处应锯成 45°割角。护板经试放、修整、检查，各处接缝符合要求后即可安装。靠墙踢脚板需经试放、修整、检查，接缝严密后，方可进行固定。钉子应钉在墙内预埋木砖上。若无木砖应打眼下木楔，木楔间距不大于 750mm。护板、靠墙踢脚板若需拼接，应采取 45°斜搭接。

8）钉挑口线：挑口线起盖缝和装饰作用。制作时，要线条清晰、顺直、光洁。安装时，截料长短要合适，割角要严密，钉帽砸扁顺纹冲入木线内，表面不应有锤印。锯割挑口线割角以及护板与踢脚板的割角，宜用割角箱，以保证割角角度正确，接缝严密。

（4）质量标准

木楼梯斜梁等承重构件的制作质量标准见木屋架质量标准中的有关内容；安装质量标准，见马尾屋架质量标准中的有关内容。

（5）常见质量通病和防治方法

1）榫头松动。

木楼梯主要采取榫接相连，且半榫较多。当榫头尺寸小于榫眼尺寸就会发生松动，因此，划线、凿眼时必须准确合理；榫头、榫眼、凿子三方面尺寸必须相等。拼装前，各杆件必须进行检验，及时修整，保证拼装顺利进行。若有榫头松动，可将榫头端面凿开，插入与榫头等宽，短于榫长的木楔。木楔厚度视木材干湿软硬及与眼的偏差大小而定。加胶后，再用斧敲击入榫。

2）斜梁翘曲。

两根斜梁安装后，应保证其顶面互相平行不翘曲。斜梁发生翘曲，将会使后道工序无法保证质量。因此，斜梁制作时，料、榫、眼都必须保证平直方正。斜梁轻度翘曲可刨削顶面校正；严重翘曲必须修整榫或眼。

3）踏步板水平度差。

踏步板两端厚度不相等，三角木尺寸不一致，以及同一踏步的两块三角木安装位置有高低，都将会引起踏步板水平度偏差。发生踏步板水平度超过允许偏差，首先应查明原因，再作对症修理。若是踏步板两端厚度不一致所引起，可将踏步板厚的一端刨去或将薄的一端垫高；若是三角木尺寸或位置所引起，首先应考虑是否能通过修整三角木来补救，如水平偏差过大，只得返工重新铺钉三角木。

（6）安全操作注意事项

1）使用锯、刨床加工木构件时的安全注意事项同木屋架制作中的安全操作注意事项。

2）在高凳上搭脚手板时，高凳要放平稳，高凳间距不大于2m。脚手板不宜少于两块，不得留探头板。

3）采用人字形梯子，其底脚要拉牢。脚手板不得搁在梯顶作业。梯子不得缺档。

4）铺钉三角木，若有开裂、松动，影响牢固度者，要及时补钉加固或掉换三角木。严禁在三角木上行走。

5）休息平台搁栅，应随铺随钉临时拉结板条。操作人员不得直接站在搁栅上操作。

2. 楼梯木扶手

楼梯木扶手用料必须经过干燥处理。一般木扶手用料的树种有水曲柳、柳桉、柚木、樟木等。扶手的形状和尺寸有许多种，应按设计图纸要求制作。扶手底部开槽，安装在栏杆的顶面铁板上。铁板上每隔300mm钻一个孔。用长为30～35mm的平头木螺丝将扶手固定。扶手接头的连接用 $\phi 8 \times 130 \sim 150mm$ 的双头螺丝（橄榄螺丝）。弯头与扶手连接处应设在第一步踏步的上半步或下半步之处。当楼梯栏板之间的距离在200mm以内时，弯头可以整只做；当大于200mm时，可以断开做。

（1）直扶手制作

木扶手在制作前，必须按设计要求做出扶手的横断面样板。先将扶手底面刨平刨直，然后划出中线，在扶手两端对好样板划出断面，刨出底部凹槽，再用线脚刨依端头的断面线刨削成形，刨时须留半线。

（2）木扶手弯头制作

木扶手弯头按其所处的位置的不同，有拐弯、平盘弯和尾弯等多种。下面以休息平台处的拐弯为例，说明制作过程。

1）操作工艺顺序：

斜纹出方→划底面线→做准底面→划侧面线和断面线→加工成形→钻孔凿眼→安装→修整。

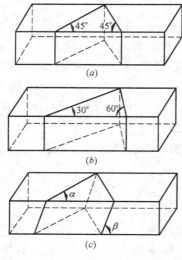

图 8-47 弯头料斜纹出方
(a) 45°斜纹出方；(b) 30°斜绽出方；(c) 双斜出方

2) 操作工艺要点：

(A) 斜纹出方。制作弯头的木料，必须从大方木料上斜纹出方而得。斜纹出方的角度，根据大方木料的宽度不同可有多种。45°斜纹出方是常用的一种，如图 8-47 (a) 所示。若大方木料的宽度稍有不足，不能满足弯头尾伸出长度不小于踏步宽度一半的要求时，可采取小于 45°的斜纹出方，如图 8-47 (b) 所示。若大方木料的高度稍有不足时，可采取图 8-47 (c) 所示的双斜出方的办法，予以解决。

(B) 划底面线。根据楼梯三角样板和弯头的具体尺寸，在弯头料的两个直角面上划出弯头的底面线。

(C) 做准底面。按线锯割、刨平底面，并在底面上开好安装扶手钢板的凹槽，要求槽底平整、槽深与钢板厚度一致。

(D) 划侧面线和断面线。将底面已做准的弯头料和一根较长的直扶手，临时固定在栏杆钢板上，在弯头料的端面划出直扶手的断面线。然后，取一根 1m 左右的直尺靠着直扶手侧面上口，在弯头料顶面划出直扶手的延长线。划线后，再目测校核所划的线与直扶手是否通直。最后，将该弯头料和直扶手编号，以免组装时搞错。

(E) 加工成形。锯割、刨削弯头时应留半线，内侧面要锯得平直。弯头阴角处呈一小圆角，锯割时，不得锯进圆弧内。圆角处应用相应的圆凿修整。

(F) 钻孔凿眼。弯头成形后，在弯头端面安装双头螺栓处垂直钻孔，孔深比双头螺栓长度的一半稍深些，钻头直径比螺栓直径大 0.5～1mm。同时，在弯头底面离端面 50mm 以外凿眼或钻孔。此眼深度与端面所钻的孔贯通，且放深 10mm 左右。眼的大小应比双头螺栓的螺母直径稍大些。

（G）安装。扶手安装，一般由下向上进行。先将每段直扶手与相邻的弯头连接好。然后，再放在钢板上作整体连接，双头螺栓的螺母要旋紧。若扶手高度超过 100mm 时，双头螺栓的上部宜加一暗销（可用钉子代替），以免接头处扭转移位。钢板下固定扶手的螺丝，安装时不要歪扭，螺丝肩不要露出扁钢面。遇到扶手料硬，可先钻孔，后拧木螺丝。孔深不得超过木螺丝长度的 2/3，孔径应略小于木螺丝的直径。

（H）修整。扶手全部安装好后，接头处必须用细短刨、木锉、斜凿、砂纸等再作修整，使之外观平直、顺畅、光滑。

（3）细木制品的质量标准

1）保证项目

细木制品的树种、材质等级、含水率和防腐处理必须符合设计要求和《木结构工程施工及验收规范》（GB 50206—2002）的规定。细木制品与基层（或木砖）必须镶钉牢固，无松动现象。

2）基本项目

（A）制作质量：制作尺寸正确，表面平直光滑，摆角方正，线条顺直，不露钉帽，无戗槎、刨痕、毛刺、锤印等缺陷。

（B）安装质量：安装位置正确，割角整齐，交圈，接缝严密，平直通顺，与墙面紧贴，出墙尺寸一致。

3）允许偏差项目：细木制品安装的允许偏差和检验法见表 8-4。

（4）常见质量通病及防治方法

1）扶手接头不严密。

（A）接头的接触面中间部分凸出，安装时，就会发生接头缝隙过大。因此，在制作时，接触面力求平整，宁凹不凸。

（B）扶手或弯头材料含水率大，安装后风干产生收缩拔缝。

细木制品安装允许偏差和检验方法表　　表 8-4

项次	项目		允许偏差(mm)	检验方法
1	楼梯扶手	栏杆垂直	2	吊线和尺量检查
		栏杆间距	3	尺量检查
		扶手纵向间距	4	拉通线和尺量检查
2	护墙板	上口平直	3	拉 5m 线,不足 5m 拉通线检查
		垂直	2	全高吊线和尺量检查
		表面平整	1.5	用靠尺和塞尺检查
		压缝条间距	2	尺量检查
3	窗台板	两端高低	2	用水平尺和塞尺检查
	窗帘盒	两端距窗洞长度差	3	尺量检查
4	贴脸板	内边缘至门框裁口距离	2	尺量检查
5	挂镜线	上口平直	3	拉 5m 线,不足 5m 拉通线检查

因此,扶手及弯头应使用干燥料,含水率不大于 12%。整体弯头料如不能烘干时,应在使用前 3 个月用水煮 24 小时后,放在阴凉通风处自然干燥。

(C) 接头处的双头螺栓螺母要拧紧。当扶手料较高时,可再加胶水粘接。能有效防止"拔缝"产生。

2) 扶手不直、弯头不顺。

(A) 由于存放不当而使扶手产生弯曲变形以及钢栏杆安装质量差,是引起扶手安装后不直的主要原因。木扶手加工或进场后要垫平堆放,不得曝晒或受潮。安装钢栏杆时,为防止其变形,可在栏杆扁钢上绑 50mm×100mm 的木方加固,然后进行电焊安装。对于平面弯曲不大的栏杆,可将扶手底面的凹槽宽度作相应的修整,从而保证扶手的顺直。

(B) 弯头制作时划线不准或修整余量留得太少,是弯头不顺的主要原因。先做准弯头底面,然后将较长的直扶手顶在弯头端面划线,再留半线锯割、刨削,能有效防止产生弯头不顺现象。

3) 扶手与栏杆连接不牢。

木螺丝数量太少,规格太小,拧得不紧是产生木扶手左右晃动的主要原因。施工时,木螺丝不得遗漏;螺丝孔应留在靠近立杆的上角部位;拧木螺丝前的引孔不能太深、太大;木扶手底面的凹槽应与钢板相符。

(5) 安全操作注意事项

1) 用圆锯机进行扶手弯头断料时，锯片大小应与木料厚度相配，木料厚度不得超过锯片的半径。禁止采用正、反面两次锯割的方法，锯断厚度大于锯片半径的木料。锯割弯头料，应选用锯路较大、锋利的锯片。推料速度要慢。发生夹锯，应放慢速度来回锯割，扩大锯路后再锯下去或掉头锯，不得猛推硬撞。

2) 使用手电钻钻扶手接头螺栓孔时，扶手放置要稳妥，拖线板（箱）的电线绝缘要可靠，操作人员应戴绝缘手套。

3) 扶手安装时，扶手应及时绑牢。上下交叉作业时，作业人员要互相照应，刨、凿、榔头等工具要握紧。扶手料要直立靠墙放稳当。

复习思考题

1. 木门窗配料、划线的要求有哪些？
2. 试述榫头、榫眼制作的要点。
3. 简述平顶六角形硬百叶窗的操作工艺顺序和施工要点。
4. 试述圆弧形窗配料、制作、拼装的施工要点。
5. 圆弧形窗常见质量通病有哪些？怎样防治？
6. 试述门窗贴脸板、筒子板装钉的施工过程和要求。
7. 门窗贴脸板、筒子板常见的质量通病有哪些？怎样防治？
8. 试述护墙板安装的操作工艺顺序。
9. 护墙筋装钉的施工要求有哪些？
10. 试述木楼梯制作、安装的操作工艺顺序。
11. 斜梁上有木节或斜纹，应怎样放置？踏步板若用拼板，有效防止错缝开裂的拼板连接方式有哪些？
12. 木楼梯的护板，制作有何要求？安装怎样进行？
13. 试述楼梯木扶手制作的操作工艺顺序。
14. 斜纹出方的形式有哪几种，各适用于何种情况？
15. 为什么弯头侧面线和断面线不宜按图直接在弯头料上划出？怎样防止发生弯头和扶手连接不顺的质量通病？

九、木模板工程

（一）模板设计基本知识

1. 混凝土强度增长过程

（1）混凝土的组成材料

普通混凝土是由石子、砂、水泥和水按一定比例均匀拌合、浇筑在所需形状的模板内，经捣实、养护、硬结后而形成的人造石材。

（2）影响混凝土强度增长的主要因素

1）养护温度和湿度。水泥与水的水化反应，与周围环境的温度、湿度有密切关系。在一定湿度条件下，温度愈高，水化反应愈快，强度增长也愈快；反之，强度增长就慢。当温度低于

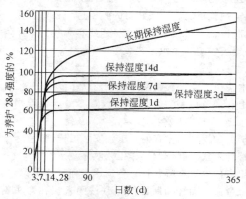

图 9-1 混凝土强度与保持潮湿日期的关系

0℃时，不但水化反应停止，并且因水结冰体积膨胀而使混凝土发生破坏。所以，冬期施工混凝土浇捣后，必须遮盖草包等物，加强保温。混凝土在养护时，如果湿度不够，也将影响混凝土强度的增长，同时还会引起干缩裂缝，使混凝土表面疏松，耐久性变差。混凝土强度增长与湿度的关系如图 9-1 所示。所以，夏季施工混凝土浇捣后，必须遮盖草包，并浇水养护一定时间。

2) 龄期。混凝土强度随龄期的增长而逐渐提高。在正常养护条件下，混凝土强度在最初 7～14d 内发展较快，28d 接近最大值，以后强度增长缓慢，可延续数十年之久。如图 9-2 所示。

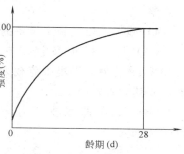

图 9-2 混凝土强度发展曲线

2. 模板设计荷载

模板和支架的设计，包括选型、选材、荷载计算、结构计算、拟定制作、安装和拆除方案、绘制模板图等内容。其中模板所承受的荷载计算，是保证模板满足强度、刚度及经济合理要求的首要条件。

（1）荷载的种类和取值

1）模板及支架自重（竖向恒荷载）：根据模板设计图纸计算确定。

木材自重：针叶材约 $6000N/m^3$，阔叶材约 $8000N/m^3$，肋形楼板及无梁楼板的楼板自重可参考表 9-1。

楼板模板荷载表（N/m^2） 表 9-1

项次	模板构件名称	木模板	定型组合钢模板
1	平面模板及小楞的自重	300	500
2	楼板模板的自重（包括梁模）	500	750
3	楼板模板及其支架的自重（层高在 4m 以下）	750	1100

2) 新浇筑混凝土重（竖向恒荷载）：普通混凝土采用 $25kN/m^3$，其他混凝土根据实际表观密度确定。

3) 钢筋重（竖向恒荷载）：根据工程图纸确定。一般梁板结构每立方米钢筋混凝土的钢筋自重可按下列数值取用：

楼板　　　　　　1100N
梁　　　　　　　1500N

4) 施工人员及施工设备的荷载（竖向活荷载）：

(A) 计算模板及直接支承模板的小楞时：均布荷载为 $2500N/m^2$，另应以集中荷载 2500N 再行验算，比较两者的弯矩值，取其大者采用。

(B) 计算直接支承小楞结构构件时：均布活荷载为 $1500N/m^2$。

(C) 计算支架立柱及其他支承结构构件时：均布活荷载为 $1000N/m^2$。

5) 振捣混凝土时产生的荷载（作用范围在有效压头高度之内）：对水平面模板为 $2000N/m^2$（竖向活荷载）；对垂直面模板为 $4000N/m^2$（水平活荷载）。

6) 新浇筑混凝土对模板侧面压力（水平恒荷载）：采用内部振捣器时，当混凝土浇筑速度在 6m/h 以下时，新浇筑的普通混凝土作用于模板的最大侧压为，可按下列两式计算，并取其中的较小值。

$$P = 4 + [1500/(t+30)]k_s \cdot k_w \cdot v^{1/3}$$

$$P = 25H$$

式中　P——新浇筑混凝土的最大侧压力（kN/m^2）；

　　　V——混凝土的浇筑速度（m/h）；

　　　t——混凝土的温度（℃）；

　　　H——混凝土侧压力计算位置处至新浇筑混凝土顶面的总高度（m）；

　　　k_s——混凝土坍落度影响修正系数；当坍落度小于 3cm 时，取 0.85；小于 5～9cm 时，取 1.0；大于 11～

15cm 时，取 1.15；

k_w——外加剂影响修正系数。不掺外加剂时，取 1.0；掺具有缓凝作用的外加剂时，取 1.20。

7) 倾倒混凝土时产生的荷载（水平活荷载）：倾倒混凝土时对垂直面模板产生的水平荷载按表 9-2 采用。

倾倒混凝土时产生的水平荷载（N/m²）　　　表 9-2

项次	向模板中供料方法	水平荷载
1	用溜槽、串筒或导管输出	2000
2	用容量 0.2m³ 及小于 0.2m³ 的运输器具倾倒	2000
3	用容量大于 0.2～0.8m³ 的运输器具倾倒	4000
4	用容量大于 0.8m³ 的运输器具倾倒	6000

注：作用范围在有效压头高度以内。

混凝土作用于模板的侧压力，一般随混凝土的浇筑高度而增加，当浇筑高度达到某一临界值时，侧压力就不再增加，此时的侧压力即为新浇筑混凝土的最大侧压力。侧压力达到最大值的浇筑高度称为混凝土的有效压头。混凝土侧压力的计算分布图形如图 9-3 所示。图中 $h=P_m/25$，h 为有效压头高度（m）。

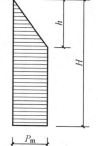

图 9-3　压力计算分布图形

(2) 荷载组合

上述七种荷载，对于具体某一模板或计算的要求来讲，并不是同时出现的，根据模板类别和计算要求，选取合理的荷载作为模板设计的依据，即为荷载组合。荷载组合遵循下列原则。

1) 计算水平模板时，只考虑竖直荷载；计算垂直模板时，只考虑水平荷载。

2) 计算模板强度时，考虑恒荷载和活荷载；验算模板刚度时，只考虑恒荷载。

3) 集中活荷载和均布活荷载不同时出现，应按集中活荷载和均布荷载分别进行计算，取两者中较大的弯矩值。模板设计时的荷载组合按表 9-3 规定。

计算模板及其支架的荷载组合　　　　表 9-3

项次	项　目	荷　载　类　别	
		计算强度用	验算刚度用
1	平板和薄壳的模板及其支架	1)+2)+3)+4)	1)+2)+3)
2	梁和拱模板的底板	1)+2)+3)+5)	1)+2)+3)
3	梁、拱、柱、(边长≤300mm)、墙(厚≤100mm)的侧面模板	5)+6)	6)
4	厚大结构、柱(边长＞300mm)墙(厚＞100mm)的侧面模板	6)+7)	6)

注：适用范围在有效压头高度以内。

3. 模板拆除

在浇筑混凝土时，施工中的荷载完全由模板系统承受，随着混凝土强度的增长，模板系统逐渐不再承受各种荷载。为加速模板的周转使用，及便于其他工种施工，混凝土浇筑后，经一定时间就应拆除模板。模板拆除日期应按结构的特点和混凝土所达到的强度来确定。如设计无要求时，应符合下列规定。

(1) 现浇整体式结构的模板拆除

1) 不承重模板。应在混凝土强度能保证其表面及棱角不因拆除模板而受损坏时，即可拆除。

2) 承重模板。应在与结构同条件养护的试块达到表 9-4 的规定强度后，方可拆除。如需预先估计拆模时间，可参见表 9-5。

整体式结构拆模时所需混凝土的强度　　　　表 9-4

项次	结　构　类　型	结构跨度(m)	按设计强度的百分率计(%)
1	板和拱	≤2 ＞2 且≤8	50 70
2	梁	≤8	70
3	承重结构	＞8	100
4	悬臂梁 悬臂板	≤2 ＞2	70 100

拆模时间估计参考值　　　　　表 9-5

按设计强度的百分率计（%）	水泥品种	标号	硬化时昼夜的平均温度（℃）					
			5	10	15	20	25	30
			模板拆除期限（d）					
50	普通水泥	325	12	8	6	5	4	3
		425	10	7	6	5	4	3
	矿渣水泥	325	21	13	10	8	6	5
		425	18	12	10	9	7	6
70	普通水泥	325	27	20	14	10	9	7
		425	20	14	11	9	7	6
	矿渣水泥	325	32	25	18	14	11	9
		425	30	21	16	14	12	10
100	普通水泥	325	55	45	35	28	21	18
		425	50	40	30	28	20	18
	矿渣水泥	325	60	50	40	28	24	20
		425	60	50	40	28	24	20

（2）预制构件的模板拆除

1）侧面模板。应在混凝土强度能保证构件不变形、棱角完整时，即可拆除。

2）芯模或预留孔洞的内膜。应在混凝土强度能保证构件和孔洞表面不发生坍塌时，即可拆除。

3）承重底模。其构件跨度等于和小于 4m 时，应在混凝土强度达到设计强度的 50％以上时，方可拆除；构件跨度大于 4m 时，应在混凝土强度达到设计强度的 70％以上时，方可拆除。

（3）预应力混凝土结构或构件模板的拆除

除应符合 1、2 条的规定外，不承重模板应在预应力张拉前拆除，承重模板应在结构或构件建立预应力后拆除。拆除模板最好由支模人员进行，本着先装后拆，后装先拆的原则，按次序、有步骤地进行，不应乱打乱撬。拆模过程中，如发现混凝土有影响结构安全的质量问题时，应暂停拆模，经过处理后，方可继续拆除。在高空进行拆模时，要特别注意安全，用力要适当，站位要稳妥，必要时应在模板近旁搭设脚手架。模板拆除后，应及时清理、保养、堆放。

（二）模板的施工方法

1. 现场预制预应力钢筋混凝土屋架模板

（1）操作工艺顺序

熟悉图纸、配模放样→配制模板→土地模施工→支模放样→安装里侧模板→涂刷隔离剂→绑扎钢筋→安装外侧模板→放置预应力钢筋孔道的预留管→浇筑混凝土→拔预留管→拆外侧模板→第二榀层架支外模→……→拆除里、外模板。

（2）操作工艺要点

1）配模放样：预应力钢筋混凝土屋架的放样，可参见木屋架的放样方法。放样后，即可量得各弦、腹杆模板的配制尺寸。对于屋架里侧模板折角处的异形模板（图9-4），应出断面样板。另外，还需用相应长度的板材，按线钉成半榀屋架的平面实样，待土地模施工时，作放灰线的样板之用。

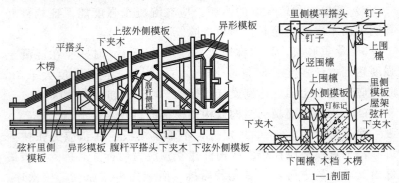

图 9-4　屋架模板示意图

2）配制模板：现场预制预应力钢筋混凝土屋架，一般采用平卧叠浇法施工。因此，屋架上、下弦里侧模板的高度，宜等于叠浇屋架的总高度。里侧模板的直线部分可用定型木模板，也可用组合钢模板，里侧模板折角处的异形模板，宜用50mm厚的木模板单独配制。屋架上、下弦的外侧模板和腹杆的侧模板，其高度应为一榀屋架的平卧高度再加40～50mm，以便重叠支模时，能包住下层构件。

3）土地模施工：采取土地模，场地必须夯实平整。然后根据半榀屋架的平面实样，再适当放大些尺寸，画出屋架位置的灰线。在屋架每个节间至少放置两根50mm×100mm的木楞，作固定模板之用。木楞长度应满足支撑位置的需要。相邻木楞面标高要保持一致，木楞面高出地面20mm左右。最后，在灰线内用1∶2水泥砂浆将木楞间隙部分抹平。

4）支模放样：在干燥后的水泥砂浆面层上，按图弹出屋架的平面形状，作为支模的控制线，弹线必须尺寸准确，线条清晰。

5）安装里侧模板、刷隔离剂、绑扎钢筋：先支撑上、下弦杆里侧模板的直线部分。里侧模板的下夹木应钉牢在木楞上。里侧模板应垂直地面，其顶面加设平搭头，以增强整体稳定。平搭头应挑出足够的长度，以便与外侧模板的竖围檩连接（图9-4）。然后装钉异形模板，异形模板固定在里侧模板的侧面，接缝应平整，不得突出里侧模板的表面。最后安装腹杆底板和侧板，腹杆混凝土厚度往往小于弦杆混凝土厚度，因此，腹杆底板下应垫相应厚度的垫板，垫板间距500～800mm。为防止屋架混凝土与土地模砂浆粘结，土地模上必须刷隔离剂2～3遍。模板表面刷隔离剂1～2遍，然后进行绑扎钢筋。

6）安装外侧模板、预埋件、预留管：外侧模板安装必须保证弦杆断面尺寸的准确。为方便混凝土浇筑时控制其厚度，第一榀屋架的里、外侧模板上，应按弦杆平卧高度弹线或钉若干个小钉。在外侧模板的背面，根据竖围檩的厚度，在木楞上钉牢下夹木。然后插入竖围檩，其上端与平搭头用钉连接，外侧模板即可被固定。

屋架中灌浆孔预留管、预埋件等，应固定牢靠，位置准确。预埋件可用钉固定在木模板上，也可用电焊固定在屋架的箍筋上。预应力钢筋孔道的预留管,有胶管和钢管两大类。胶管适用于直线、曲线或折线孔道,钢管只适用于直线孔道。胶管常用的有帆布夹层胶管和钢丝网橡胶管两种。帆布夹层胶管使用时,需用水压泵(或气压泵)进行充水(或充气),加压到 0.5～0.8N/mm², 使胶管外径胀大 4～5mm。抽管时,将阀门松开放水(或放气)降压,待胶管面回缩,与混凝土自行脱离后,即可抽出。钢丝网橡胶管,质地坚硬,具有一定的弹性,抽管时,在拉力作用下管径缩小,与混凝土脱离开,随即抽出,故不需充水或充气。钢管具有装置简单,经久耐用,表面光滑,抽管方便等特点,故直线形孔道宜优先选用钢管作预留管。用作预留管的钢管,必须光滑顺直,接头处理可靠。施工时,在钢管的两端头处应设置垫头木和止位桩(图 9-5),屋架钢筋内应绑扎 $\phi 8$ 钢筋井字架。

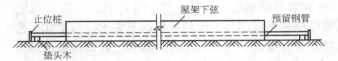

图 9-5 预留钢管端部处理

7) 浇筑混凝土、拔预留管:屋架混凝土浇筑应从上弦脊点开始,分别向两端节头推进,然后由两端节点向下弦中央节点会合,或从下弦中央节点开始,分两边向上弦脊节点会合。在混凝土浇筑过程中,看模人员应密切注视各种预留管是否位移,模板是否正常。同时,应将预应力钢筋孔道的预留钢管每隔 5～15min 缓慢转动一次。在混凝土浇筑完毕,每隔 3～5min 仍须转动一次,转动时用力要平稳,转速要缓慢。为便于转动和抽拔钢管,钢管的两端应分别钻两个方向互相垂直的小孔。小孔内插入钢筋,便可顺利转动。在混凝土到达初凝后终凝前,应将钢管向外缓慢旋出。抽管时,须保持抽引方向与钢管轴线一致。钢管抽出时,每隔 2m 左右设置一个支架,以免钢管中间下垂、端头上翘,引起混凝土开裂。

8) 拆除外侧模板、安装第二榀屋架模板:外侧模板和腹杆侧模板拆除时,必须保证混凝土不会因拆模而发生塌陷、掉棱、缺角等损害。待下层屋架混凝土强度达到设计强度的30%后，方可继续上层屋架的施工。上、下层屋架混凝土之间必须涂刷2~3遍隔离剂。重复上述施工过程即可完成第二榀屋架的制作，从而完成全部叠浇屋架。

（3）质量标准

1）保证项目：

预制构件模板及其支撑结构的材料，支、拆方法等必须保证模板有足够的强度、刚度和稳定性。如安装在基土上，基土必须坚实并有排水措施。对湿陷性黄土，必须有防水措施；对冻胀性土，必须有防冻融措施。防止地面产生不均匀沉陷。

2）基本项目：

（A）模板接缝处，接缝的最大宽度不超过1.5mm。

（B）模板与混凝土的接触面应清理干净并满涂隔离剂。

3）允许偏差项目：

现场预制构件模板质量标准及检验方法见表9-6。

现场预制构件模板质量标准及检验方法　　表9-6

项次	项　目		允许偏差(mm)	检验方法
1	表面平整	木模、钢模	3	用2m直尺和楔形塞尺检查
2	长度	梁、板、块体	±5	用尺检查
		柱	+5　−10	
		薄腹梁、桁架	±10	
3	横截面尺寸	梁、柱、桁架，薄腹梁	宽 +2 −5　高 +2 −5	用尺检查
		板	宽 +0 −5　高 +2 −3　厚 ±2	

续表

项次	项 目		允许偏差（mm）	检验方法
4	侧向弯曲	梁、柱	$L/1000$	用拉线和尺检查
		桁架、板	$L/1500$	
5	预埋件中心线位移		3	用尺量纵、横两个方向检查
6	预应力构件预留孔洞位移		3	用尺检查
7	板对角线差		7	用尺量两个对角线检查
8	梁、桁架拱度		$+5$ -2	用拉线和尺检查

注：L 为构件长度（mm）。

(4) 常见质量通病和防治方法

1) 屋架不平整。

(A) 土地模不平整或发生沉陷，以及木楞铺设不实，都将导致屋架不平整。因此，土地模施工时，场地必须经机械夯两遍以上，并用水准仪控制场地平整度，确保场地坚实平整。另外，对湿陷性黄土，必须有防水措施；对冻胀性土，必须有防冻融措施。铺设木楞时，应人力夯击木楞，确保木楞与土接触密实。

(B) 横板安装时，垂直度偏差过大或侧模板的下夹木未钉牢在木楞上，发生位移，也将导致屋架不平整。支模时，必须用水平尺或线锤认真校核模板的垂直度。下夹木与木楞的交接处必须钉两只钉子，且要垂直钉，下夹木接头必须接在木楞上。

2) 预应力钢筋孔道和灌浆孔道堵塞。

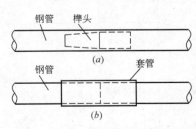

图 9-6 钢管接头构造
(a) 榫接；(b) 套接

预留钢管的接头构造，应采用榫接或套接，如图 9-6 所示。转动钢管时，用力方向必须注意，不得使钢管向外移动，否则易引起孔道堵塞。灌浆孔的预留管，安装必须牢固，以免振捣混凝土时发生位移，从而使孔道堵塞。看模人员应加强巡视，发生异样，及时处理。

3）预留钢管抽拔困难。

预留钢管未经常转动和抽管时间过晚，将导致抽管困难，甚至抽不出。施工时，应有专人负责钢管的转动和抽管，以免疏忽。另外，采用的钢管应光滑平直、涂油，确保抽管顺利。

4）上层屋架的几何尺寸误差较大。

其主要原因是叠浇翻模产生了积累误差。因此，底层屋架支模时，必须严格控制其尺寸和垂直度的准确。里侧模板支撑要牢固，整体稳定性要好。支撑上一层模板时，外侧模板要加强检查和修整，模板表面粘连的水泥浆必须清理干净。外侧模板的下口要紧贴下层构件，保证不漏浆；上口尺寸要符合设计要求。竖围檩与外侧模板要夹紧，若有空隙应用木楔楔实，并用钉子围定（不要钉死），以免振捣混凝土时发生跌落。

（5）安全操作注意事项

1）使用木工机械配制模板时，其安全操作注意事项同木屋架施工。

2）锯割、刨削短、薄木料，应用推棍和推板。木料上的水泥浆、钉子断头要清理干净。遇木节戗槎要减慢推进速度，禁止将手按在节疤上推料。

3）模板拆除应集中堆放，及时清理。防止朝天钉扎脚。

4）木工配合电焊作业时，应戴防护镜。无电焊操作证者，不得进行电焊作业。

2. 楼梯模板

现浇钢筋混凝土楼梯有梁式和板式两种结构形式。梁式楼梯梯段两侧有梁，板式楼梯梯段没有梁。下面以双跑板式楼梯为例，介绍其模板的构造、制作和安装方法。

（1）楼梯模板的构造

双跑板式楼梯包括梯段（梯段板和踏步）、梯基梁、平台梁及平台板等，如图9-7所示。平台梁和平台板模板的构造与肋形

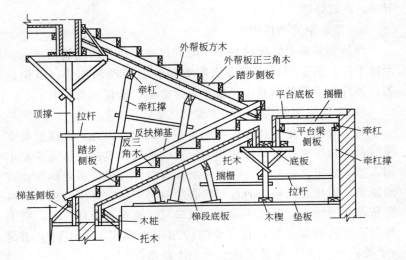

图 9-7 楼梯模板

楼盖楼板的构造基本相同。梯段模板由底板、搁栅、牵杠、牵杠撑、外帮板（方木加正三角木）、踏步侧板和反扶梯基（反三角木）等组成。踏步侧板两端钉在外帮板的正三角木上。如果墙已先砌，靠墙处的外帮板用反扶梯基代替，则靠墙一端的踏步侧板就钉在反三角木上。反扶梯基由若干块三角木钉在方木上而成。三角木的两直角边分别等于踏步的高和宽，厚度为50mm，方木断面为50mm×100mm，为了防止混凝土浇捣时，踏步侧板中央发生鼓肚现象，在其中央宜加一道反扶梯基作为支撑。外帮板的方木高度等于楼板混凝土的厚度，厚度与三角木厚度相等，长度视梯段长而定。

（2）操作工艺顺序

确定模板的配制尺寸→配制模板→安装梯基梁模板→安装平台梁、平台板模板→钉托木→铺梯段搁栅→钉牵杠和牵杠撑→铺梯段底板→弹线，钉外帮板→绑扎钢筋→钉踏步侧板及其支撑→安置栏杆预埋件。

（3）操作工艺要点

1) 确定模板的配制尺寸：楼梯模板中，有些部位的配制尺寸，可按图计算直接求得，还有一些部位的配制尺寸，却需通过放样或较复杂的计算才能确定。如外帮板方木，梯段底板的长度，梯基梁、平台梁里侧模板的高等等。确定楼梯板配制尺寸的方法有以下三种。下面以图 9-8 楼梯为例，分别作介绍。

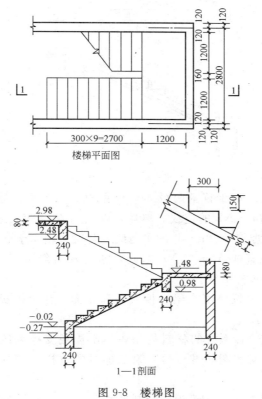

图 9-8 楼梯图

① 用 1∶1 放大样确定模板的配制尺寸：

（A）弹出水平基线，$x—x$ 及其垂直线 $y—y$，且假设基线 $x—x$ 的标高为 -0.02。

（B）根据图纸有关尺寸和标高，弹出梯基梁、平台梁及平台板的位置。弹线时的具体尺寸如图 9-9（a）所示。

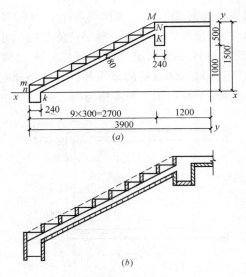

图 9-9 楼梯放样图

(C) 定出踏步首末两级 M、m 两点，及根部位置 N、n 两点。弹出 Mm、Nn 的连线。然后，弹出与直线 Nn 的距离等于梯段混凝土厚度（80mm）的平行线。与梁边相交于 K、k 两点。

(D) 在直线 Mm 与 Nn 之间，通过水平等分或垂直等分，弹出各级踏步外形线。

(E) 按模板厚度在梁、板底部和侧面，弹出模板图。如图 9-9（b）所示。

(F) 按支撑系统的材料规格，弹出模板支撑系统及反扶梯基等模板的安装图（图 9-7）。第二梯段的放样与第一梯段基本相同。

② 用计算法确定模板的配制尺寸：

(A) 算坡度和坡度系数：图 9-8 所示楼梯中，踏步高为 150mm，踏步宽为 300mm，则：

$$踏步斜边长 = \sqrt{150^2 + 300^2} = 335.4 \text{mm}$$

$$坡度 = \frac{三角木短直角边}{三角木长直角边} = \frac{150}{300} = 0.5$$

$$坡度系数 = \frac{三角木斜边}{三角木长直角边} = \frac{335.4}{300} = 1.118$$

(B) 计算梯基梁模板：外侧模板高度＝270－20＋150＋50＝450mm（式中50为外侧模包墙的高度，见图9-10）。

里侧模板高度（短角）＝外侧模板高度－AC。

$AC = AB + BC$

AB＝长直角边×坡度＝60×0.5＝30mm

BC＝长直角边×坡度系数＝80×1.118＝90mm

∴ AC＝30＋90＝120mm

里侧模板高长（短角）＝450－120＝330mm

若里侧模板厚为45mm，则：

长、短角的差值＝长直角边×坡度＝45×0.5＝23mm

里侧模板高度（长角）＝330＋23＝353mm

里侧模板断面，如图9-11所示。

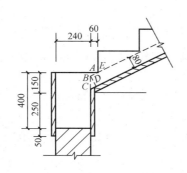

图9-10 梯基梁模板　　　图9-11 里侧模板高度

里侧模板长度＝1200－120＋50＝1130mm（式中50为梯基梁端面模板的厚度）。

(C) 计算平台梁模板：外侧模板高度＝1480－980－80＋45＝465mm（式中45为包底板尺寸）。

平台梁里侧模板高度有两种情况。第一种是平台梁与下梯段相接部分，如图9-12（a）所示。第二种是平台梁与上梯段相接部分，如图 9-12 (b) 所示。

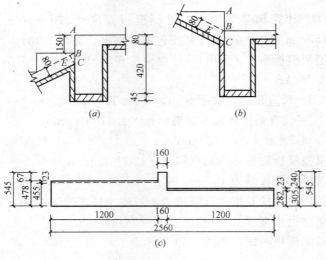

图 9-12 平台梁模板
(a) 平台梁与下梯段相连；(b) 平台梁与上梯段相连；(c) 平台梁里侧模板

与下梯段连接的里侧模板高度（长角）＝1480－980－150－BC＋45

BC＝长直角边×坡度系数＝80×1.118＝90mm

所以与下梯段连接的里侧模高（长角）＝305mm

同理与上梯段连接的里侧模高（短角）＝1480－980－BC＋45＝500－90＋45＝455mm

若里侧模板厚度为45mm，则长、短角的差值＝长直角边×坡度＝45×0.5＝23mm，平台梁里侧楼板的配制尺寸，如图 9-12 (c) 所示。

(D) 计算梯段板底模，如图 9-9 所示。梯段板底模长度等于底模水平投影长度乘以坡度系数。

底楼水平投影长度＝2700－240－45－45＝2370mm

故梯段板底模长度＝2370×1.118＝2650mm

底模宽度应大于等于梯段混凝土宽加上外帮板宽度。在本例中，底模宽度应大于等于 1250mm。

③ 三角木样板上局部放样：

楼梯模板配制尺寸较难确定的是梯基梁和平台梁的里侧模板的高度。利用三角木样板，进行局部放样，却能简捷地求得这两块模板的高度。具体放样过程如下：

（A）用硬质纤维板制作 1∶1 踏步三角木样板。

（B）求梯基梁里侧模板高度：

（a）在三角木样板的长直角边 MN 上，量取 $MS=60$mn。过 S 点作 MN 的垂线交 MP 于 K。量取 SK 的长度，$SK=30$mm，如图 9-13 所示。则 SK 的长度等于图 9-10 中 AB 的长度。

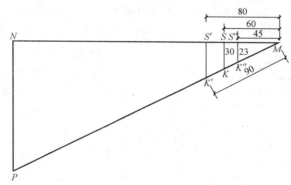

图 9-13 三角木样板上局部放样

（b）在 MN 上量取 $MS'=80$mm，过 S' 点作 MN 的垂线交 MP 于 K'。量取 MK' 的长度，$MK'=90$mm。则 MK' 的长度等于图 9-10 中 BC 的长度。

（c）里侧模板高度（短角）$=400+50-SK-MK'$
$=400+50-30-90=330$mm

（d）若里侧模板厚度为 45mm，则在 MN 上量取 $MS''=45$mm，过 S'' 点作 MN 的垂线交 MP 于 K''，量取 $S''K''$ 的长度，$S''K''=23$mm。则 $S''K''$ 的长度等于里侧模板长、短角的差值。

（e）里侧模板高度（长角）$=330+S''K''=330+23=353$mm

2）求平台梁里侧模板的高度：图 9-12 中，BC 的长度就等

于上述 MK' 的长度，即 $BC=90$mm。所以，与下梯段连接的里侧模板高度（长角）$=1480-980-150-BC+45=395-90=305$mm；

与上梯段连接的里侧模板高度（短角）$=1480-980-BC+45=545-90=455$mm。

若里侧模板厚度为 45mm，则长、短角的差值就等于上述 $S''K''$ 的长度，即长、短角差值为 23mm。所以，与下梯段连接的里侧模高（短角）$=305-23=282$mm；

与上梯段连接的里侧模高（长角）$=455+23=478$mm；

平台梁里侧模板的配制尺寸如图 9-12（c）。

利用三角木样板作图，求解这些特殊位置模板的尺寸，是一种简单易记的实用方法。另外，利用三角木样板还可在有些模板上直接划出锯料线。如需确定外帮板方木两端头的锯料线时，可将三角木样板套在方木上，即可划出端头的锯料线，如图 9-14 所示。对于上述梯基梁和平台梁里侧模板长、短角的差值，若不在三角木样板上作图，量出其差值，也可按此方法直接在配制的模板上划出长、短角的锯料线。

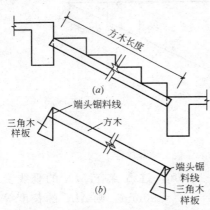

图 9-14 外帮板方木划线

3）配制模板：目前，支撑楼梯模板已普遍采用定型组合钢模板、钢顶撑或扣件式脚手钢管。因此，模板配制的工作量大大减少。首先，根据上述求得的模板配制尺寸，分别准备好相应规格的钢模板、钢顶撑或脚手钢管及扣件。然后，按三角木样板制作三角木。三角木宜用 50mm 厚的木材，划线时，应使三角木样板的斜边与木纹方向一致（图 9-15），锯割时不要留线，以力求准确、宁小勿大的原则。三角木数量根据踏步数而定。

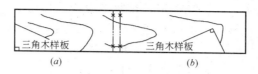

图 9-15 三角木划线
(a) 错误；(b) 正确

梯基梁、平台梁里侧模板的顶面，需制成斜面。可采取钢、木模组合的方法，斜面部分用木模配制，然后连接在相应高度的钢模板上，如图 9-16 所示。

4）安装梯基梁、平台梁、平台板模板：确保梯基梁、平台梁的标高和水平距离准确，是楼梯支模的关键。因此，支模时要认真丈量距离和校核标高。

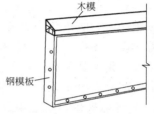

图 9-16 钢木模板组合

平台梁、平台板顶撑下面的泥土应夯实，并放置 50mm 厚的通长垫头板。顶撑之间应加设水平拉杆和剪刀撑，顶撑底部应加木楔，并与垫头板用钉固定（不要钉死）。

5）钉托木、铺楼梯板搁栅：托木钉在梯基梁、平台梁内侧模板的背面。托木离内侧模板上口的距离，应等于搁栅厚度加梯段底模的厚度。为防止托木受力后下移，托木下面应设若干小支撑。托木钉好后，在其上铺搁栅。搁栅长度不够需连接，则接头应错开。整个梯段的搁栅面应平整，搁栅间距 50～60cm 左右。若梯段底模板采用定型组合钢模板，则搁栅间距应满足钢模板的尺寸要求。

6）钉牵杠和牵杠撑：牵杠位于搁栅的下面，间距 80～100cm。牵杠撑支于牵杠下面，不应与地面垂直。牵杠撑下面泥土应夯实，并铺垫头板。木楔应用钉固定在垫头板上（不要钉死）。牵杠撑之间以及牵杠撑与平台梁顶撑之间。应设拉杆连接，增强整体稳定性。

7) 铺梯段底模板，钉外帮板：梯段底模板的宽度应大于等于图纸上混凝土梯段的宽度加外帮板的宽度。梯段底模板铺钉时，要紧密，以防漏浆；钉子尽量少钉，以便拆模。梯段底模板铺钉好后，根据梯段的设计宽度，在其上弹出控制线，作为钉外帮板的依据。先将外帮板方木按线钉牢，然后在方木上划出每一踏步三角木的位置线。最后按线逐块钉踏步三角木。钉踏步三角木时，要避免产生积累误差。否则，最后一踏步尺寸就会明显不符合图纸要求。若梯段一侧砖墙已先砌，则该处应设置反扶梯基。

8) 钉踏步侧板及其支撑：待楼梯钢筋绑扎好后，就可钉踏步侧板。为防止踏步侧板在混凝土浇捣时产生凸肚，故在其中间需加设小支撑。通常用反扶梯基来代替小支撑，其优点是：操作简单，易于翻模周转使用，支撑效果好。为防止较长的反扶梯基中间部分发生下垂，从而影响踏步侧板，故在反扶梯基中间加1～2道小支撑，防止其下垂。该小支撑一头钉在反扶梯基上，另一头撑在梯段底模上，不必钉死，当混凝土浇筑至该支撑处时，随手将其拆去即可。

9) 安置栏杆预埋件：栏杆预埋件一般随混凝土浇筑而进行埋设，其平面位置应符合图纸要求，高低位置应与踏步侧板上口平。同时，要保证预埋件与周围混凝土密实，埋件位置不准确将会影响栏杆和扶手的安装质量。

(4) 质量标准

1) 保证项目：

模板及其支架必须具有足够的强度、刚度和稳定性；其支架的支承部分有足够的支承面积。如安装在基土上，基土必须坚实并有排水措施。对湿陷性黄土，必须有防水措施；对冻胀性土，必须有防冻融措施。

2) 基本项目：

(A) 模板接缝处，接缝的最大宽度不超过 1.5mm。

(B) 模板与混凝土的接触面应清理干净并满涂隔离剂。

3) 允许偏差项目：

模板安装和预埋件、预留孔的允偏差和检验方法应符合表9-7的规定。

模板安装和预埋件、预留孔洞的允许偏差和检验方法

表9-7

项次	项目		允许偏差(mm)				检验方法
			单层、多层	高层框架	多层大模	高层大模	
1	轴线位移	基础柱、墙、梁	5 5	5 3	5 5	5 3	尺量检查
2	标高		±5	+2 -5	±5	±5	用水准仪或拉线和尺量检查
3	截面尺寸	基面柱、墙、梁	±10 +4 -5	±10 +2 -5	±10 ±2	±10 ±2	尺量检查
4	每层垂直度		3	3	3	3	用2m托线板检查
5	相邻两板表面高低差		2	2	2	2	用直尺和尺量检查
6	表面平整度		5	5	2	2	用2m靠尺和楔形塞尺检查
7	预埋钢板中心线位移		3	3	3	3	拉线和尺量检查
8	预埋管预留孔中心线位移		3	3	3	3	
9	预埋螺栓	中心线位移	2	2	2	2	
		外露长度	+10 -0	+10 -0	+10 -0	+10 -0	
10	预留洞	中心线位移 截面内部尺寸	10 +10 -0	10 +10 -0	10 +10 -0	10 +10 -0	

(5) 楼梯模板常见质量通病及防治方法

1) 楼梯坡度不符合设计要求。

(A) 支撑梯基梁和平台梁模板时,两者的标高、水平距离不准确,导致楼梯坡度出现较大的误差。

(B) 梯基梁和平台梁内侧模板高度不准确，从而影响楼梯的坡度。

预防方法：要仔细看清图纸尺寸要求，支模时要认真，一丝不苟。安装踏步三角木，出现三角木排不出或排之有余时，应认真寻找原因，不能随便收小或放大三角木尺寸安装上去。

2）踏步中间混凝土凸肚。

主要是踏步侧板中间的小支撑未顶紧或者反扶梯基上的反三角木与正三角木大小不一致所造成。因此，除了要保证三角木制作尺寸一致外，支模时，要仔细检查每一个支撑点是否撑实。

3）同一跑梯段踏步的建筑尺寸不一致。

当楼面或休息平台的装饰层厚度与踏步面的装饰层厚度不相同时，在结构施工支模时，第一踏步的高度需作相应的增减。否则，装饰层施工后就会出现第一踏步的高度与其他踏步的高度不相同，即踏步的建筑尺寸不一致。

4）上、下跑梯段的踏步口的投影不在一条直线上。

楼面、休息平台和踏步的装饰层施工后，常会出现上、下跑梯段的踏步口的投影不在一条直线上。特别在装饰层采用块料铺贴时，将会大大影响休息平台处的观感质量。因此，在结构施工支模时，应加以调整。具体方法是：根据踏步立面装饰层的厚度，在钉上、下跑梯段踏步三角木时，分别向前移动相应的距离。

5）楼梯模板的施工缝位置留设不正确。

由于施工组织等原因，现浇钢筋混凝土楼梯经常会碰到需要留设施工缝。施工缝位置留得是否正确，将会影响混凝土结构的质量。现浇钢筋混凝土楼梯的施工缝应留设在梯段中间的1/3跨度范围内。在支模时，施工缝外的踏步侧板可暂缓安装。

(6) 安全操作注意事项

1）楼梯模板配制和拆除时的注意事项同预应力钢筋混凝土屋架模板施工。

2）楼段板上行走要当心滑倒。在梯段板绑扎钢筋之前，宜在梯段板上钉临时踏脚木条。

3）楼梯梁、板下的支撑立柱，应钉剪刀撑、水平撑互相拉结，必要时，应设置抛撑。立柱下部的土要夯实，并设置通长垫头板。确保楼梯模板的整体稳定。

4）对于多层楼梯，若上层楼梯的支撑立柱支承在下层楼梯上时，下层楼梯必须有足够的强度和刚度。上层支撑立柱应对准下层支架的立柱。

3. 圆形、圆锥形结构模板

（1）圆形结构模板

1）操作工艺顺序：

木带配料尺寸计算→木带放样及制作→模板钉制→内模板安装→绑扎钢筋→外模板安装→浇筑混凝土→拆模。

2）操作工艺要点：

（A）木带配料尺寸计算：圆形结构模板的背面须用木带将模板圈箍加固，这样即能有效地避免出现模板断裂现象，又能方

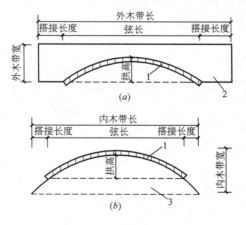

图 9-17　内、外木带模板示意图
(a) 外木带模板示意；(b) 内木带模板示意
1—模板；2—外木带；3—内木带

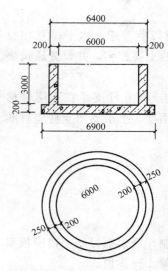

图 9-18 水池结构图

便模板的拼装。内、外木带外形如图 9-17 所示。

木带材料的长度和宽度,一般通过计算确定。木带的长度取弦长加 100～300mm,以便木带之间钉接。宽度为拱高加 50mm 左右。弦长和拱高的计算公式如下:

弦长＝直径×分块系数

拱高＝直径×拱高系数

分块系数和拱高系数,可由表 9-8 查得。

【例 9-1】 圆形水池,内径 6m,高 3m,池壁和池底厚 200mm,如图 9-18 所示。试求内、外木带的规格。

【解】 首先确定模板分块数,即该水池的一周长由多少块木带拼接围成。模板分块数应尽量取双数,且内、外模板的分块数也相同。现若确定内、外模板的分块数均为 16 块,则查表 9-8,得分块系数＝0.19509,拱高系数＝0.00961。

正多边形分块及拱高系数　　　　表 9-8

分块数	分块系数	拱高系数	分块数	分块系数	拱高系数	分块数	分块系数	拱高系数
1			14	0.22252	0.01253	27	0.11609	0.00338
2	1.00000	0.50000	15	0.20791	0.01093	28	0.11197	0.00314
3	0.86603	0.25000	16	0.19509	0.00961	29	0.10812	0.00293
4	0.70711	0.14645	17	0.18375	0.00851	30	0.10453	0.00274
5	0.58779	0.09549	18	0.17365	0.00760	31	0.10117	0.00256
6	0.50000	0.06700	19	0.16459	0.00682	32	0.09802	0.00241
7	0.43388	0.04951	20	0.15643	0.00616	33	0.09506	0.00226
8	0.38268	0.03806	21	0.14904	0.00558	34	0.09227	0.00214
9	0.34202	0.03015	22	0.14232	0.00509	35	0.08964	0.00200
10	0.30902	0.02447	23	0.13617	0.00466	36	0.08715	0.00190
11	0.28173	0.02025	24	0.13053	0.00428	37	0.08481	0.00180
12	0.25882	0.01704	25	0.12533	0.00395	38	0.08258	0.00170
13	0.23932	0.01453	26	0.12054	0.00364	39	0.08047	0.00163

其次选定内、外模板的厚度，本例若选定内、外模板的厚度均为 20mm，则：

外模木带圆弧直径为水池外径加 2 块模板厚度：$6000+2\times 200+2\times 20=6440$mm

内模木带圆弧直径为水池内径减 2 块模板厚度：$6000-2\times 20=5960$mm

故：外模弦长 $=6440\times 0.19509=1256$mm

外模拱高 $=6440\times 0.00961=62$mm

相邻外模木带的搭接长度取 200mm，则外模木带长 $=1256+200=1456$mm

外模木带宽，取拱高加 58mm，则外模木带宽 $=62+58=120$mm

外模木带的厚度取 50mm，则外模木带的规格（长×宽×高）为 $1456\text{mm}\times 120\text{mm}\times 50\text{mm}$

同理，内模弦长 $=5960\times 0.19509=1163$mm

内模拱高 $=5960\times 0.00961=57$mm

相邻内模木带的搭接长度取 180mm，则内模木带长 $=1163+180=1343$mm

内模木带宽取拱高加 63mm，则内模木带 $=57+63=120$mm

内模木带厚度取 50mm，故内模木带的规格（长×宽×厚）应为 $1343\text{mm}\times 120\text{mm}\times 50\text{mm}$

内、外模木带规格确定以后，就可着手配备相应木料。若现有木料规格小于上述计算规格，则需增大模板分块数，重新进行上述步骤的计算，直至计算所得的木料规格小于等于现有木料的规格为止。对于实心圆柱混凝土的模板，只需配制外木带；对于直径较小的圆柱，也可采用放样方法来确定木带的规格。

(B) 木带放样及制作：(结构物内径 6m，高 3m，模板厚度 20mm，木带厚度 50mm) 取一块长、宽尺寸略大于外木带计算规格的纤维板，取一根一端用钉子固定，半径为 3220mm 的平直木条，在该纤维板适当位置处画弧。在弧线上截取弦长 $MN=$

1256mm，则 M、N 两点之间的弧线就是外木带的弧线，然后以此线为基准，分别画出外木带的外形线。按线锯割即得外木带的样板，如图 9-19（a）、（b）所示。在样板一侧钉条，靠山然后将样板逐一在外木带木料上画出外形线，经锯割、刨削，即得所需的外模木带，如图 9-19（c）所示。

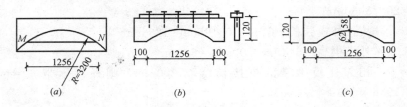

图 9-19　外木带制作
（a）外带放样；（b）外带样板；（c）外木带

同理，可制得内模木带样板及内模木带，如图 9-20。

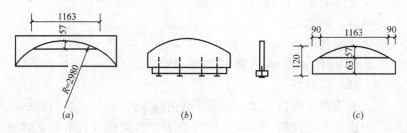

图 9-20　内木带制作
（a）内带放样；（b）内带样板；（c）内木带

（C）模板钉制：按照模板分块数将整个内、外模板进行分块预制，分别钉成甲、乙两种各若干块模板。甲、乙两种模板的木带应错位且两者之间应留 2～3mm 的空隙，便于相邻木带能方便地连接，如图 9-21 所示。为了安装顺利，保证整体圆形模板的尺寸准确，在钉制模板时，模板的宽度即弦（边）长应比计算的尺寸小 1～2mm。

为浇筑混凝土方便，在外模板高度方向，每隔 2m 左右应设门子板。门子板的长短、宽窄应配制准确，用钉固定在木带上

（不要钉死）。门子板的端头应接在木带的中间，不得挑空，如图 9-22 所示。

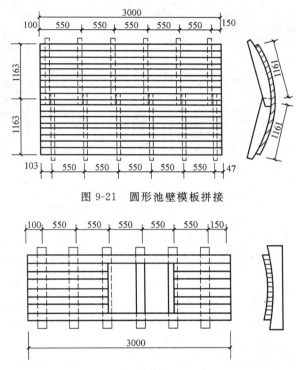

图 9-21　圆形池壁模板拼接

图 9-22　外模板预留门子板

（D）模板安装与钢筋绑扎：首先，在养护到一定强度的池底混凝土上放样，弹出水池内外壁的位置控制线；然后，按线拼装，支撑固定内模板。分块模板拼装时，接缝要严密，木带背面应加竖向围檩，内外模的竖向围檩长度均应高出内、外带 50～100mm，以便用钢丝箍扎。内模板下部宜用足够长的木料与圆心对面的内模板互相撑紧；中部和上部可用斜撑固定，如图 9-23 示。内模板安装固定后，即可绑扎钢筋。

外模板安装，在钢筋绑扎之后进行。圆形结构的外模板最易发生断裂，因此加固措施至关重要。外模板木带背面也应加设竖

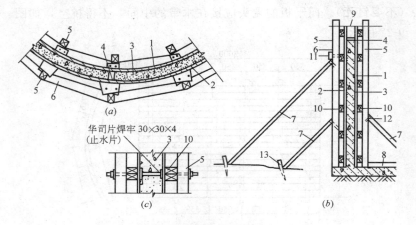

图 9-23 水池池壁模板的组装
（a）水池模板组装平面（局部）；（b）水池模板螺栓
固定剖面（局部）；（c）水池池壁模板局部剖面
1—内壁模板；2—外壁模板；3—水池壁；4—临时支撑；5—加固立楞；
6—加固钢箍；7—加固支撑；8—附加底樱；9—加固钢丝；
10—弧形木带；11—防滑木；12—圆钉；13—木桩

向围檩。外模甲、乙块模板应与内模的甲、乙块模板相对，这样有利于内、外模对撑加固。常用的加固措施有：斜撑固定和用10～16mm 钢筋绕箍，绕箍钢筋与竖向围檩间的空隙，应加木楔楔紧。另外，也可采用对拉螺栓连接内、外模，为防止水池渗水，对拉螺栓上应设置止水片，如图 9-23（b）所示。

（E）浇筑混凝土和拆模：混凝土浇筑应遵循分层浇捣原则，振捣混凝土时不得采用振动模板的方法来促使混凝土密实。当混凝土浇筑至门子板下口时，应及时补钉门子板。拆模时，应先拆外模，后拆内模。内模拆除材料外传过程中，严禁冲撞水池混凝土壁，外模板拆除后还要认真做好落手清工作。

（2）圆锥形结构模板

圆锥形结构模板的操作工艺顺序与圆形结构模板相同。但在模板配制的难度上却明显大于圆形结构模板。圆锥形结构模板可看成是由多个直径不同的圆形结构模板的组合。下面举例说明圆锥形结构内、外模板的配制方法。

【例 9-2】 某钢筋混凝土圆台形漏斗，上口内径为 3m，下口内径为 1m，高为 2m，壁厚 130mm，如拟模板厚度为 20mm，木带厚度为 50mm，结构尺寸如图 9-24 所示。试制作该漏斗的内、外模板木带尺寸。

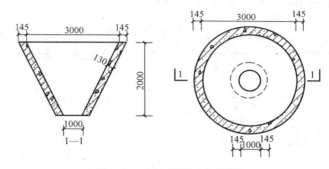

图 9-24 圆台形漏斗结构图

【解】 1）放大样方法配制模板

（A）漏斗内模板配制：

（a）放足尺大样：根据设计图纸尺寸要求，用墨线弹出直角梯形 $ABDC$ 图形，如图 9-25（a）所示。且使 $AB=1500$mm、$CD=500$mm、$AC=2000$mm。

（b）确定内木带数及内木带半径：由放样图量得内模长度 $BD=2236$mm。故确定钉四道木带，从 B 点开始，每隔 650mm 设一道木带。图 9-25（a）中，B、K、E、F 四点即为木带的位置。过 K、E、F 三点分别作 AB 的平行线 QK、HE 和 NF，分别交 AC 于 Q、H、N 三点。然后用尺量得 $QK=1209$mm；$HE=819$mm；$NF=627$mm。若钉制内模的模板厚度为 20mm，内木带厚度为 50mm。在放样图上分别弹出其厚度线，如图 9-25（b）所示。则可量得：

第一道内木带长半径 $AB'=1478$mm

第一道内木带短半径 $A'B''=1453\text{mm}$
第二道内木带长半径 $QK'=1187\text{mm}$
第二道内木带短半径 $Q'K''=1162\text{mm}$
第三道内木带长半径 $HE'=896\text{mm}$
第三道内木带短半径 $H'E''=871\text{mm}$
第四道内木带长半径 $NF'=605\text{mm}$
第四道内木带短半径 $N'F''=580\text{mm}$

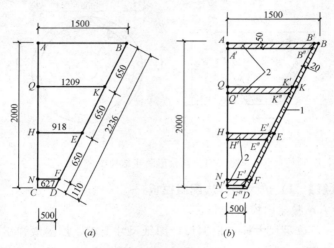

图 9-25 内模放样图
(a) 内模结构尺寸放样；(b) 内模板尺寸放样图
1—内模板；2—内木带

(c) 内木带配料计算：配料计算有两种情况，一种是先确定模板分块数，通过计算求得所需木带材料的规格，然后按此规格去选择相应尺寸的材料；另一种情况是现场已有某种规格的材料，通过多次假设模板分块数及相应计算，从而确定采用现有材料规格时，所需对应的模板分块数。现假设现场已有的木料长为1500mm，宽200mm，拟将此木料作内木带。

具体计算过程如下：先假定模板分块数为 6 块，则：

第一道木带的弦长 = 直径 × 分块系数 = $1478 \times 2 \times 0.5 =$

1478mm＜1500mm

第一道木带的拱高＝直径×拱高系数＝1478×2×0.067＝198.052mm＜200mm

验算结果证明：用上述规格作内木带，采用 6 块模板进行组装是可以的。

(d) 制作内木带：每道木带应按其长短半径先制作两块样板，然后按样板画线、锯割、刨削制得木带。木带样板的制作如图 9-26 所示，其步骤如下：首先取一根足够长、平直的木杆，在其一端钉一根钉子，从钉子中心量出半径为 580、605、871、896、1162、1187、1453、1478mm 的长度。把用作木带样板的纤维板固定在半径弧线轨迹上，并画出弧线。然后在第一道木带的弧线上，截取弦长 $AB=1478$mm 并用墨线连接 AO、BO。则在这块木板上，由弧线和两条边线 AO、BO 所围成的图形，即为四道木带的样板外形。

(e) 钉制内模板：圆锥形模板一般采用先分块预制，然后拼

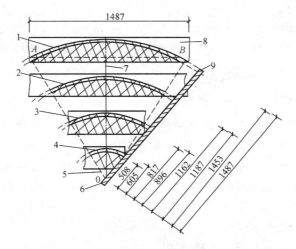

图 9-26 内木带样板的做法

1—第一道木带；2—第二道木带；3—第三道木带；4—第四道木带；
5—木带的边线；6—钉子；7—木带中心线；8—纤维板；9—木杆

装成整体的方法。首先用墨线弹出木带的位置线（图 9-27），然后按线将木带固定，再钉上模板即可。分块预制时，每块模板的宽度应收小 1～2mm，以免组装时发生较大误差。模板组装时，要保证接缝严密不漏浆，搭接牢固不变形。模板组装如图 9-28 所示。

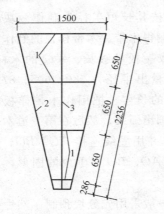

图 9-27 模板尺寸及木带位置的弹法
1—木带位置；2—模板的斜度；3—模板中心线

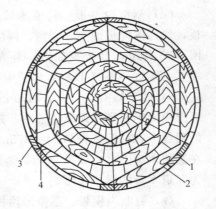

图 9-28 内模板组装示意图
1—内模板；2—木带；3—钉子；4—连接木带的短木板

（B）漏斗外模板配制：

（a）放足尺大样：外模放样的操作与内模相同，只是把图 9-25 中的 B、K、E、F、D 各点处的半径，增大一个漏斗壁的水平厚度 145mm 即可，如图 9-29 所示。

（b）确定外木带数及外木带半径：外木带数与内木带数同样确定为四道。若外模板的厚度为 20mm，外木带的厚度为 50mm。则可量得：

第一道外木带长半径 $AB' = 1667$mm

第一道外木带短半径 $A'B'' = 1642$mm

第二道外木带长半径 $QK' = 1376$ mm

第二道外木带短半径 $Q'K'' = 1351$mm

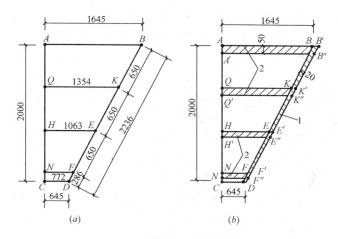

图 9-29 外模放样图
(a) 外模结构尺寸放样；(b) 外模尺寸放样
1—外模板；2—外木带

第三道外木带长半径 $HE'=1085$
第三道外木带短半径 $H'E''=1060$mm
第四道外木带长半径 $NF'=794$mm
第四道外木带短半径 $N'F''=769$mm

(c) 外木带配料计算：假定模板分块数仍取 6 块，则第一道木带的弦长 = 直径 × 分块系数 = 1667 × 2 × 0.5 = 1667 > 木料长 1500mm。

第一道木带挖去的拱高 = 直径 × 拱高系数 = 1667 × 2 × 0.067 = 223.378mm > 木料宽 200mm

验算结果说明：木带的弦长和挖去的拱高，大于做木带用的木料尺寸，不符合要求。故外模的分块数改为 8 块，则第一道木带的弦长 = 1667 × 2 × 0.3827 = 1275.9218mm < 木料长 = 1500mm

第一道木带挖去的拱高 = 1667 × 2 × 0.038 = 126.692mm < 木带宽 200mm。木带净宽 = 木料宽 - 挖去的拱高 = 200 - 126.692 = 73.308mm，此数值能保证木带的强度。

验算结果说明：用 8 块模板组装合适。

（d）制作外木带：每道外木带应按其长、短半径制作两块样板。样板制作方法如图 9-30 所示（外木带短半径作图）。

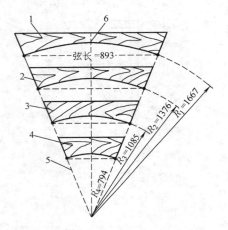

图 9-30 外木带样板的做法
1—第一道木带；2—第二道木带；3—第三道木带；
4—第四道木带；5—木带边线；6—木带中心线

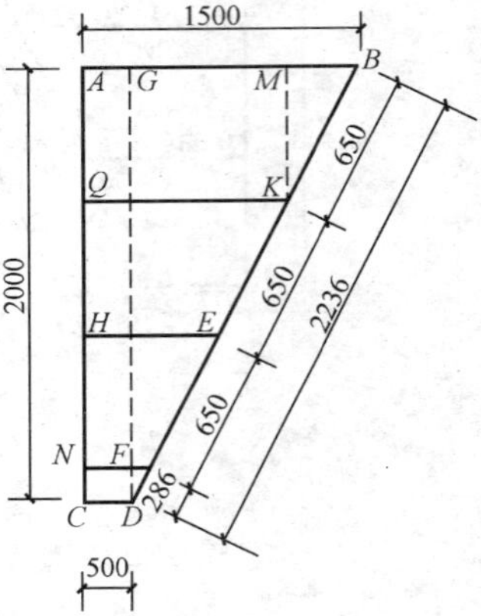

图 9-31 计算简图

（e）钉制外模板，外模板钉法可参照内模板钉法。但若施工需要，外模板在适当位置应留设混凝土浇捣门子板。

2）用计算方法配制模板

（A）计算漏斗模板的长度：在图 9-31 计算简图中，三角形 GBD 是直角三角形，$\because GD=2000\mathrm{mm}$，$GB=AB-CD=1500-500=1000\mathrm{mm}$，

$$\therefore 斜边\ BD=\sqrt{GD^2+GB^2}=\sqrt{2000^2+1000^2}=2236\mathrm{mm}。$$

则，坡度 $=\dfrac{短直角边}{长直角边}=\dfrac{1000}{2000}=0.5$

坡度系数 $=\dfrac{斜边}{长直角边}=\dfrac{2236}{2000}=1.118$

模板长度 $BD=$ 长直角边 $GD\times$ 坡度系数 $=2000\times 1.118=2236\mathrm{mm}$

(B) 确定木带数：从 B 底开始，每 650mm 设置一道木带，即图 9-31 中的 B、K、E、F 各点为木带的位置。

(C) 计算木带半径：在直角三角形 BMK 中，$MK = \dfrac{BK}{\text{坡度系数}} = \dfrac{650}{1.118} = 581.4$

$MB = MK \times \text{坡度系数} = 581.4 \times 0.5 = 291$mm，故 $QK = AB - MB = 1500 - 291 = 1209$mm。

同理，可求得：$HE = 918$mm，$NF = 627$mm。

若木带厚度取 50mm，模板厚度取 20mm（图 9-32）

则，$BB' = B'S \times \text{坡度系数} = 20 \times 1.118 = 22$mm

$TB' = TB'' \times \text{坡度} = 50 \times 0.5 = 25$mm

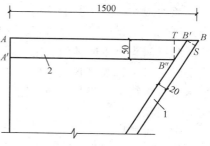

图 9-32 木带计算节点详图
1—模板；2—木带

故：第一道内木带长半径 $AB' = AB - B'B = 1500 - 22 = 1478$mm

第一道内木带短半径 $A'B'' = AB' - TB' = 1478 - 25 = 1453$mm

第一道外木带长半径 $= 1500 + 145 + 22 = 1667$mm

第一道外木带短半径 $= 1667 - 25 = 1642$mm

同理，可求得其他各道内、外木带的长、短半径。

第二道内木带长半径 $= 1209 - 22 = 1187$mm

第二道内木带短半径 $= 1187 - 25 = 1162$mm

第二道外木带长半径 $= 1209 + 145 + 22 = 1376$mm

第二道外木带短半径 $= 1376 - 25 = 1351$mm

第三道内木带长半径 $= 918 - 22 = 896$mm

第三道内木带短半径 $= 896 - 25 = 871$mm

第三道外木带长半径 $= 918 + 145 + 22 = 1085$mm

第三道外木带短半径 $= 1085 - 25 = 1060$mm

第四道内木带长半径 $= 627 - 22 = 605$mm

第四道内木带短半径＝605－25＝580mm

第四道外木带长半径＝627＋145＋22＝794mm

第四道外木带短半径＝794－25＝769mm

（D）木带配料计算及制作：与放大样方法中所述的内容基本相同。

3）圆台形漏斗模板安装：

该模板安装除了圆形结构模板安装所需的施工要求外，还须采取措施，防止模板在浇筑混凝土时，发生上浮。常用的措施是在圆台形漏头模板的顶面，附设两根通过圆心且互相垂直的木料或钢管。该木料或钢管应挑出漏斗外模板一定尺寸，然后利用拉结木条或拉结钢管将其与地桩连结，从而将整个模板压住，不发生上浮现象。

（3）质量标准

现浇钢筋混凝土圆形、圆锥形结构模板的质量标准同楼梯模板质量标准。

（4）常见质量通病及防治方法

1）模板断裂（爆壳子）。

产生的原因主要是采用的模板厚度不够或材质差。用于水池的木模板厚度不应小于20mm，木带厚度宜为50mm，木带宽度应满足相应要求。木带应选用纹理顺直的木料，腐朽的木料严禁使用。一旦发生模板断裂现象，只能采取堵封的措施，待拆模后马上凿去凸出的混凝土。

2）相邻两块模板接头处发生胀裂错位。

相邻模板的木带必须有足够的搭接长度且用钉子钉牢，另外，木带接头的背面应加设竖向围檩。能有效防止错位现象发生。

3）混凝土浇筑过程中模板严重变形。

模板支撑不实，外模未加钢筋箍以及混凝土未采取分层和来回交替浇捣是圆形模板发生变形的主要原因。支模时，支撑的方向应通过圆心，浇筑混凝土时，看模板的人员应加强巡视，一旦发现变形预兆，及时增设支撑和改变混凝土浇筑方向。

（5）安全操作注意事项

1）配制模板时的安全注意事项，同预应力钢筋混凝土屋架模板制作。

2）安装大型水池等模板时，应设置简易可靠的扶梯供操作人员上、下、进、出，严禁利用拉杆、支撑攀登上下进出。

3）大型分块模板直立就位时，应设置临时支撑。模板未支撑牢固不得脱手。搬运时，配合要默契、协调，统一行动，防止砸伤手脚和其他意外事故。

4）拆模时，要两人配合，用力得当，以免模板突然倾倒。模板应随拆随清理，集中堆放，以免模板损坏和钉子扎脚。

（三）组合钢模板

组合钢模板主要由钢模板和配件两部分组成，可使模板结构按预先设想的方案进行组装支设。它的施工工艺设计一般包括下列内容：

1. 施工段的划分

根据流水施工的原理，划分钢模板施工作业段，用文字或单线简图表示施工段的位置和编号。

2. 模板位置平面图

它是模板施工的总布置图，图中表示各种构件的型号、位置和数量，如图 9-33 所示。

3. 钢模板配板图

模板位置平面图上的每一型号的构件都应绘制钢模板配板图，在该图上表示出钢模板的型号、位置和数量。直接支承钢模板的钢楞或桁架的位置，在图上用虚线表示，其规格和数量可用

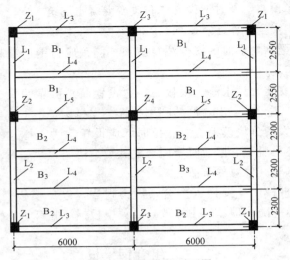

图 9-33 模板位置平面图

文字在图上注明，如图 9-34 所示。

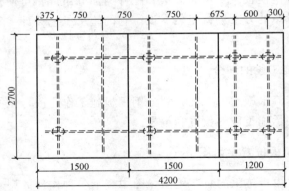

图 9-34 钢模板配板图

4. 支撑系统布置

对于梁模板的支架和其他较为复杂的支模方法，都应绘制支架布置图。模板安装时，为固定位置和调整垂直度所需的支撑和拉筋可不在图上表示，但其所用的材料规格和数量应给予说明。

5. 模板周转和部件汇总表

根据施工方案和进度要求，用图表来表示模板周转程序，以标准施工段为单位统计钢模板的规格和数量以及相应的配件，同时，还包括需要置备的部件和数量。由此提出工程钢模板的汇总表。

6. 施工设计说明

钢模板工程的施工工艺设计说明除介绍工程概况外，还应包括模板设计时取用混凝土最大侧压力值、特殊荷载的数值、模板特殊部分的装拆要求、预埋件的固定方法和特殊结构的质量要求、技术措施等。

由于工程结构和规模不尽相同，模板的复杂程度也不一样，因此施工工艺设计所表述的形式及其繁简程度可视企业具体作业人员的熟练情况而定。例如，当模板位置平面图较简单，则在钢模板配板图上注上轴线编号后就可省画该平面图。如果作业人员较熟练，那么对于钢模板配置基本相同，只是木材拼补有所不同的部件，可以编为同一型号。在钢模板的施工工艺设计中最主要的是钢模板的配板设计和支撑系统的配制设计。

7. 钢模板配板设计的原则与要求

进行钢模板配板设计，绘制钢模板配板图一般应遵循下列原则和要求：

（1）尽可能选用 P3015 或 P3012 钢模板为主板，其他规格的钢模板作为拼凑模板之用。这样可减少拼接，节省工时和配件，增强整体刚度，拆模也方便。

（2）配板时，应以长度为 1500、1200、900、750mm，宽度为 300、200、150、100mm 等 16 种规格的平面模板为配套系列，这样基本上可配出以 50mm 为模数的模板。在实际使用时，个别部位不能满足的尺寸可以用少量木材拼补。

(3) 钢模板排列时,模板的横放或立放要慎重考虑。一般应以钢模板的长度沿着墙、板的长度方向、柱子的高度方向和梁的长度方向排列,这种排列方法称之为横排。这样有利于使用长度较大的钢模板,也有利于钢楞或桁架支承的合理布置。

(4) 要合理使用转角模板,对于构造上无特殊要求的转角可以不用阳角模板,而用连接角模代替。阳角模板宜用在长度大的转角处、柱头、梁口和其他短边转角部位如无合适的阴角模板也可用方木代替。一般应避免钢模板的边肋直接与混凝土面相接触,以利拆摸。

(5) 绘制钢模板配板图时,尺寸要留有余地。一般 4m 以内可不考虑。超过 4m 时,每 4~5m 要留 3~5mm,调整的办法大都采用木模补齐,或安装端头时统一处理。

8. 钢模板配板排列的方法

(1) 钢模板横排时基本长度的配板

钢模板横排时基本长度的配板方法见表 9-9。

【例 9-3】 墙面长度为 11.25m 时,试做配板设计。

【解】 查表 9-9,序号 6,取 6 块 1500mm、2 块 900mm、1 块 450mm 的模板,由此配得模板的总长为 $1500 \times 6 + 900 \times 2 + 450 \times 1 = 11250$ mm。

但工程上的构件单块平面的长度往往不像表内那样是按 150mm 进位的整数。如照上表拼配模板一般会剩有 10~140mm 的尾数。

当剩下长度为 100~140mm 时,配上 100mm 宽的竖向模板一列,于是约剩下 40mm。

当剩下长度为 90~50mm 时,可将表中主规格所拼配长度移上格,减一道序号取用,使剩下长度扩大为 240~200mm,再加配 200mm 宽的竖向模板后剩下也约为 40mm。于是可用木模补缺。

【例 9-4】 长度为 9140mm 或 11340mm 时,试作配板设计。

表 9-9 钢模板横排时的基本长度配板

序号	模板长度(mm)	主板块数 0	1	2	3	4	5	6	7	8	其余规格块数	备注
1		1500	3100	4500	6000	7500	9000	10500	12000	13500		
		1650	3150	4650	6150	7650	9150	10650	12150	13650	$600\times2+450\times1=1650$	△
2		1800	3300	4800	6300	7800	9300	10800	12300	13800	$900\times2=1800$	○
3		1950	3450	4950	6450	7950	9450	10950	12450	13950	$450\times1=450$	
4		2100	3600	5100	6600	8100	9600	11100	12600	14100	$600\times1=600$	
5		2250	3750	5250	6750	8250	9750	11250	12750	14250	$900\times2+450\times1=2250$	△
6		2400	3900	5400	6900	8400	9900	11400	12900	14400	$900\times1=900$	○
7		2550	4050	5550	7050	8550	10050	11550	13050	14550	$600\times1+450\times1=1050$	△
8		2700	4200	5700	7200	8700	10200	11700	13200	14700	$600\times2=1200$	
9		2850	4350	5850	7350	8850	10350	11850	13350	14850	$900\times1+450\times1=1350$	
10												

表 9-10 钢模板横排时的基本高度配板

模板长度(mm) \ 主板块数	0	1	2	3	4	5	6	7	8	9	其余规格块数
序号	1	2	3	4	5	6	7	8	9	10	
1											
	300	600	900	1200	1500	1800	2100	2400	2700	3000	
2	350	650	950	1250	1550	1850	2150	2450	2750	3050	200×1+150×1=350
3	400	700	1000	1300	1600	1900	2200	2500	2800	3100	100×1=100
4	450	750	1050	1350	1650	1950	2250	2550	2850	3150	150×1=150
5	500	800	1100	1400	1700	2000	2300	2600	2900	3200	200×1=200
6	550	850	1150	1450	1750	2050	2350	2650	2950	3250	150×1+100×1=250

【解】 查表9-9序号1，取6块为9000mm后，剩下9140－9000＝140mm，可再加配宽100mm竖向模板一块，最后余40mm，待施工时拼配后按实际丈量的余数用木模补缺。

配11340长度时，在例9-1的基础上由11340－11250＝90mm，所以不取表9-9的序号6，而改取表9-9的序号5，拼得1500×7＋600×1＝11100mm，使11340－11100＝240mm，再加上宽200mm竖向模板一块，余40mm，即可用木板补缺。

(2) 钢模板横排时基本高度的配板

钢模板横排时基本高度的配板方法见表9-10。

(3) 钢模板按梁、柱断面宽度的配板方法

钢模板按梁、柱断面宽度的配板方法见表9-11。

钢模板按梁、柱断面宽度的配板（mm）　　表9-11

序号	短面边长(mm)	排列方案(mm)	参考方案(mm)		
			Ⅰ	Ⅱ	Ⅲ
1	150	150			
2	200	200			
3	250	150＋100			
4	300	300	200＋100	150×2	
5	350	200＋150	150＋100×2		
6	400	300＋100	200×2	150×2＋100	
7	450	300＋150	200＋150＋100	150×3	
8	500	300＋200	300＋100×2	200×2＋100	200＋150×2
9	550	300＋150＋100	200×2＋150	150×3＋100	
10	600	300×2	300＋200＋100	200×3	
11	650	300＋200＋150	200＋150×3	200×2＋150	300＋150＋100×2
12	700	300×2＋100	300＋200×2	200×3＋100	
13	750	300×2＋150	300＋200＋150＋100	200×3＋150	
14	800	300×2＋200	300＋200×2＋100	300＋200＋150×2	200×4
15	850	3002＋150＋100	300＋200×2＋150	200×3＋150＋100	
16	900	300×3	300×2＋200＋100	300＋200×3	200×4＋100
17	950	300×2＋200＋150	300＋200×2＋150＋100	300＋200＋150×3	200×4＋150
18	1000	300×3＋100	300×2＋200×2	300＋200×3＋100	200×5
19	1050	300×3＋150	300×2＋200＋150＋100	300×2＋150×3	

9. 支承系统配置设计的原则与要求

(1) 钢模板的支承跨度：钢模板端头缝齐平布置时，一般每块钢模应有两个支承点。当荷载在 50kN/m^2 以内时，支承跨度不大于 750mm。

钢模板端头缝错开布置时，支承跨度一般不大于主规格钢模板长度的 80%，计算荷载应增加一倍。

(2) 钢楞的布置：内钢楞的配置方向应与钢模板的长度方向相垂直，直接承受钢模板传递来的荷载，其间距按荷载确定。为安装方便，荷载在 50kN/m^2 以内时，钢楞间距常采用固定尺寸 750mm。钢楞端头应伸出钢模板边肋 10mm 以上，以防止边肋脱空。外钢楞承受内钢楞传递的荷载，加强钢模板结构的整体刚度并调整平直度。

(3) 支柱和对拉螺栓的布置时，钢模板的钢楞由支柱或对拉螺栓支承，当采用内外双重钢楞时，支柱或对拉螺栓应支承在外钢楞上。为了避免和减少在钢模上钻孔，可采用连接板式钢拉杆来代替对拉螺栓。同时为了减少落地支柱数量，应尽量采用桁架支模。

在支承系统中，对连接形式和排架形式的支柱应适当配置水平撑和剪刀撑，以保证其稳定性。水平撑在柱高方向的间距一般不应大于 1.5m。

十、中国古建筑木工工艺

中华民族是历史悠久的民族,中国的古建筑光辉灿烂,在世界建筑文化中独树一帜,形成了极其鲜明的民族特色和艺术风格,是世界建筑艺术宝库中的一颗璀璨的明珠。中国的古代建筑知识博大精深,涉及范围很广。由于篇幅关系,在此仅就一些有代表性的内容作介绍。

(一) 古建筑的构造方式

1. 主要建筑形式

中国古建筑的单体房屋,一般由台基、柱、墙身和屋面三大部件组成。台基由夯土筑成,上铺石材及砖块;柱墙身是由木柱、填充墙组成;屋面由梁架、桁条、屋面覆盖等部件组成。

木结构是中国古建筑的主要结构形式,即由木柱、木梁架组成了木的框架结构,具有较强抗变形性能,因而有"墙倒屋不倒"的现象出现。

从单体建筑的平面组合上看,横方向由柱与柱形成了"开间",则面阔三开间、五开间、七开间等;在纵向(即进深)方向由檩的多少而形成三步架、五步架、七步架等。如图10-1所示。

根据屋面的造型不同,分为硬山、悬山、歇山、庑殿和攒尖五种基本类型,如图10-2所示。

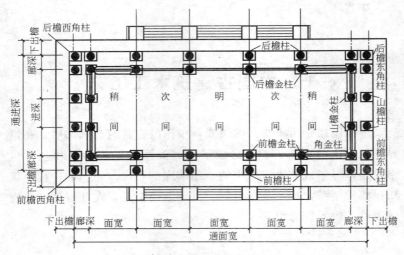

图 10-1 单体建筑的组成

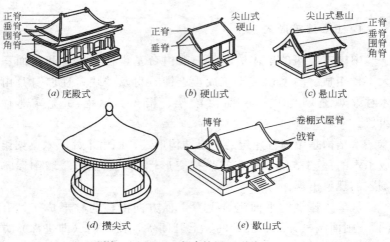

图 10-2 古建筑屋面形式

2. 庑殿建筑的基本构造

庑殿的内部构架主要由正身和山面转角两部分组成。正身部分是由柱子支承梁架，上面搁置桁条，桁条上铺钉椽子、望板而形成抬梁式结构。山面转身部分骨架是庑殿建筑的主要部分。庑殿建筑的基本构架如图 10-3 所示。

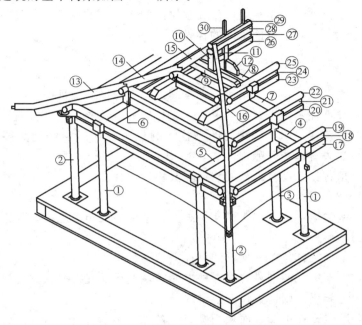

图 10-3　庑殿建筑的基本构架示意

1—檐柱；2—角檐柱；3—金柱；4—报头柱；5—顺梁；6—交金瓜柱；7—五架梁；8—三架梁；9—太平梁；10—雷公柱；11—脊瓜柱 12—角背；13—角梁；14—由戗；15—脊由戗；16—趴梁；17—檐枋；18—檐垫板；19—檐檩；20—下金枋；21—下金垫板；22—下金檩；23—上金枋；24—上金垫板；25—上金檩；26—脊枋；27—脊垫板；28—脊檩；29—扶脊木；30—脊桩

(1) 柱

檐柱：位于建筑物最外围的柱子，主要承受屋檐荷载。

金柱：位于檐柱以内的柱子（纵中线柱子除外），承受檐头以上的屋面荷载。

里金柱：即里围金柱。

下檐柱：在二层或多层楼房中，最下一层的柱子。

325

通柱：用于二层楼房中贯通上下的柱子，用一木做成。

角柱：位于建筑转角部位的柱子，承受梁、仿等构件的荷载。角柱有角檐柱、角金柱等。

雷公柱：位于庑殿山面支顶挑出的脊檩下的构件（在攒尖屋顶中则是由若干由戗支撑的构件）。

瓜柱：位于上、下梁之间的搭置木块，其高大于本身长、宽。

交金瓜柱：位于角梁与顺梁间，与金檩搭交的瓜柱。

脊瓜柱：位于三架梁上，上支脊檩的瓜柱。

垂莲柱：用于垂花门的垂柱，倒悬于垂花门麻叶抱头梁之下，端头有莲花等雕饰。

角背：辅助脊瓜柱的构件，又称脊角背。

(2) 梁

桃尖梁：用于柱头科斗栱之上，承接檐头桁檩之梁，其梁头侧面呈桃形。

三架梁：位于五架梁的瓜柱上的梁。

五架梁：两端搭置在金柱上的梁，上承受五根檩（如五架梁下为七架梁，则搭置在七架梁的瓜柱上）。

顺梁：在桁檩下面顺面宽方向的梁，并且梁下有柱头承接。通过柱头科斗栱，将桃尖梁头搭置在山面檐柱头上。顺梁标高、断面、形状及做法与对应正身梁架均相同。

趴梁：在桁檩上面顺面宽方向搭置的梁，梁下设有柱子承接。凭桁檩承接梁的外一端，内一端搭置在正身梁架上。

角梁：位于矩形四坡屋顶的山面与檐面交角处最下一架的梁，前端与挑檐桁搭交，后尾与正心桁搭交，头部挑出于搭交檐桁之外。角梁最上架为脊由戗，其间则称由戗。角梁分两层，上层为仔角梁，下层为老角梁。

抱头梁：位于檐柱与金柱之间，承担檐檩的梁。

太平梁：位于山面上，承担雷公柱的梁。

麻叶抱头梁：梁头做成麻叶头形状的抱头梁。垂花门的主门亦称麻叶抱头梁。

(3) 枋

枋：辅助稳定柱和梁的构件。

额枋：用于大式带斗栱的建筑柱头间的横向拉结构件。

大额枋：大式带斗栱建筑，檐柱之间用重额枋时，上面的一根称大额枋。

小额枋：大式带斗栱建筑檐柱之间用重额枋时，位于大额枋和额垫板下面，端面较小的横枋。

脊枋：位于正脊位置的枋子。

檐枋：位于无斗栱建筑檐柱柱头间的横向联系构件（在有斗栱建筑中，则称作额枋）。

金枋：位于檐枋与脊枋之间的所有枋子。依照其相对位置的不同，可分别称作下金枋、中金枋和上金枋。

平板枋：大式带斗栱的建筑，叠于檐柱头和额枋之上的扁木枋。

(4) 桁檩

桁檩：直接承受屋面荷载的构件。在有斗栱大式建筑中称作"桁"，在无斗栱大式或小式建筑中称作"檩"。

挑檐桁：出踩斗栱挑出部分承托的桁檩。

正身桁檩：搭置于正身梁架的桁檩。

檐檩：位于檐柱上的正身檩子。

脊檩：位于正脊位置上的正身檩子。

金檩：位于檐檩与脊檩之间的所有正身檩子。依照其相对位置的不同，可分为下金檩、中金檩和上金檩。

正搭交桁檩：在屋面转角处，互成直角作榫相搭交的桁檩。

搭交檩：以90°、120°、135°或其他角度扣搭的相交的檩称为搭交檩，又称交角檩，见于多角亭或转交建筑。

扶脊木：叠置在脊檩上面的构件，其作用是栽植脊桩，以扶持正脊。

(5) 板

垫板：檩与枋之间的板。

圆垫板：平面呈弧形的垫板，专用于圆亭或其他圆形建筑。

由额垫板：大小额枋之间的垫板。

檐垫板：檐檩与檐枋之间的垫板

脊垫板：脊檩与脊枋之间的垫板。

金垫板：金檩与金枋之间的垫板。依照其相对位置的不同，可分为下金垫板、中金垫板和上金垫板。

（二）古建筑木工工艺的基本知识

1. 古建筑的基本模数和建筑法则

我国古代建筑在很早的时期，各种构建就形成了某种比例关系，就是以斗栱的一个栱子的用材定为衡量整个建筑构件的标准单位，称为"材"。栱高称为材高，栱宽称为材厚，两层栱子相垒时，其中间的空当高度称为契高，材高加契高称为足材。公元1103年宋代李诚著《营造法式》一书中有详细的规定，如"凡构屋之制，皆以材为祖。材有八等，屋之大小而用之"。又，各以其材广（高）分为十五分，以十分为其厚。到了公元1734年我国有出现了《工部工程做法》一书，书中规定了以"口份"作为基本单位，有关建筑权衡比例的问题基本定型了，故"口份"便成为今天的古建筑常用的模数，"口份"后又称斗口。中国古建筑中有斗栱的称为大式建筑，无斗栱的称为小式建筑，分别采用"斗口"和"檐柱径"两个基本模数，制定了相应的法则。

（1）斗口：斗口即为平身科斗栱，坐斗在面宽方向的刻口，这个刻口宽度在不同类型和等级的建筑中是不同的。清代官方规定，把斗口分为十一个等级。最大斗口为6寸（清代营造尺制，1寸合3mm），最小为1寸，每等级间以0.5寸递减。

（2）檐柱径：小式无斗栱建筑是以檐柱径为基本模数，通常用"D"来表示。各建筑构件尺寸均是 D 的倍数。如，面宽为 10，其柱高为面宽的 8/10，柱径则规定为柱高的 1/11。每一构件的大小，都按柱径推算，所以，只要建筑物的尺度有一定标准，那么只要丈量一个构件的尺寸就可以推算出该建筑的各构件尺寸和建筑物的大小。随之亦可依据建筑物的尺度而决定用材的尺寸。

（3）面宽与进深：古建筑一般以东西方向为宽，南北方向为深。单体建筑以"间"为基本单元组成；每四根柱构成一间，一间的宽为"面宽"，深为"进深"。

古建筑中，带斗栱的大式建筑确定明、次间面宽的方法有两种：一种是按斗栱的攒数定面宽；另一种是根据面宽定斗栱斗口的大小。明间的面宽确定为 10 时，则次、梢间面宽为 8。进深应首先根据功能而定。带斗栱大式建筑在满足功能的前提下，常按平身科斗栱三至四攒而定。小式建筑不超过五举、四步。

（4）柱高与柱径：古建筑中明间面宽与柱高比例为 10：8，柱高与柱径比例为 11：1。

在带斗栱的大式建筑中，柱高是包括平板枋和斗栱在内的整个高度，斗栱高是指坐斗底皮至挑檐桁底皮的高度。

（5）收分与侧脚：古建筑圆柱上细下粗的做法称作"收分"。小式建筑收分为 1/100，即：

柱头直径＝柱根直径－柱长 1/100

大式建筑的收分为 7/1000 即：

柱头直径＝柱根直径－柱长 7/1000

最外圈的柱子根部通常要向外侧移出一定尺寸，使柱子头部向内侧倾，以增强建筑的整体稳定性，这种做法称作"侧脚"。清代侧脚尺寸与收分尺寸相同。

（6）上出与下出：清代作法规定：小式房屋，以檐柱中至飞檐椽外皮（如无飞檐则至老檐椽头外皮）的水平距离为出檐尺寸，称为上檐出，简称"上出"。无斗栱大式或小式建筑的上出

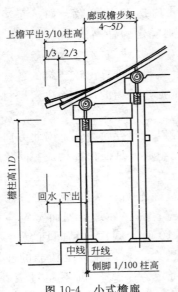

图10-4 小式檐廊

定为柱高的3/10。其中飞檐出头占其1/3,檐椽出头占其2/3,如图10-4所示。

台明口至檐柱中距离为"下出";至檐椽外皮为"回水"。带斗栱的大式建筑,上出由两部分尺寸组成,一部分为挑檐桁中至飞檐椽头外皮,通常定为21斗口,其中2/3为檐平出尺寸,1/3为飞檐平出尺寸。另一部分为斗栱挑出的尺寸,按实际而定,如图10-5所示。

(7) 步架与举架:步架和举架是古建筑屋面造型的主要依据,由于构架体系采用了步架和举架的处理方法,使屋面坡度越往上越陡峻,越往下越平缓,形成了曲线优美、出檐深远的特征。清代建筑中,木构架上下相邻两檩的中心水平距离称为"步架",步架依照其位置的不同,有廊步(或檐步)、金步、脊步等。小式廊步为$4D \sim 5D$,金步、脊步一般为$4D$。带斗栱的大式建筑的步架为檩径的$4 \sim 5$倍。

木构架中相邻两檩中心的垂直距离(即举高)除以对应步梁长度所得的系数称为"举架"。清代大式建筑常用举架有五举、六五举、七五举、九举等,即表示相应的系数为0.5、0.65、0.75、0.9等。小式五檩房一般为檐步五举、脊步七举;七檩房的檐步、金步、脊步分别为五举、六五举、八五举;又如九檩房屋,檐步五举,飞檐三五举,下金步六五举,上金步七五举,脊步九举等。

2. 大木画线

(1) 画线符号:大木制作的各种画线符号见表10-1。

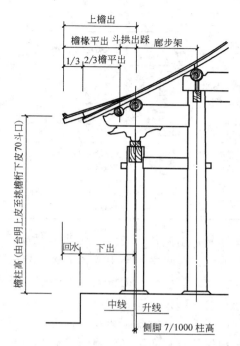

图 10-5 大式檐廊

大木画线符号   表 10-1

序号	名称		符号	作用	说明
1	中线	一般中线	中 或 ‖	制作与安装的基本依据	单根时,不作标记,多根时才作标记
		老中线		表示最原始的那条中线	多根中线同时存在时
2	升线			表示柱子的侧脚	仅用于外檐柱,弹在柱中线里侧
3	截线			表示截断	用于构件的端头
4	断肩线			表示该处断肩	用于各种榫的侧面
5	正确线			表示该线正确,要的	同时有二条线,其中一条是正确的

331

续表

序号	名称		符号	作用	说明
6	错误线		 ϕ 或  ╱	表示该线错误,不用	同时有二条线,其中一条是错误的
7	卯眼	透眼	 ⊠	表示凿成透眼	
		半眼	 ⊠	表示凿成半眼	
		大进小出眼	 ⊠	表示上半为半眼,下半为道藏	
		枋子口	 ▯	表示枋子口上端开口,且为半眼	

(2) 位子标号:木制作时,为了防止漏做或重复制作构件,安装时能正确就位,应将木构架中的各个构件标出其位置。标写时,首先要在平面上排出柱子的位置,然后按柱子的编号写出制作构件的朝向及所在的位置。

为了防止出现差错,大木画线及位置标号必须由专人负责。

(3) 丈杆和样板:在实际操作中为了准确和便于施工,采用"仗杆"和"讨退"两种方法。仗杆是大木工序中不可缺少的一个尺寸依据,丈杆是大木制作和安装时使用的一种既起施工图作用,又有度量功能的特殊工具。一切木构件的尺寸,如梁、柱、枋的长短和榫卯的尺寸都从丈杆过在木料上面。大木制作前先排总丈杆,总丈杆四面每面作用不同:第一面表示各间面宽,第二面表示进深尺寸,第三面表示柱高尺寸,第四面表示檐平出尺寸。总丈杆排好经检验无误后,可在总丈杆上过线排出各分丈杆,分丈杆以每类相同构件排一根。分丈杆上的符号应标注齐全,使人一目了然。各种丈杆如图10-6所示。

大木画线时,对一些特殊构件和节点,需用相应的各种样板作辅助工具,如斗栱样板、榫卯样板、桁碗样板、岔子板、枋子样板等等,如图10-7所示。

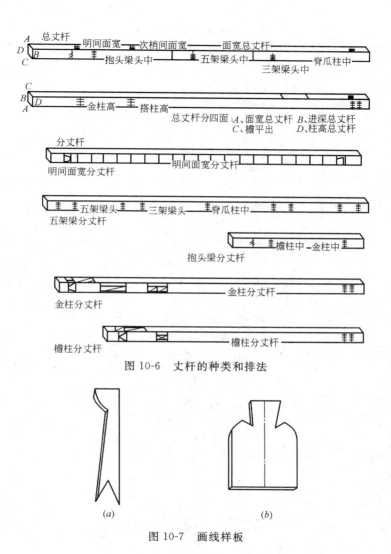

图 10-6 丈杆的种类和排法

图 10-7 画线样板

3. 大木榫卯构造

（1）固定垂直构件的榫接

固定垂直构件的榫卯见表 10-2 及图 10-8、图 10-9。

固定垂直构件的榫卯   表 10-2

序号	名称	适用部位	制作要求	示图号
1	管脚榫	1. 各种落地柱根部 2. 柱与梁架或墩斗相交处	1. 榫长＝$\frac{3}{10}$柱径 2. 榫头部略小,倒楞	10-8
2	套顶榫	1. 长廊柱每间隔二、三根用套顶榫 2. 地势高、风荷载较大的建筑	1. 榫长＝$\left(\frac{1}{3}\sim\frac{1}{5}\right)$柱高 榫径＝$\left(\frac{1}{2}\sim\frac{4}{5}\right)$柱径 2. 榫头作防腐处理	10-8
3	瓜柱柱脚半榫	与梁架垂直相交的金、脊瓜柱、交金瓜柱	1. 根部为双半榫 半榫长＝60~80mm 2. 同角背结合使用与安装	10-9

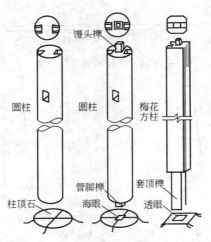

图 10-8 管脚榫、馒头榫、套顶榫

(2) 水平与垂直构件拉结相交的榫卯

水平构件与垂直构件拉结相交时使用的榫卯见表 10-3 及图 10-10~图 10-13。

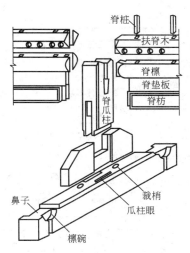

图 10-9　脊瓜柱、角背、扶脊木节点

水平与垂直构件拉结相交的榫卯　　表 10-3

序号	名称	适用部位	制作要求	示图号
1	馒头榫	直接与梁相交的柱头顶部	对应的梁底海眼要根据馒头榫实际尺寸凿作，海眼四周应铲出八字楞	10-8
2	燕尾榫	1. 檐枋、额枋、随梁枋、金枋、脊枋等水平构件与柱头相交拉结部位 2. 各种需拉结，且可上起下落法安装部位	1. 榫长 $=\left(\dfrac{1}{4}\sim\dfrac{3}{10}\right)$ 柱径，榫宽＝榫长 2. 根部收乍 $=\dfrac{1}{10}$ 榫原（每侧面）榫子收溜 $=\dfrac{1}{10}$ 榫原（每侧面） 3. 用于檐枋、额枋时可做袖肩，袖肩长 $=\dfrac{1}{8}$ 柱径，肩宽＝榫宽	10-10
3	箍头榫	枋与柱在建筑物尽端或转角结合部位	1. 枋做榫，柱做套碗 2. 两枋在柱头相交时，应"山面压檐面" 3. 箍头长＝柱径，箍头宽 $=\dfrac{8}{10}$ 枋宽，箍头高 $=\dfrac{8}{10}$ 枋高 4. 有斗栱时箍头作霸王拳式，无斗栱时作三岔头式	10-11

续表

序号	名称	适用部位	制作要求	示图号
4	透榫	1. 穿插枋两端，抱头梁与金柱相交部位等 2. 各种需要拉结，但又无法上起上下落法安装的部位	1. 榫穿入部分：榫高＝梁、枋高 穿出部分，榫高＝$\frac{1}{2}$穿入榫高 外露榫长－半柱径或榫高 2. 透榫厚≤$\frac{1}{4}$柱径或＝$\frac{1}{3}$梁枋厚 3. 大式为方头，小式为雕饰	10-12
5	半榫	1. 排山梁架后尾与山柱相交处 2. 与透榫适用部位基本相同 3. 由戗与雷公柱瓜柱与梁背相交处	1. 一端榫上半部长$\frac{1}{3}$柱径，下半部长$\frac{2}{3}$柱径，另一端榫上半部长$\frac{2}{3}$柱径，下半部长$\frac{1}{3}$柱径 2. 下安替木或雀替 3. 替木或雀替上面与梁叠交处做销子榫或加钉	10-13

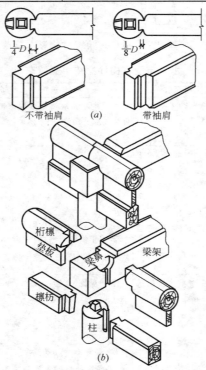

图 10-10　燕尾榫及柱、梁、枋、垫板节点
（a）燕尾榫；（b）柱、梁、枋、垫板节点

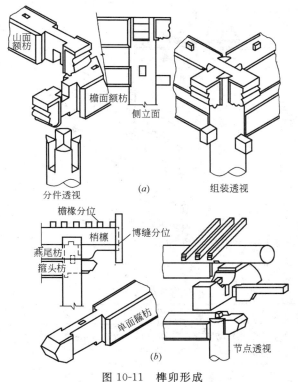

图 10-11 榫卯形成
(a) 箍头榫与柱头；(b) 悬小梢檩、小式箍头枋

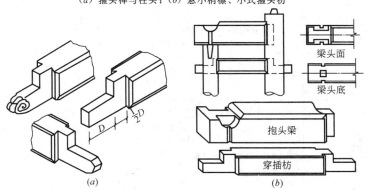

图 10-12 透榫
(a) 透榫的形式；(b) 透榫的大进小出做法

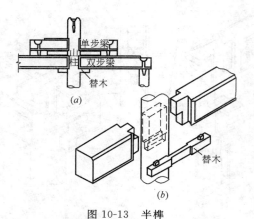

图 10-13 半榫
(a) 排山梁架侧图；(b) 排山梁架半榫透视

(3) 水平构件相交的榫卯

水平构件相交榫卯见表 10-4 及图 10-14。

水平构件相交的榫卯　　　　表 10-4

序号	名称	适用部位	制作要求	示图号
1	大头榫（燕尾榫）	1. 建筑物正身部位的檐、金脊檩及扶脊木等顺延相交部位 2. 上起下落法安装构件	1. 与枋子上燕尾榫基本相同 2. 也可不作"溜"	10-10 (b)
2	十字刻半榫	1. 方形构件的十字搭交 2. 平板枋十字相交为最多用	1. 山面构件刻去下半厚度，檐面构件刻去上半厚度，然后山面压檐面 2. 刻口外侧按 $\frac{1}{10}$ 材宽做包掩	10-14 (a)
3	十字卡腰榫	1. 圆形或带有线条的构件十字相交，如桁、檩搭交 2. 非十字时，用于多角形建筑檩枋	1. 沿材宽分四等份，沿材高分二等份，依所需角度刻去两边各一份，按山面压檐面各刻去一半，口为搭交 2. 多角形建筑，按所需角度搭交，且同一根构件的卯口方向应一致	10-14 (b)

338

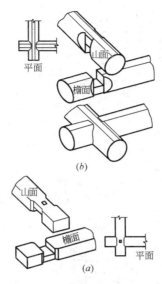

图 10-14 卡腰榫和刻半榫
(a) 平板枋刻半；(b) 搭交檩卡腰

（4）水平或倾斜构件重叠稳固的榫卯

水平或倾斜构件在重叠时起稳固作用的榫卯见表 10-5 及图 10-15、图 10-16。

水平或倾斜构件重叠稳固的榫卯　　表 10-5

序号	名称	适用部位	制作要求	示图号
1	栽销	两构件上下相叠及多层斗栱相叠 1. 额枋与平板枋 2. 老角梁与仔角梁 3. 梁与随梁 4. 角背、隔架雀替与梁架 5. 脊桩插入檩条	1. 两层构件相叠面对应凿眼，木销栽入下层构件销子眼，安装时上层对应入卯 2. 销子眼大小及眼与眼间距自定，以结合稳固为度 3. 销钉不穿透构件	10-15
2	穿销	二层至多层构件相叠 1. 溜金斗栱后尾各层 2. 古建大门 3. 脊桩穿过扶脊木 4. 牌楼高栱柱的下榫穿透额枋	1. 两构件相叠面对应凿眼，多层构件在同一位置凿透眼 2. 用一根木销穿过同一位置的榫眼 3. 木销数目自定，以结合稳固为度	10-16

339

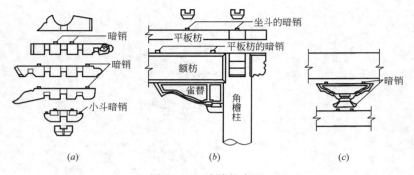

图 10-15　暗销的应用
(a) 斗栱各层间的暗销；(b) 额枋平板枋和坐斗的暗销；(c) 隔架雀替的暗销

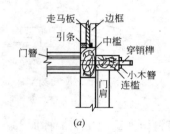

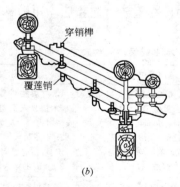

图 10-16　栽销与穿销
(a) 门簪榫；(b) 覆莲销在溜金斗栱上的应用

(5) 水平或倾斜构件叠交或半叠交时采用的榫卯
见表 10-6 及图 10-17、图 10-18。

水平或倾斜构件叠交或半叠交时采用的榫卯　　表 10-6

序号	名称	适用部位	制作要求	示图号
1	桁碗（檩碗）	1. 桁檩与柁梁、脊瓜柱、角梁相交处 2. 桁檩与斜梁、角梁、角云相交处	1. 碗子开口大小按桁檩直径定。碗口深浅 = $\left(\frac{1}{3} \sim \frac{1}{2}\right)$ 檩径 2. 一类部位碗口做鼻子，二类部位不做鼻子	10-17
2	趴梁阶梯榫	1. 趴梁与桁檩半叠交	1. 阶梯榫底下一层深入檩半径 $\frac{1}{4}$，为趴梁袖入檩内部分。第二层尺寸同第一层，第三层可做燕尾榫或直榫 2. 榫长不超过檩中，两侧 $\frac{1}{4}$ 包掩	10-18
		2. 长、短趴梁相交	3. 做法略同1、2，可不做包掩	
		3. 抹角梁与桁檩相交	4. 抹角梁头做直榫 5. 在檩条上沿 45° 方向剔斜卯口 6. 其他步骤同1、2	
3	压掌榫	1. 角梁与由戗相交 2. 曲戗与由戗相交	同人字屋架上弦端部双槽齿做法	10-17

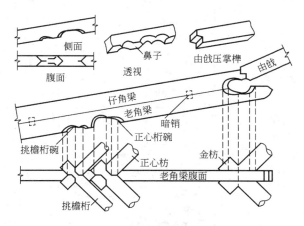

图 10-17　角梁桁碗

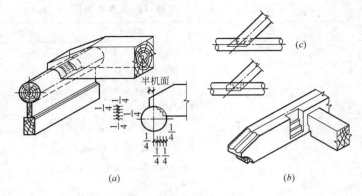

图 10-18 趴梁阶梯榫
(a) 趴梁与檩相交节点榫卯；(b) 长短趴梁相交节点榫卯；(c) 抹角梁榫头的两种做法

（6）板缝拼接的榫卯

木板缝拼接时采用榫卯见表 10-7 及图 10-19。

板缝拼接的榫卯　　　　　　表 10-7

序号	名称	适用部位	制作要求	示图号
1	银锭扣	榻板、博缝板	榫两头大，中腰细，形如银锭	10-19 (a)
2	穿带		1. 在拼粘好的板反面刻剔出燕尾榫，槽一端宽，一端窄。槽深＝$\frac{1}{3}$板厚 2. 将一端宽、一端窄燕尾带穿入 3. 每块板带数≥3，并应对头穿带	10-19 (b)
3	抄手带	实榻大门	1. 风板、拼缝后，弹出抄手带位置 2. 在板小面居中打出透眼后，拼板粘合 3. 板缝胶干后，将抄手带抹胶对头打入 4. 抄手带为硬木，做成楔形	10-19 (c)
4	裁口	山花板	1. 木板小面用裁刨裁掉一半，裁去的宽与厚相近 2. 木板两边交错裁做，搭接拼板	10-19 (d)
5	龙凤榫（企口）	地板	1. 木板小面居中打槽，另一块与之结合面居中裁出凸榫 2. 两板咬合接缝	10-19 (e)

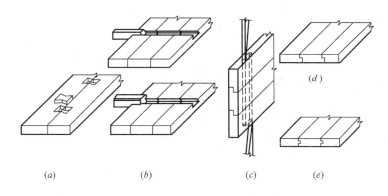

图 10-19　板缝拼接
(a) 银锭扣；(b) 穿带；(c) 抄手带；(d) 裁口；(e) 龙凤榫

（三）斗　　栱

1. 斗栱的构造

斗栱是属于梁架结构的一个组成部分，又是构造完善、制作精密的一组构件，是中国古代建筑特有的一项技术成就。

古代建筑由于屋檐挑出很长，斗栱的原始作用就是用来支承屋檐与柱子的前力及承托挑檐桁的。但是，经过历代建筑艺术的不断演变和发展，到了明清以后，除了柱头上的斗栱还保持着一些原始机能外，其他功能已失去而变成半装饰品了。

斗栱的种类很多。若从大的方面分，有内外檐之分。外檐斗栱又分为上檐斗栱和下檐斗栱，但所处的位置都在檐部柱头与额仿之上。外檐斗栱因其具体部位不同，其叫法也不同。在柱头上的叫柱头科斗栱；在柱间额仿上的叫做平身科斗栱；在屋角柱头上的叫做角科斗栱，如图 10-20 所示。在外檐平座上也有采用品字科斗栱的，与内外檐构架相关联的还有溜金斗栱。内檐除了上述溜金花台科以外，还有梁架之间的隔架科斗栱和内檐品字科

343

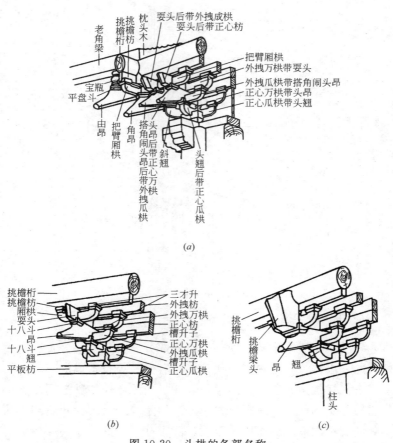

图 10-20 斗栱的各部名称

斗栱。

　　斗栱是由很多各种形状的小木件组装起来，从外观上看似乎颇为复杂，如果我们将其各部件拆开，仔细分析，就会觉得其前后上下有条不紊，是非常有规律性的。从细部看，每一攒斗栱（斗栱的全部统称为攒）又可分为三个部位，以檐柱缝为分界线，在檐柱缝上的叫做"正心栱子"，包括正心瓜栱、正心万栱；在檐柱缝以外的栱子叫"外拽栱子"；在檐柱缝以内的栱子叫"里拽栱子"。由正面自下而上看，分为大斗、十八斗、三才升、槽升子等小构件，正中挑出部分有昂、翘等构件。

在纵架上，用若干层枋子将各攒斗栱连接在一起，这些枋叫正心枋、外拽枋、里拽枋等。由此可见，斗栱是由若干大小不同的构件拼合而成的整体。

一组斗栱的繁简，常以"踩"数的多少为标志。踩即以正心栱为中轴，挑出一层栱子即为踩，踩与踩的中心线的水平距离为一拽架，每往里外支出一拽架，就多一踩，谓之出踩。如五踩，各向里外出两拽架，共四拽架。七踩各出三拽架，共六拽架，其余以此类推。斗栱踩数多，挑出的拽架就多，其分件就随之增多。

2. 斗栱的制作

斗栱的各个部件先分别制作好后，再拼装而成，具体如下：

（1）单翘单昂五踩平身科斗栱的构造如图10-21所示，单翘单昂五踩平身科斗栱的制作见表10-8。

（2）单翘单昂五踩柱头科斗栱的构造如图10-22所示，单翘单昂五踩柱头科斗栱的制作见表10-9。

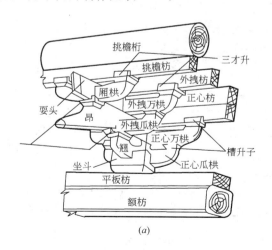

(a)

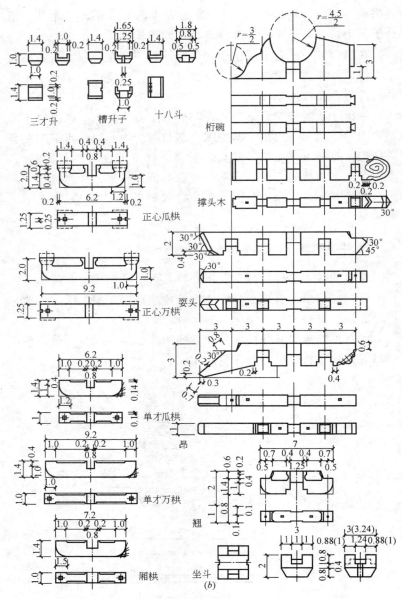

图 10-21 单翘单昂五踩斗栱平身科
(a) 平身科斗栱的构造；(b) 斗栱平身科分件图

单翘单昂五踩平身科斗栱 表10-8

层次	名称	数量(件)	尺寸(斗口) 长	宽	高	厚(进深)	制 作 要 求
1	坐斗	1	3		2	3	1. 斗底按低面0.4斗口,侧面0.8斗口倒棱 2. 坐斗面侧剔出垫栱板槽口,口宽0.24斗口深0.24斗口
2	正心瓜栱	1	6.6		2	1.25	1. 正心瓜栱两端各置槽升一个,并由同一根木材连做,在侧面贴升耳厚0.2斗口 2. 正心瓜栱(包括槽升)与垫栱板处,刻剔垫栱板槽 3. 头翘两端各置十八斗一件,十八斗需单独制作安装 4. 栱和翘的端头需制作出栱瓣
2	槽升	2	1.65		1	1.4	
2	单翘	1	7		2	1	
2	十八斗	2	1.8		1	1.4	
3	正心万栱	1	9.2		2	1.25	1. 正心万栱两端带做出槽升子,不另装槽升 2. 头翘两端十八斗之上,搁置单材瓜栱一件 3. 单材瓜栱两端各置三材升一件 4. 昂头之上置十八斗一件,昂后带做菊花头一样
3	单材瓜栱	2	6.2		1.4	1	
3	三材升	4	1.4		1	1.4	
3	十八斗	3	1.8		1	1.4	
3	昂(头)	1	18.7	1	前3后2		
4	单材万栱	2	9.2		1.4	1	1. 正心万栱之上,安正心枋 2. 在单材瓜栱之上安单材万栱 3. 单材万栱上两端各安置三材升一件 4. 在昂头十八斗上,安厢栱一件 5. 厢栱两端带各安三材升一件
4	三材升	6	1.4		1	1.4	
4	厢栱	1	7.2		1.4	1	
4	耍头	1	16.34		2		
5	厢栱	1	7.2		1.4	1	1. 正心枋之上叠子心枋一层,在里外拽与栱之上各置里外拽升一件 2. 在外拽厢栱之上置挑檐枋一件,在蚂蚱头后尾带做麻叶头 3. 在里外拽枋、挑檐枋上端分别置斜板、盖斗板
5	三材升	2	1.4		1	1.4	
5	撑头木	1		1	2		
5	斜斗板 盖斗板					0.24	
6							1. 正心枋之上续叠正心枋至正心桁底皮,其房高由举架决定 2. 内拽厢栱上安井口枋高于内外拽 3. 进深方向安桁椀

347

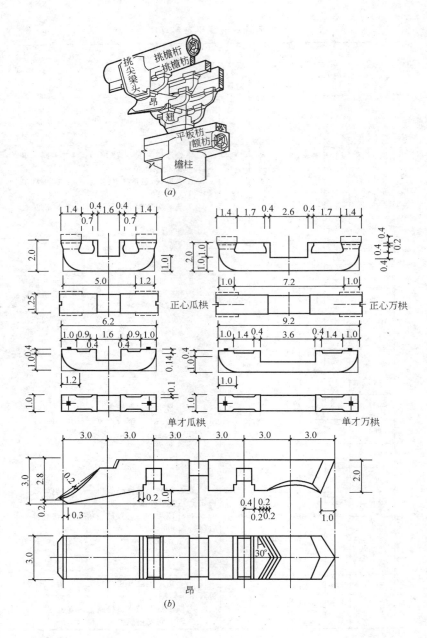

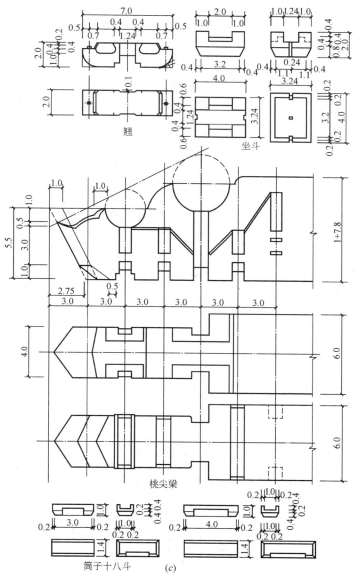

图 10-22 单翘单昂五踩斗栱柱头科
(a) 柱头科斗栱构造;(b) 瓜栱、万栱、昂;(c) 翘、坐斗、桃尖梁

单翘单昂五踩柱头科斗栱　　　　表10-9

层次	名称	数量(件)	长	宽	高	厚(进深)	制 作 要 求
1	坐斗	1	4	3.24	2		构造同平身科坐斗
2	正心瓜栱	1					翘两端各置筒子十八斗一件
	单翘	1	7	2	2		
	筒子十八斗	2	3.4 4.4		1	1.4	
3	正心万栱	1	9.2		2	1.25	1. 在正心瓜栱上置正心万栱一件 2. 筒子十八斗上各置单才瓜栱一件，单才瓜栱的刻口宽按昂的宽度定以便与昂相交 3. 单才瓜栱两端各置三才升一件 4. 昂尾做成雀替形状 5. 昂的宽度=$\dfrac{桃尖梁头之宽-4}{2}$
	单才瓜栱	2	6.2		1.4	1	
	三才升	4	1.8		1	1.4	
	(头)昂	1	18		前3 后2		
4	单才万栱	3	9.2		1.4	1	1. 正心万栱上安正心方 2. 在里外拽单才万栱上叠置单才万栱，分别与桃尖梁(宽4斗口)和桃尖梁身(宽6斗口)相交，刻口宽度不同。昂上单才万栱与桃尖梁相交的宽度是梁对应宽度减去2份包掩 3. 昂影上安筒子十八斗一只，上置外拽枋栱一件 4. 厢栱两端各安三才升一只 5. 桃尖梁侧面刻凿半眼做成假栱头 6. 各种枋子通过半榫或刻槽与梁交结 桃尖梁长=$\dfrac{正心桁至挑檐桁}{2}$+4.75斗口
	桃尖梁	1		头4.0 身6.0	7.8		
	筒子十八斗	1	8		1	1.4	
	厢栱	1	7.2		1.4	1	
	三才升	2	1.4		1	1.4	
	蚂蚱头	1	16.34	1	2		

(3) 单翘单昂五踩角科斗栱的构造如图10-23所示，单翘单昂五踩角科斗栱的制作见表10-10。

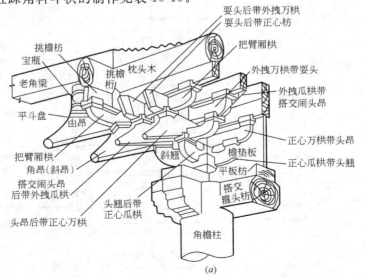

(a)

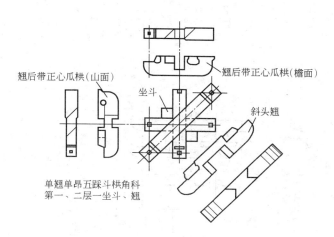

单翘单昂五踩斗栱角科
第一、二层—坐斗、翘

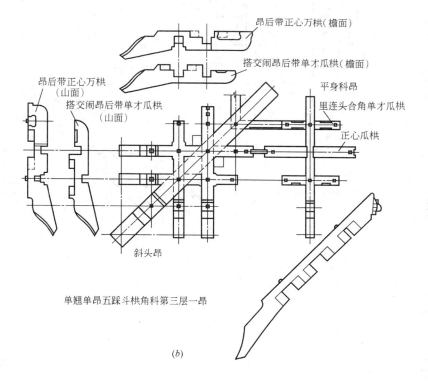

单翘单昂五踩斗栱角科第三层—昂

(b)

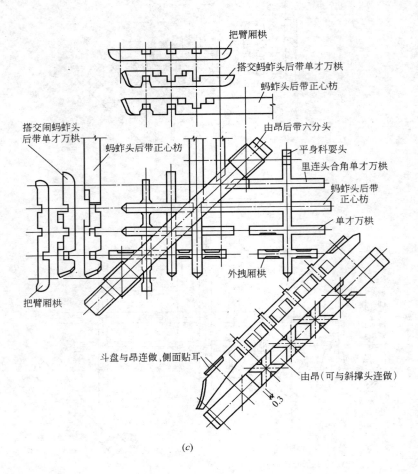

(c)

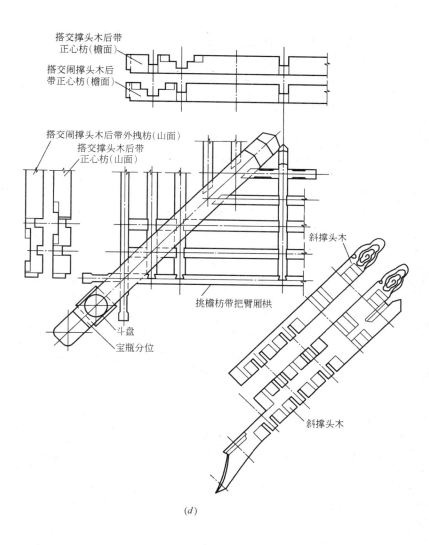

(d)

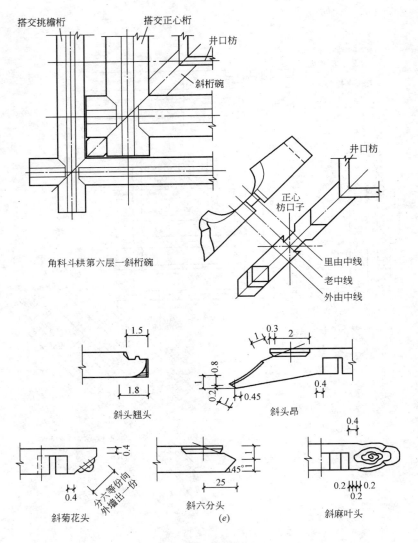

图 10-23 单翘单昂五踩斗栱角科（五）

(a) 角科斗栱的构造；(b) 单翘单昂五踩斗栱角科一二三层；
(c) 单翘单昂五踩斗栱角科第四层—昂；(d) 单翘单昂五踩斗栱角科第五层—撑头木；
(e) 单翘单昂五踩斗栱角科第六层—斜桁碗

单翘单昂五踩斗栱角科 表10-10

层次	名称	数量(件)	尺寸(斗口) 长	尺寸(斗口) 宽	尺寸(斗口) 高	尺寸(斗口) 厚(进深)	制作要求
1	坐斗	1		3	2	3	1. 刻口宽度要满足翘、斜翘搭置的要求 2. 在与正心瓜栱相交一侧的斗腰、斗底刻出垫栱板槽
2	斜头翘	1	按平身科头翘长度加斜	1.5	2		1. 搭交正翘的翘头上各置十八斗一件 2. 斜头翘的十八斗的斗腰斗底与斜翘用同根木材连做。两侧另贴斗耳
2	搭交正头翘后带正心瓜栱	2	翘3.55 栱3.1	1 1.24	2 2		
2	十八斗	3	1.8		1	1.4	
3	搭交正昂带正心万栱	2	根据不同斗栱定	昂1 栱1.24	前3 后2		1. 搭交正翘带正心万栱安放在正心位置并叠放在搭交翘为带正心瓜栱之上 2. 在外、内两侧分别安装搭交闹昂带单才瓜栱二件和里连头合角单才瓜栱二件 3. 内侧的里连头合角单才瓜栱与相邻平身科瓜栱连做 4. 在搭交正昂、闹昂前端各置十八斗一件 5. 在搭交闹昂后尾的单才瓜栱栱头各置三才升一件。斜昂昂头上的十八斗与昂连做
3	搭交闹昂带单才瓜栱	2	根据不同斗栱定	昂1 栱1	前3 后2		
3	里连头合角单才瓜栱	2	根据不同斗栱定		1.4	1	
3	十八斗	3	1.8		1	1.4	
3	三才升	2	1.4		1	1.4	
3	斜斗昂	1	按对应正昂加斜后再加自身宽度	老角梁宽一斜头翘宽	前3 后2		

续表

层次	名称	数量（件）	尺寸（斗口）				制作要求
			长	宽	高	厚（进深）	
4	搭交把臂厢栱	2	根据不同斗栱定		1.4	1	1. 搭交把臂厢栱置于斗栱最外端 2. 外拽部位置搭交闹蚂蚱头后带单才万栱,正心部位置搭交蚂蚱头后带正心枋,里拽部位置里连头合角单才万栱 3. 各栱栱头分别装三才升 4. 由昂与斜撑头木是同根木连做 5. 由昂宽＝老角梁宽－斜头翘宽 6. 由昂与平身科蚂蚱头处于一水平位置
	搭交闹蚂蚱头后带单才万栱	2	根据不同斗栱定	1	2		
	搭交正蚂蚱头后带正心枋	2	根据不同斗栱定	蚂蚱头枋1.24	2		
	里连头合角单才万栱	2	根据不同斗栱定		1.4	1	
	三才升	6	1.4		1	1.4	
	由昂上带斜撑头木	1	根据不同斗栱定		前5后4		
5	搭交挑檐枋	2				2	1. 搭交挑檐枋置于搭交正臂栱之上 2. 外拽部位置搭交闹蚂蚱头后带单才万栱,正心部位置搭交正撑头木后带正心枋,里拽部位置拽枋 3. 在里连头合角单才瓜栱之上安拽枋 4. 在里拽厢栱位置安里连头合角厢栱 5. 三个方向斜交时,构件按山面压檐面、斜面构件压正面构件后侧制作
	搭交闹撑头木后带拽枋	2	根据不同斗栱定	1	2		
	搭交正撑头木后带正心枋	2	根据不同斗栱定	前1后1.24	2		
	拽枋	2				2	
	里连头合角厢栱	2	根据不同栱定		1.4	1	
6	斜桁椀	1	根据不同栱定	同由昂	按拽架加举		1. 在45°方向置斜桁椀 2. 正心枋做榫交于斜桁椀侧面 3. 内侧井口枋做合角榫交于斜桁椀尾部
	正心枋		根据开间定			2	
	井口枋					2	

(四) 隔　　扇

1. 隔扇的构造

在古建筑中，我们把各种门、窗、隔扇、天花、藻井等项通称为装修，按其施用地位来分，可分为外檐装修和内檐装修两大部分。外檐装修（前后檐都为外檐）包括：厅上的街门、垂花门、月洞门、月洞门的屏门及走廊上采用的倒挂楣子、坐凳楣子、什锦窗等。内檐装修包括：一般有槛框、隔扇、花罩以及护墙板、随墙壁橱等。

隔扇是古建筑装修中的一项重要部件，宋代称"格子门"，它常位于建筑的金柱或檐柱间的框槛中，与框槛一起将空间分隔成两部分，框槛中的门窗、横坡事实上都是隔扇，只不过门窗可以开闭，横坡为固定式，仅起采光、通气作用。

隔扇是一种架子结构，两边为边梃，边梃之间横安抹头，抹头与边梃组成边框。边框由抹头分为上段槅心、中段绦环板（宋代称腰华板）、下段裙板三部分。这种隔扇可以是仅起隔断作用的格扇，也可以在一边梃上下加转轴做成门或窗，如图10-24所示。

2. 隔扇的制作

（1）隔扇的操作工艺顺序

刨料→画线→制作→拼装。

（2）隔扇的操作工艺要点

1）刨料：刨料时先确定格扇的边梃断面尺寸。按清式营造则例，边梃的看面宽应为隔扇宽的1/10，或所在墙面柱径的1/5，边梃的厚（进深）为边梃宽的1.5倍；槅心的仔边看面宽为2/3边梃看面，进深则为7/10边梃进深；槅心的棂条看面宽为4/5仔边看面，进深为9/10仔边进深。

图 10-24 隔扇

绦环板的高为 1/5 隔扇宽，裙板的高为 4/5 隔扇宽。

各部的长度应根据隔扇的设计高度和面宽来确定。槅心棂条的长度还应由其的花格形式来确定。

2）画线：

① 边框。隔扇的自身宽度尺寸应根据柱间框槛尺寸，而且确定了每间安装隔扇的数量之后才能肯定，一般取偶数 4～8 扇。由于隔扇的高度即为框槛高度，格扇自身的宽高之比为 1：5～1：6，所以每间隔扇的数量，在满足偶数的同时，还应考虑到隔扇本身尺寸比例的要求；在确定了隔扇的数量和隔扇边梃的断面尺寸之后，隔扇横抹头的画线长也就随之确定了。

隔扇根据横抹头在格扇中的数量来命名（图 10-24），带有二抹、三抹、四抹、五抹和六抹。

隔扇分上、下二段，上、下段之比为 6：4。槅心的高度应是的隔扇高减二根横抹头的看面宽。

边梃和横抹头凭榫卯结合，通常在抹头两端做榫，边梃上凿眼。为使边梃和横抹头的线条交圈，榫卯相交部分应做大割角、合角扇。由于隔扇边框料宽厚，自重较大，为连接牢固，应做双榫双眼。

② 绦环板和裙板。绦环板的高度为 1/5 隔扇宽，宜用独块板画线制作；裙板的高度为 4/5 隔扇宽，可用几块板胶拼后画线制作；绦环板和裙板的面上可作装饰性雕刻，板的四周应画出头缝榫线，相应的边梃和抹头内侧应画槽线。

③ 棉心。棉心由四周的仔边组成仔屉和其中的花格构成。仔屉的外皮尺寸应为格扇上段的内皮尺寸。仔边的看面宽应为 2/3 边梃看面，其进深则为 7/10 边梃进深。做花格的棂条看面宽为 4/5 仔边看面，其进深则为 9/10 仔边进深。仔屉在画线时应确定与边框的连接方法。如用销榫，则仔屉的制作就较简单，如用头缝榫，则仔边在刨料时就应增加榫的宽度；在画线时应画出榫缝线。为了与边框制作工艺统一，仔屉四角应做大割角、合角扇，花格与仔屉用单榫连接，花格的形式有各种各样，常用的有花椒眼、冰纹和灯笼心等。

（A）花椒眼花格的画线：花椒眼花格如图 10-25 所示，是由正三角形和正六边形组成。从图中可看出花椒眼花格具有以下特点。

（a）基本图案是正三角形，而且每个正三角形的三边的搭接形式相同，如图 10-26 所示。

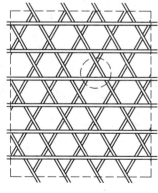

图 10-25 花椒眼花格

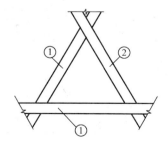

图 10-26 花椒眼花格的基本图案

(b) 组成正三角形的其中二边的搭接形式相同，所以每个正三角形只有两种搭接形式的元件；而整个花格中的楞条是通长的，所以楞条也只有两种搭接形式。如图 10-27 所示。只要按足尺实样量出槅心中每根楞条的长度及相应的榫头位置所在，就可按一种角度（60°）很容易地完成花椒眼花格的画线。

（B）冰纹花格的画线：冰纹花格如图 10-28 所示，也是由正三角形和正六边形组成。从该图中可看出冰纹花格具有以下特点：

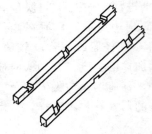

图 10-27 花椒眼花格的基本元件　　图 10-28 冰纹花格

（a）基本图案是正三角形，而且每个正三角形的三边的搭接形式相同，所以整个图案只要用一种主要规格。

（b）由于各正三角形是由一条边两两相连，所以不能用如同花椒眼的对半相交刻半榫的形式，而只要采用最普通的半榫形式，榫肩割 60°角即可。如图 10-29 所示。

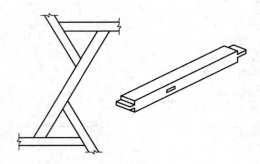

图 10-29 冰纹花格的基本图案和元件

(c) 至于与仔屉边相交的元件，只要放出足尺大样直接量取其长及相应的半榫即可。

3) 制作：隔扇的边梃、抹头、仔屉、花格棂条的线画好，经校核无误后，便可进行锯割、凿眼、断肩、打槽、修正等工作。其中，断肩要非常仔细，否则易造成累积误差，使仔屉的外匹尺寸不正确，以致无法做成隔扇。

4) 拼装：一般应先将槅心拼好，然后进行做头缝榫或销子榫。最后将抹头和绦环板、裙板一起用上起下落法拼装。

3. 应注意的质量问题

(1) 花格拼装后，其外皮尺寸与仔屉内皮尺寸不符，甚至过大或过小。这种情况以冰纹类花格为多见。由于花格的元件较多，在画线或锯割断肩时，产生的误差形成积累之后，容易导致拼装尺寸不符。所以，在画线时，墨线不能太粗，断肩时，应使用细齿锯，这样有助于花格尺寸的控制。

(2) 花格元件交肩处不平整。这种情况产生后较难修正，如元件中发生这种情况较多时，应该将花格的棂条换掉重新制作。锯割榫头或凿卯眼、剔挖缺口时偏离原线，就会产生交圈不整齐、榫肩高低的情况。因此，元件的画线一定要重视每道环节，锯割用细齿锯，就可避免元件的制作质量问题。

（五）挂　　落

1. 挂落的构造

挂落是由棂条、花牙子镶搭成镂空花纹，同边框一起悬装于廊柱间的枋子下，为古建筑外檐装修的一部分。挂落的名称以其棂条花格的式样而命名，主要有藤茎、万川二式，万川又可分为宫式和葵式，图 10-30 为葵式万川挂落。

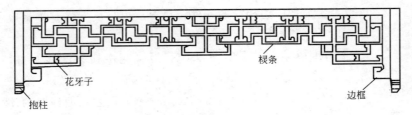

图 10-30 葵式万川挂落

2. 挂落的制作

（1）挂落的操作工艺顺序

刨料→画线→制作→拼装→安装。

（2）挂落的操作工艺要点

1）刨料：挂落边框断面为 40mm×50mm 或 45mm×60mm，小面为看面，大面为进深。棂条的断面为 18mm×25mm。

由于挂落的花格是依柱间开间的大小，以基本式样反复变化相连，所以断料长度应按设计图样放足尺大样后确定，花牙子的进深同棂条面宽及高度按设计图样。

2）画线：

① 边框：边框两上交角采用单榫双肩大割角，两旁框下端作钩夹形，画以如意。上框作榫，边框作卯眼。

② 花格：花格的棂条画线应按具体式样而定，同隔扇。一般说来，丁字相交，采用半榫；十字相交，采用十字刻半榫；斜相交，按图形角度斜半榫；单直角相交，采用大割角、半榫。由于花格棂条断面较小除刻半榫外，一律采用单榫双肩。

③ 花牙子常见的花纹图案有草龙、番草、松、竹、梅、牡丹等，应依设计图样画线。

3）制作：花格棂条及边框制作要求同隔扇，花牙子通常做成双面透雕。

4）拼装：一般应从中间向两旁涂胶粘拼后，再装上花牙子。花格拼成后再三边拼上边框。拼装完成后应校核外皮尺寸，并修正花格棂条与花牙子等交接处，打磨光滑。

5)安装:安装时,先将挂落试安于柱间枋子下,如挂落与柱子、枋子交接处有需要修正的部位,可用铅笔记上,并确定竹销固定的位置。然后取下挂落,用刨略作修正,在竹销处钻孔。最后将挂落安上,在柱子上钻孔,用竹销将挂落与柱子连接。

(六)六角亭的木作施工

单檐六角亭是园林亭子中较为常见的一种形式。它有六根檐柱,平面上呈正六边形。屋面上的六个坡面,两两相交成六条屋

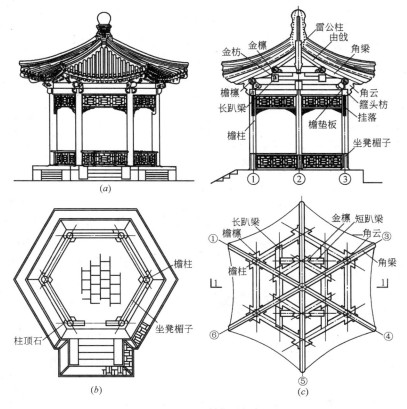

图10-31 单檐六角亭
(a)单檐六角亭正立面;(b)单檐六角亭平面图;(c)单檐六角亭的基本构造

脊，屋脊在屋顶汇交为一攒尖，攒尖处置以宝顶，如图10-31所示。

1. 六角亭的小式操作工艺顺序

定位编号→备料→丈杆制备→构件制作→大木安装→外檐装修。

2. 六角亭的小式操作工艺要点

（1）定位编号：首先要确定檐柱的位置，并以顺时针方向编号，如图10-31所示。角梁、由戗可以相应的檐柱编号；箍头枋和檐檩的两端可分别注明与之相交檐柱的编号；金枋、金檩则在两端分别注明角梁的编号。同样，长、短趴梁也可在两端分别注明与之相交构件的编号。因此，可事先画一张草图，注明檐柱的编号，这样，在制作和安装时不会出错。

（2）备料：根据六角亭的设计要求和材料模数进行备料。备料的要求和步骤同庑殿建筑。

（3）丈杆制备：六角亭构件制作前同庑殿建筑一样，也应制备各种丈杆。

（4）构件的制作：

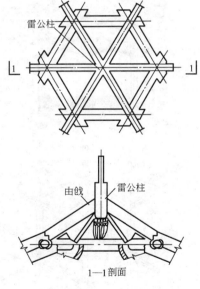

图10-32 六角亭雷公柱的构造

1）柱类构件：柱类构件的制作见表10-11及图10-32。
2）梁类构件：梁类构件的制作见表10-12。
3）枋类构件：枋类构件的制作见表10-13。

柱类构件制作　　　　　　　　　　　　　　　表 10-11

序号	名称	尺寸(柱径 D)			制 作 要 点	示图号
		长	高	径		
1	檐柱		10～13D	D	1. 侧角按柱高 1/100 2. 以升线为准围画柱头、柱根线，画柱子的榫眼线。升线上端与柱头迎头中线重合，两迎头线的交角为 120°角 3. 柱头安装搭交箍头枋	10-38
2	雷公柱	按实计		$D\sim$ $1.5D$	1. 通过放实样，确定由戗卯眼位置、角度和雷公柱头花纹、尺寸，并套出样板或排出丈杆备用 2. 雷公柱上端做直径为 1/2 雷公柱径、方形或多角形断面的宝顶桩子。宝顶桩子在由戗与雷公柱按举架相交的斜面上，从由戗卯眼上皮向上留出由戗斜面长一分即可 3. 雷公柱下端不低于上金檩下皮线，并在端部做垂莲柱头，其长为雷公柱径的 1.5 倍 4. 宝顶桩子长至宝顶珠中部或中部偏上即可	10-32

梁类构件制作　　　　　　　　　　　　　　　表 10-12

序号	名称	尺寸(檐柱径 D)			制 作 要 点	示图号
		长	高	厚		
1	长趴梁	按实计	$1.3D\sim$ $1.5D$	$1.05D$ $\sim$ $1.2D$	1. 根据设计尺寸，在沿面宽方向的金檐轴线设置长趴梁。梁两端做阶梯榫与檐檩半叠交，交角为 120°。交角线两端对称 2. 檐檩中线向外 $\frac{3}{20}$ 檩径为长趴梁头外端。梁头要抹角并剔作椽槽 3. 长趴梁制作前应排出趴梁丈杆	10-18 (a) 10-33
2	短趴梁	按实计	$1.05D\sim$ $1.2D$	$0.9D\sim$ $1D$	1. 短趴梁设置在进深方向，两头搭置在长趴梁上。短趴梁的轴线应在平面上通过搭交金檩轴线的交点 2. 长短趴梁的交带点可做阶梯榫或大头榫 3. 短趴梁制作前应先排出趴梁丈杆	10-18 (b) 10-33

枋类构件 表 10-13

序号	名称	尺寸(檐柱径 D)			制作要点	示图号
		长	高	厚		
1	箍头枋（搭交）	按实计	D	0.8D	1. 搭交箍头枋应是同一根枋子上或全做盖口，或全做等口，安装时可使各根箍头枋两两搭交成120°角 2. 头饰应做成"三岔头"式 3. 头饰宽窄高低均为枋子正身部分的 $\frac{8}{10}$	10-38
2	金枋	按实计	0.4D～D	0.3D～0.8D	1. 金枋两两以 120°角刻半榫搭交 2. 金枋与金檩、金枋与趴梁以栽销叠合连接	

4) 桁檩构件：桁檩构件的制作见表 10-14。

桁檩构件 表 10-14

序号	名称	尺寸(檐柱径 D)		制作要点	示图号
		长	径		
1	檐檩	按实计，由中心点各向外 1.5 檩径为搭交檩头长	0.9D～D	1. 以檩子 120°角斜搭交的中线交点为中心，分别沿两条中线将檩子宽度四等分，过中心点用直尺画斜对角线，即为斜搭交檩卡腰榫的交线 2. 檩子两面搭交时，一根全做成等口，另一根全做成盖口 3. 檐檩与檐垫板叠置，檐檩搭交处落在角之上 4. 金檩与金枋叠置，金枋搭交在趴梁上	10-34
2	金檩				10-42

5) 屋面基层：屋面基层的制作见表 10-15。

屋面基层 表 10-15

序号	名称	尺寸(檐柱径 D)					制作要点	示图号
		长	宽	高	厚	径		
1	檐椽					$\frac{1}{3}D$	同庑殿建筑屋面木基层	10-41
2	飞椽		$\frac{1}{3}D$	$\frac{1}{3}D$				
3	大连檐	$\frac{2}{5}D$						
4	小连檐	$\frac{1}{3}D$			$\frac{1}{10}D$			
5	望板				$\frac{1}{15}D$			
6	闸挡板			$\frac{1}{3}D$	$\frac{1}{15}D$			

6) 翼角构件：翼角构件的制作见表10-16。

翼角构件 表10-16

序号	名称	尺寸（檐柱径 D） 高	尺寸（檐柱径 D） 厚	尺寸（檐柱径 D） 径	主要步骤	操作要点	示图号
1	角云	檩径+平水		D		1. 檩碗不做鼻子 2. 底面做卯眼用暗销与箍头枋连接	10-35
2	老角梁 仔角梁 由戗	$1D$	$\frac{2}{3}D$		定侧面尺寸和檩碗位置，弹放角梁侧面足尺大样，檩碗放样	1. 弹角梁平面中轴线，并画上檐步斜步架尺寸＝檐步尺寸×1.1547；老角梁头位置＝老檐平出尺寸×1.1547＋2檐椽径；仔角梁头位置＝檐总平出尺寸×1.1547＋3檐椽径 2. 檐檩、金檩中的水平线间距作为举架高度，用六尺（120°角）画檐、金檩的平面位置线，并引直侧面。角用六方斜桁碗样板画出檐、金檩斜檩碗	10-36
					角梁头饰、尾饰		
					在角梁侧面定第一根翼角椽翘飞椽的分位	唯仔角梁头饰为"三岔头"式	10-39
3	翼角椽			$\frac{1}{3}D$	确定翼角椽根数 弹线制作	1. 檐步架尺寸＋檐平出尺寸÷（椽径＋椽挡）＝n 2. n为奇数时即为根数；n为偶数是，$n+1$为根数	10-40
4	翘飞椽	$\frac{1}{3}D$	$\frac{1}{3}D$		翘飞放线锯解刨光	同庑殿建筑	
5	檐垫板		$0.25D$		刨直顺平光做榫	1. 檐垫板宽为$0.8D$ 2. 檐垫板两端做榫，插入角云，两檐垫板之延长线交角为120°	

（5）大木安装：六角亭安装时，先将檐柱按顺时针方向竖起，并同时将搭交箍头枋与檐柱搭接。装完一面先用绳将两根檐柱捆紧，使枋肩与檐柱抵严，并用面宽丈杆校核柱头中心间尺寸。如尺寸不符，应退下枋子修整后重新装上。

然后，同样将六面全部装完。在安装搭交箍头枋时，应先装等口枋（榫口朝上），再装盖口枋（榫口朝下）。六面全部装完后，

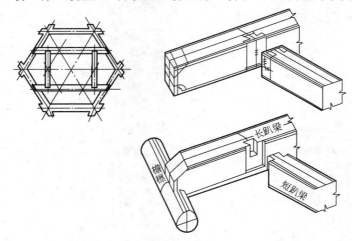

图 10-33　六角亭井子架的构造和制作

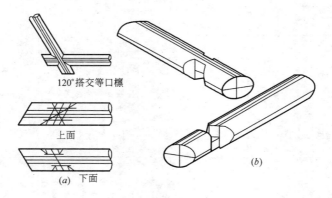

图 10-34　斜搭交檩的画线和制作
(a) 画线；(b) 制作

还应用长杆校验对角线长度，如三条对角线不等，应加以调整直到正确为止。调整完毕后，可将檐柱吊直拨正，并用斜支撑固定。

下层柱架安装完毕后，即可装上角云、檐垫板和搭交檐檩。然后安装长、短趴梁、老角梁、金枋、搭交金檩、仔角梁、由戗、雷公柱和宝顶柱子。在上层屋架的安装过程中，要随时用丈杆校验中心尺寸，发现问题及时纠正。

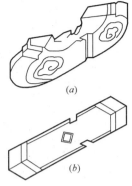

图 10-35 角云和檩碗
（a）透视；（b）底面

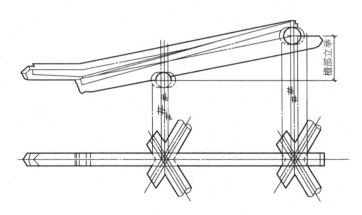

图 10-36 六角亭梁

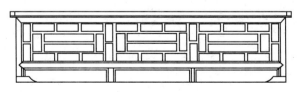

图 10-37 坐凳楣子

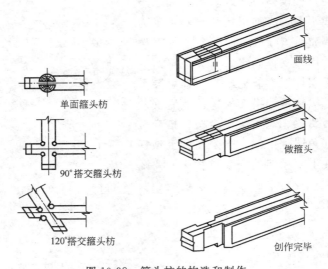

图 10-38 箍头枋的构造和制作

(a) 各类箍头枋；(b) 箍头制作；(c) 单面箍头枋制作；(d) 搭交箍头枋制作

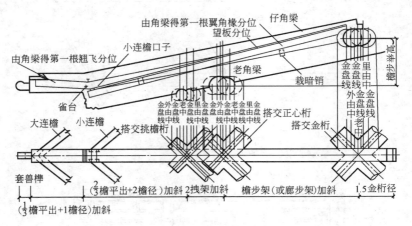

图 10-39 大式角梁放线

待上部构架的主要构件完毕后，可进行屋面木基层安装（图 10-41）。每面先临时钉上最外一根正身檐椽（图 10-42），然后在

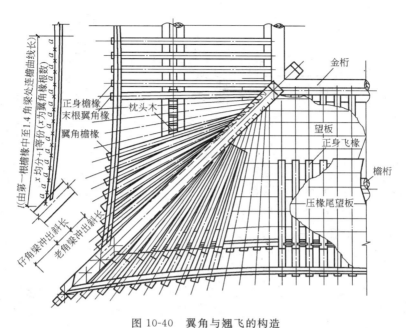

图 10-40 翼角与翘飞的构造

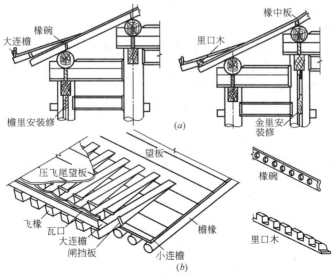

图 10-41 屋面木基层构造
(a) 飞椽、连檐瓦口、椽碗、椽中板；(b) 屋面构件的构造和组合

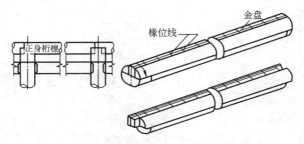

图 10-42　正身桁檩的构造和制作

檐头拉线,并用丈杆检验檐椽头至台明石高度,以保证各面椽头高低一致。檐椽钉齐后,可钉摽小连檐、安装翼角、翘飞椽。最后,铺钉檐头望板、钉飞椽、钉摽大连檐、卡闸档板、钉尾望板。

全部安装完毕后即可拆除斜支撑。

六角亭的大木安装应重视每一步骤,必须按图上编号将构件就位安装。在安装过程中,要仔细复核尺寸,才能做好六角亭的大木安装工作。

(6) 外檐装修:六角亭的外檐木装修主要有挂落和坐凳楣子。挂落的制作与安装在前面已有介绍,此处不再重复。

坐凳楣子(图 10-37)主要由坐凳面、边框和棂条组成,坐凳面厚为 48~64mm,面高为 500~550mm。

坐凳楣子边框及棂条尺寸、制作方法同挂落。

(七) 家 具 制 作

1. 方形花几制作

(1) 选料:材质应选用优质的硬杂类含水率不大于 12% 的木料,树种以柚木、榉木、胡桃木、樱桃木、楸木、桦木、色木等材质较细的硬木为好,榆木、水曲柳、柞木等次之。

(2) 要求:选材符合规定,下料合理,操作程序正确,榫眼锯割正确，拼缝严密，结合牢固，线形均匀、顺畅，成形规矩无扭翘，成品稳定，表面平滑、美观。

（3）制作：

1）外观效果，各部尺寸如图10-43所示；

2）面板边框采用半榫大割角，中间加一带，四边出线上部裁口镶10mm实木板或大理石板，具体构造如图10-44所示；

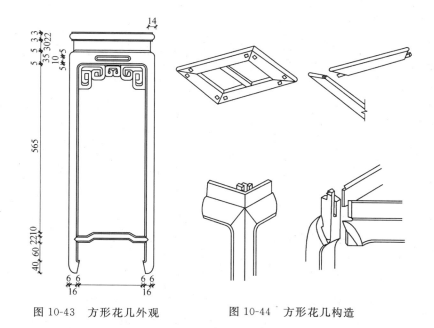

图10-43 方形花几外观　　图10-44 方形花几构造

3）束腰板、网板与腿的结合采用三碰肩抱肩榫，网板在中部做透雕，透雕口周边出线；

4）花牙子用10mm实木板雕刻，于后垂直木纹粘三合板一道，一同雕空，正面为泥鳅背装，采用竹钉与腿和网板结合；

5）低撑的罗锅撑两端坐飘肩割角榫与腿结合；

6）腿内阳角、望板底阳角及罗锅撑上下外阳角交圈出线，细部尺寸如图10-45所示。

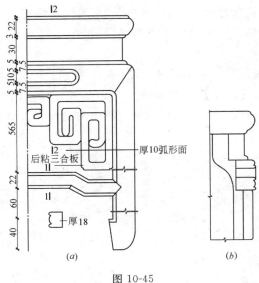

图 10-45
(a) 细部尺寸图；(b) 2—2 剖面

2. 五腿瓶式花几制作

(1) 选料：材质应选用优质的硬杂类含水率不大于 12% 的木料，树种以柚木、榉木、胡桃木、樱桃木、楸木、桦木、色木等材质较细的硬木为好，榆木、水曲柳、柞木等次之。

(2) 要求：选材符合规定，下料合理，操作程序正确，榫眼锯割正确，拼缝严密，结合牢固，线形均匀、清晰、顺畅，成形规矩无扭翘，成品稳定，表面平滑、美观。

(3) 制作：

1) 外观效果如图 10-46；

2) 面板最大直径 300mm，厚 40mm，边框五块料采用高低缝榫结合（榫卯结合如图 10-47）边缘处出鹅脖线，边框裁口，上部镶实木板或大理石板；

3) 束腰厚度为 40mm，亦为五块料采用高低缝榫接，外缘出三道阳弧线，下部做眼与腿榫接，上部钻孔与面板竹钉结合，或腿子榫头通长穿过束腰与面板结合；

4）望板与腿采用飘肩大割角结合（图10-50），望板厚度控制在20～30mm间。弧度随腿形走，角度如图10-48。望板下垂部位上做透雕，透雕口边出线，底边与腿交圈出线；

5）腿与望板结合处做眼与望板连接，上部出榫头与束腰结

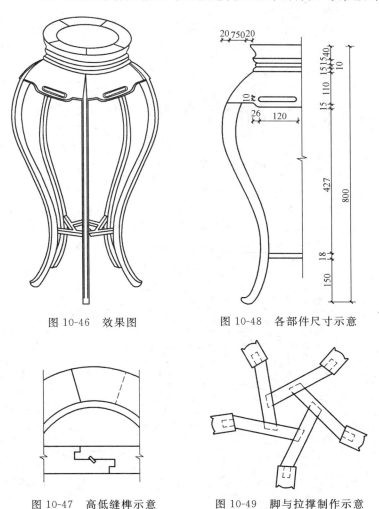

图10-46 效果图　　　　图10-48 各部件尺寸示意

图10-47 高低缝榫示意　　图10-49 脚与拉撑制作示意

合，腿的弧线形状及各部件尺寸如图 10-52 所示，最大外围直径为 450mm，下部最小内径为 200mm；

腿的上部最大尺寸为 50mm×32mm，下部截面尺寸为 30mm×25mm（进深×看面或厚度）；腿上部与望板结合示意如图 10-53 所示；

6）脚形如图 10-51；

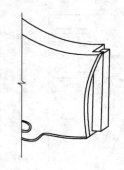

图 10-50　望板榫头示意

图 10-51　脚形示意图

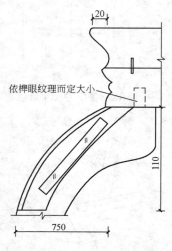

图 10-52　上部线形及束腰、腿、望板结合示意

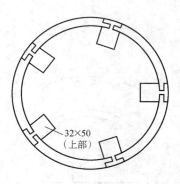

图 10-53　望板与腿结合断面

7）下部在内径最小处装有顺时针小鬼推磨拉撑，拉撑断面尺寸为 22mm×18mm，拉撑下部距地（底皮）为 150～160mm。如图 5-49 所示。

复习思考题

1. 我国古建筑有什么特点？
2. 大木榫卯主要有哪几类，它们的主要功能是什么？
3. 什么是斗栱，它的作用是什么？
4. 单翘单昂五踩斗栱有哪几种，它们分别位于檐下的哪些部件？
5. 隔扇由哪些部分所组成，槅心如何制作？
6. 挂落由哪些部件所组成？主要有哪几种形式？位于什么部位？
7. 单檐六角亭小式制作主要有哪些程序？应该制作哪几种部件（按名称、数量、基本备料尺寸列表说明）？

十一、木雕工艺

木雕工艺是一种技术极强的技艺，木雕技艺在我国已有了相当悠久的历史。就雕刻工艺而言，其包含了砖、石、木等材料，特别是木雕在诸雕刻之中由于材料性质的关系，而尤具灵活性，更易发挥其细腻、精巧、活灵活现、栩栩如生的特点。

（一）木雕的分类

1. 雕刻种类

木雕刻依部位不同分为外檐木雕和内檐木雕，外檐木雕又称为大木雕刻，内檐木雕又称为小木雕刻。大木雕刻主要用于外檐的大木构件，如梁、枋、板、斗栱等构件上的装饰。常用的花饰有麻叶头、云头、回纹番草等。比之小木雕刻，大木雕刻可不必过分精细。小木雕刻相对精细。

依雕刻的技法和形式，又有另外的分法。宋《营造法式》将之分为混雕、线雕、隐雕、剔雕和透雕五种技法。明清时代是我国古代木作的高峰时段，无论是大木结构还是木装修、木制家具都达到了一个高峰。木雕工艺已得到了更广泛的应用，其时雕刻采用的主要形式为彩地雕和透雕，除此又创新出了贴雕和嵌雕。有关木雕的技法尚无统一，但依流传的作品，大致可分为：阴雕、阳雕、贴雕、嵌雕、圆雕、透雕等几种。

（1）阴雕：阴雕又叫阴刻、沉雕，亦可理解为线雕，是运用刀具对图案线条剔除雕刻，形成物体的形态，使图案低凹于木料平面，多表现在屏风、隔扇门和家具的装板雕刻。其雕刻技法为相对简单，比较省工。常常以文字或是梅、兰、竹、菊等图案出现。常见的有"五福捧寿"、"宝瓶梅菊"、"二龙戏珠"、"山水"、"人物"、"飞禽走兽"、"祥云"等图案，还有对联及诗句等。

（2）阳雕：阳雕也叫浮雕，阳雕与阴雕相反，是在木板上浮起雕刻的图案，把图案以外的部分剔低于图案，即浮起雕刻的图案高低错落，层次分明。即为宋时的"剔地起突"和明清时的"采地雕"。依制品的档次不同，图案有简繁，层次有多少。图案越繁，层次越多，立体感越强。

阳雕制作较复杂，技术要求高，阳雕图案的轮廓外围线条应圆滑流畅、底子铲削顺平。阳雕图案常与阴雕手法混合使用。如花叶的叶面叶脉纹、服装的皱褶、须发纹等线条的雕刻。

（3）贴雕：贴雕工艺是浮雕的一种改良做法，可以采用较薄的材料，做出厚浮雕的效果，即用较薄的板材按层次把图案的层次分别雕刻出来，而后叠装在一起，达到厚浮雕的效果。贴雕的一个优势是选材时可使用不同颜色的材料表现图案的色彩效果。

（4）嵌雕：嵌雕分为两种，一种是平嵌，如用色泽美丽带有光泽的贝壳、金属、玉石等拼制成预定的图案，镶嵌于木制品中，表面经刨磨后形成美丽的图案，极具装饰性；另一种为立体嵌雕，亦是剔地雕的另一种改良做法。其是将图案中突起较高的局部，另行雕刻后相叠嵌在地板与之相衔接的部位。如云龙图中的龙头、飞凤图中的凤头、敦煌飞天图的仙女人头等。

（5）圆雕：圆雕是立体雕，圆雕即宋代的"混雕"。圆雕由于是立体雕塑，不同于平面雕塑，掌握的比例由两维变为三维。特别是雕刻人物、动物等艺术品，则在动态表情上的刻画要求更高。圆雕多取材于佛、道、仙人物、珍禽异兽、车辆、船只、建筑物等也是雕塑的题材，另外，花木果品亦为圆雕常选主题。

（6）透雕：南方叫通雕，吸收了圆雕、阴雕、阳雕的雕画长处。有的画底穿透，有的画底不穿透而上层镂空，有的多层镂空还形成四面立体，如圆雕与透雕相结合的多层套球即是这一工艺的代表，这种雕法有玲珑剔透之感，制作难度较大。

透雕可分为立体透雕和平面透雕。立体透雕除需特殊部位的连接外，几乎四周全部进行雕透和镂空。平面透雕是一般的镂空雕，雕刻物线条以外的部分全部剔除，全部雕透木板，雕刻手法以层层加深雕剔的方法。

建筑和家具的透雕多为平面透雕，其特点是艺术性和美术性的雕镂，达到图案均匀活泼、交错穿插、融合变通、厚实干满的特色。

建筑上使用透雕的部位很多，如内檐的雀替等。家具使用透雕的部位更为常见，如落地花罩、牙子板、卡子花、团花等。

2. 木雕工具和材料

（1）工具：木雕所用的工具很多，除了木工常用的锛、凿、斧、锯、刨、凿而外，小巧精致的工具更为常用（图 11-1）。

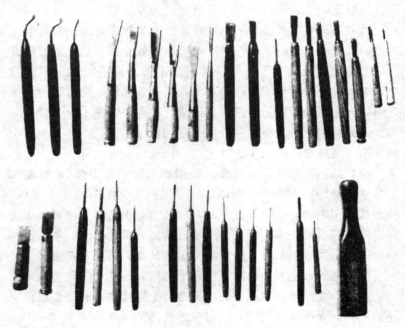

图 11-1　木雕的工具

（2）材料：由于木雕刻技艺应用的范围较广泛，如外檐的大木构件上的雕刻，家具上的细木雕刻及工艺品的木雕刻等。往往是根据运用的部位不同用料也不同。内、外檐的大木构件属于建筑雕刻，即大木雕刻，多采用耐腐的黄花松、红松、杨木、椴木等树种。室内家具上的雕刻部件由于木雕制品的档次往往都很高，故多选一些高档木材为原料。如红木系列的乌木、紫檀、红木、花梨、鸡翅木、红酸枝、白酸枝、铁梨等八大品种常为首选外，楠木、黄杨木等珍稀木材亦为佳选。又如柚木、榉木、胡桃木、花心木等一些较高档的木材及木纹细腻的材质均为可雕塑之材。工艺品雕刻由于档次比较高多采用红木、乌木、紫檀、花梨、酸枝、鸡翅木、黄杨、楠木等高档珍稀木材。特别是工艺品雕刻往往不是由意选材，而是因材立意。特别是雕刻家族中独具特色的根雕，均为因材立意。

（二）木雕作品的构思

雕刻的设计构思即立意，就是对作品的整体设计，是雕刻画线加工的前提条件。构思一般分为两部分：一为艺术品结构框架的构思；另为雕刻图案内容的构思。立意的基础是作者的素养和内涵。从一个好的作品中不但能表现出作者的精湛技艺，亦能体现出作者的素养。这就要求每一个学习雕刻者认真学习理论基础知识，在生活实践中敏锐观察、不断积累及发挥丰富的想象力，为提高素养和内涵奠定基础。只要有了深厚的积淀，对作品的立意设计一定可游刃有余。当然构思和造型应相联系，且构思是造型前提，制作又是构思的保证。

一旦立意构思定谱，整个轮廓的结构和关联部位就有了主要框架。例如，木结构的架子制作、线型要求、比例尺寸、榫眼（家具）结合要求、特殊部位或是异形部件的加工、制作手法等，而这些又都需要熟练的木工基本功和有雕刻的刀工技巧来对构思完成实施。

雕刻图案同样要进行构思，特别应选取丰富的生活创作主题。古建筑中常选一些带有寓意吉祥、祝福、象征美好的图案雕刻在家具的装板、楣板、牙板、腿脚等部位上。图案的选用要与家具的使用性质相得益彰。一件好的雕刻制品，不但要展示其精湛的技艺，且要体现出美好和丰富的内涵。只要苦于钻研，多多求教于他人，多多学习，多多思考，你的构思立意效果就会立竿见影。具备一定的艺术审美观水准，才能使雕刻艺术完善和创造出美的、高水准的艺术品。

另外，雕刻构思从空间上又可划分为整体构思和局部构思。局部构思是对制品局部的点缀和处理技巧的构思，如家具中牙板、顶帽、腿形，又如建筑中梁、柱的雀替、斗栱、镶板等细部的处理方面。整体构思是通过对整个制品效果的构思。如每个整体的表现效果，每道工序制作，线型加工制作要求及材料的选择，整体结构组合方式及效果等。

因构思是大脑的一种创造性思维活动，其必受时代、社会流行时尚、作者内在素质的影响。从任何一件作品中，其时代的特点、流行的时尚、作者的品味均有不同程度的体现。

雕刻工艺应用在木制品上，确能增加木制品的艺术效果和美感及增加其寓意，提高其档次。前辈古人为我们留下了许多不朽的极品珍迹，确为今天仿古木雕留下了珍贵的参考和研究资料。如果说古建筑是建筑文化的瑰宝，那么古建筑木雕就是一朵奇葩。奇葩需要浇灌，灿烂的古雕刻技艺应继承发扬。但由于社会的发展，人类文明水平的提高，人们文化底蕴水平的上升及机械化程度的提高，构思的思路已有所不同。要体现优势，要在学习传统手法的基础之上，学习前人的长处，用新的观点，取舍、提练、添补或进行新的创造，形成去粗取精、去伪存真，从而体现创新。模仿不应俗套和陈旧，否则，永远落后于别人。

模仿，应在继承其有益、精湛的雕刻艺术技法的同时，发现其由于工艺、工具、条件所限而产生的不足，用今天的优势，使之完善和补充，以达到完美，而体现社会的进步和文明。

构思需要想象，想象能力越强，越定向，才更能使艺术素材进行人脑构思创造。木雕的题材来源于生活，来源于美好的愿望，来源于丰富的想象。人们常常把祝愿吉祥、幸福，体现福、禄、寿、喜的文字图案寓意福寿绵长、万事如意。因为主人的身份不同，图案亦有别。帝王贵族多用龙、凤、蝙蝠、寿字等；文人雅士多用梅、竹、兰、菊、松等。另外，雕刻图案往往并非单一，常是采用组合图案来体现其寓意。例如，喜鹊与梅花的组合雕刻图案，镶于门框的门相上，叫"喜上眉梢"，给人以生动的感觉；又如蝙蝠与桃的组合雕刻图案，叫"五福捧寿"，镶于窗棂上。还有室内常陈设的八仙桌的图案等等。

构思还要和选料总体结合，好的构思应该与所采用的材料相适宜，应进行材料的选择和搭配。木材品种的优劣，木材强度的软硬，木材材质的细腻，木材的变异性等，要和设计造型紧密联系，才可以达到造型优美和丰富质感的效果。构思要和选材的总体紧密联系，构思还要表现或产生恰到好处之感。总之，一件作品好的构思是来源于丰富的实践经验，细致的观察，超凡的审美水准。又因个人的生活经历、审美观等的差异，所以个人的评审标准有所差别。正所谓仁者见仁智者见智。

（三）木工雕刻的艺术

木雕的艺术造型是雕刻画线基础的关键环节。好的造型表达意图准确，使人易理解作品的内涵，易达到精雕的艺术效果，并给人以诗情画意、比例均衡、形象逼真的感染力，用木雕技艺塑造造型的范围，可分为动物塑造、建筑物塑造和家具塑造。

1．动物塑造

动物包括飞禽、走兽、爬行动物和高级动物的人。动物造型源于生活，根据现实生活去构思人物造型。如人物劳作描写、人物活动的场景、佛像造型、戏曲人物造型、动物的静卧、奔跑、扑食等。

人物造型要了解人物的背景，熟悉人物的生活，突出人物的性格。这虽然是文学的要求，同样也指导木雕艺术的加工。

背景的不同，立意构思不同，造型就有差别。例如，木工锯木料时的动作，始终保持同样的往返推拉姿势，是身姿活动和巧妙用力形成的，也是很规则的技巧动态。而婴儿初学走步东倒西歪，则是不规则的动态。又如人物比例，一般以头为标准，全身蹲姿，一般为三头半高，坐姿为五头高，立姿为七头高即常说的立七坐五蹲三半。再则，下巴至乳头处的高度等于一头高，乳头至肚脐或腰带处也等于一头高，坐姿腰带至坐底盘还等于一头高。这种造型尺寸的普遍性，一直在绘画雕刻中普遍运用。

人物的生活、人物的性格决定形象的典型特点。人有其情，又有其质，并有其形。木工雕刻同样需要表现人物的形象。实践中掌握其规律的一面，了解其个性的特征，用艺术的手法绘制，用精巧的刀功进行刻画，就能敏感而准确地把握其特点。比如，人的表情变化，是由面部表情肌肉牵动五官，就产生了表情特征。俗有"画人笑，眼角下弯嘴上翘；画人哭，眉皱垂眼嘴下落；画人怒，眼圆落嘴眉皱吊；画人伟，风度严谨眼神好"。这种人的表情特点常常运用于制作艺术中。

人物造型除高度外，还要掌握其他部位的比例。例如，人的脸形长度一般是3个鼻子的长度，5个眼睛的宽度。

脸上前额、下巴和左右两个颧骨，为一样高平。胳臂的长度一般是肩头至手腕处两头长，个子高大的人物只把腿稍加长即可。

男女体型有别，一般男人肩宽脖短，手短粗大，腰腿粗壮；而女人一般肩胯相同宽，而且肩窄下垂，瓜子脸，臀宽腰细脖子长，大腿丰满，头发松散有动感，神态双目带柔情，表现出体态苗条。男女个性的差别，在刻画中要有明显的体现。

人物的环境不同、身份地位不同，刻画时的性格特点和表相也不相同，如诸葛亮的雕像常是刚毅、聪明、稳健、智慧；孙悟空应是机智、多变、灵活、好动；张飞应是双眼圆瞪、勇猛的神态；划线画样时，塑造美的人物应与真人相似并且要传神，其风度气质的刻画应严谨。刻画动物亦要依其各自的特点来表现，如龙的神韵，虎的威猛，鸟的活泼、美丽等均要做到形象逼真，栩栩如生。

木工雕刻的造型艺术，事实上要立意深、构思巧妙、刀功灵活，从心灵深处潜移默化，勾画出雕像大致轮廓。经过大脑在日常生活中对人物形态的观察和概括，采用分散处理、综合加工、重新创新的艺术手法，有情感地着意刻画，使思想性、艺术性和形神融为一体，使深邃的意境和深厚的艺术功底以及精湛的刀功，能通过艺术品淋漓尽致的表现出来。

2. 雕刻工艺在建筑结构上的运用

因为雕刻工艺分为大木雕刻和小木雕刻，建筑结构上的雕刻工艺为大木雕刻工艺。大木雕刻工艺常采用质地较软的木材，如红、白松，椴木、杨木等。大木雕刻平立面部常采用采地雕和透雕，局部梁头、栱头、翘头采用圆雕。雕刻的部位常为梁头、斗栱、云头、雀替、花板、裙板、绦环板、花罩、牙子、团花等。

建筑木结构雕刻，由于房屋的使用性质不同，使用的花饰图案也不同。用于宗教朝拜或先贤之用的殿堂，结构复杂，雕饰华丽。用于富豪、商贾、名人的楼厅和厅堂，其雕饰较繁，镶嵌装修应有尽有。用于民居的平房、富裕之家的垂花门楼、墙门、飞罩等多加雕饰。

大木雕饰运用在不同的部位而做法和图案也各异：

斗栱的部分：以花卉的吉祥图案表现于民居和祠堂斗拱处，以凤头昂的吉祥图案表现于门楼、照壁、牌楼的斗栱处；以斜头昂表现于庙宇正殿式牌楼的斗栱处，耍头木的外部（头）做成蚂蚱头，里头（尾）雕有六分头；斜头昂尾雕成菊花头；撑头木前作榫与井口枋相接尾雕麻叶头。

落地花罩：柱间和枋下的网络镂空处，两端下垂落地的棱花、方、圆、八角等形状，一般采用较大型的雕刻，其不但有单层，且常为双层透雕。

挂落：柱间和枋下似网络镂空，两端边柱柱头多作圆雕柱头，柱身可装饰一定的雕花图案。

雀替：对称镶于柱与枋两角间。室外多采用剔地起凸的采地雕，内檐采用透雕。雕饰的图案有虎头图案、宝瓶如意、二龙戏珠、凤凰戏牡丹等图案等。

挂牙：荷花柱头上端两旁的耳形饰物雕花板，常雕有宝瓶、文房四宝、八仙器物等。

柱头：墙门枋子两端下垂雕花状短柱的端头，也可镂空雕饰。

隔扇：隔扇的裙板、绦环等可作平雕、浮雕和嵌雕。图案依建筑档次不同而异。

栏杆及窗的空当：栏杆门窗的空当往往雕有花结花饰。

建筑造型雕饰应根据建筑的施工要求和设计制作雕刻饰品图案，还要考虑雕饰取样新颖、符合传统要求、符合技术要求、符合结构尺寸。刀工体现技巧，要线条清晰、深浅均匀、图像有艺术感染力，给人以神奇、精妙的感觉。

3. 家具雕刻装饰

家具应按照人们的习惯、环境条件、实际需求和喜好，选用合适的花饰图案。家具雕刻属于小木雕刻。雕刻家具制作前，必须按照选用的树种和设计规划，考虑其表现效果，达到选材与工艺的统一，构造与造型的统一，实用性与艺术性的统一。

雕刻家具达到选材与工艺的统一，即选材应根据制品的使用性质、档次、工艺要求，选用什么料比较适合就选什么料。既要发挥材料性能，又要表现材料质地的纹理和本色。如选用红木、花梨木、楠木、紫檀等制作精细的高档家具，在材性复合雕刻工艺要求时即可选用。既能表现材质档次和美丽色泽的特色，又便于工艺的操作。

家具造型要与构造相宜,应充分掌握人体的合理尺度。家具的使用对象是人,家具的高低、宽窄无一不和人体的合理使用有关,这就需要比例适中以及实用性与艺术性的统一。家具的尺度在前已详述,在此不再赘述。

合理的比例,要满足舒适程度和结构造型的加工,才能使实用和美观有机相结合。追求实用而不讲美观的家具无意义,但只讲美观而妨碍使用更不可行。

家具造型画线,必须考虑繁简得当。我国传统风格的木雕家具繁而有雅,简洁而协调,其艺术风格、造型及色彩等,应该同使用环境相协调统一。

如果是古典风格的庭院房屋,制作的木雕艺术造型应繁简得当,与环境相吻合。如果是现代风格的楼房,就应考虑点、线、面风格的做法恰到好处。例如,圆滑柔和的柜腿,相对简单的雕刻镶板,简洁流畅的线条,既给人简明清爽的感觉,又表现出装饰美。

如果是单件木雕家具,既要注意与周围环境相协调又要着重体现时代气息,使之既有和谐的气氛又具装饰亮点。

小木雕刻运用于家具各部位的纹饰图样分布一般为:

柜子:柜子的柜门、侧面镶板、屉面等平面多作平雕或剔地雕及嵌雕,常用的图案有花草、人物、动物等。

镜屏:边框常采用平雕或嵌雕,采用的图案常为花草、回文、万字等;上下楣板、牙子板(安装时呈有斜度的为披水牙子)常采用平雕、剔地雕及透雕,一般透雕更见档次;采用的图案较多,如西番莲纹、单瓶如意草纹图、莲花草纹图、如意草纹图、双龙戏珠、双狮滚绣球;底座多为圆雕,上部榫接站牙,两边装站牙抵夹。

腿脚:古代木雕刻家具的腿脚形式较多,如老虎腿、狮子腿、马蹄腿、直腿、兽腿脚形、罗锅腿、圆线并行腿、天鹅脚腿、曲线弯雕腿、竹节纹腿脚、龟足、书卷足等。

束腰、网板:束腰采用的图案多为回纹、工字纹、西番莲纹、如意纹、万字纹、云纹等等。网板形状有花结、回纹托角花牙板、骨嵌和玉嵌点缀的浮雕等图。还有卷草雕花和寿桃佛手等枝叶穿插的吉祥图。但是这些造型图必须在加工中起到托角、网板、束腰的拉接作用和榫卯结构上的严谨，以及使用功能上的比例得当。

椅子靠背和扶手：整体造型骨格多样化和着意刻画，要求结构符合力学要求，尺寸得体，并易于榫卯连接。按实际需要点缀雕刻处，进行造型设计的表现，并与腿脚的部位图案协调，疏密相间。

椅子的靠背和扶手的装饰在古典家具中是不可缺少的，且多用透雕技法，也不乏浮雕技法，有的圈椅扶手头作圆雕，如鳝鱼头、龙头等。圈椅、官帽椅的背板多采用浮雕，玫瑰椅、太师椅的背板多采用透雕。图案种类极多，如山水纹、狮纹、云龙纹、福寿字等。

（四）木雕制作工艺顺序和技巧

1. 操作步骤

木雕制作的一般操作步骤为：选料画草图→制粗坯→锯轮廓（透雕）→凿刻→铲削→雕刻→修整→磨光。

2. 工艺要点

（1）选料和画草图：选所需要的木料、树种符合制品的档次要求，缺陷较大的不可选用，小的缺陷要考虑放在不显眼处或花饰可利用之处，含水率要适合当地的空气湿度，尺寸适当，表面还要平整光滑。如需要拼缝加宽，应先拼缝粘接待用。把绘制好的图案放于选好并刮平的木料面上，调整好位置。图案通常放于加工好的木板上面后，用复写纸印于木料上。也可以先画轮廓线制粗坯，随画随雕。

(2) 制粗坯：把画样印在木板上后，用锯、刨、铲等工具先行制作出大体轮廓。

(3) 锯轮廓：这道工序即为雕刻的初工序。此前，首先应构思所雕刻物体的雕刻方案。分几道工序进行。切不可由于工序的错乱造成质量问题。这里的锯轮廓是指透雕工艺图案的轮廓，要先用木钻钻孔，穿入钢丝锯，或用曲线锯，锯出轮廓线，锯时应留半线以留铲修磨光的量。

(4) 凿刻：凿刻过程是指用凿子凿刻过经绘画后的图形，一般用木槌敲打圆、平、曲凿，凿刻至图案形状全部显露达到剔地出形。凿刻时，要注意顺木纹方向顺茬凿刻。不能凿刻的地方用钻和锯、锉配合加工。

(5) 铲削：经凿刻花形轮廓、曲线凿出后，可用大、小、圆、平、反铲精绣花形的细部，要求铲除木料面痕迹棱，使大面平整，线条流畅。铲削时，先切后铲，即先用木锤打击凿、铲，切断纤维，以免铲削时产生连丝破坏。铲削出需要的深度或者曲线，深度要适宜均匀，不得损坏底子。先切轮廓部分，要根据形状、大小逐层铲削。镂空的透雕要用反口铲或翘头圆铲进行铲雕，加工过程中一定要防止损坏雕件。

(6) 刻细：此为雕刻的最细一道工序，其包括细部精刻、修整和磨光工序，是用雕刀刻出线条，用宽窄不等的平口铲、圆口铲精细雕刻，花叶上的纹络、衣服纹饰、动物身纹、龙头的龙须，可配合龙须刀等专用工具进行。雕刻物体的过程中，要保持制品洁净，不乱刻涂、乱画线。

十二、施工方案的编制与实施

(一) 施工组织设计与现场施工准备

1. 施工组织设计

施工组织设计是由工程技术人员从技术经济的角度出发,根据建筑产品的生产特点,对人员、资金、材料、机械和施工方法进行科学合理的安排,对施工各项活动作出全面布置,使工程有组织、有计划、有秩序地施工,达到最佳效果。

(1) 基本建设项目及分解

基本建设项目,简称建设项目。凡按一个总体设计的建设工程并组织施工,在完工后具有完整的系统,可以形成生产能力或使用价值的工程,称为一个建设项目,例如一个工厂、一所学校。

一个建设项目按内容范围大小可分解为单项工程、单位工程、分部工程和分项工程。

1) 单项工程。凡具有独立的设计文件,竣工后可以发挥生产能力或效益的工程称为一个单项工程,如一座教学楼、一幢宿舍。

2) 单位工程。凡具有单独设计,可以独立组织施工,但完成后不能发挥生产能力或效益的工程称为一个单位工程,如土建工程、给排水工程、电气工程等。

3) 分部工程。凡按工程部位或工种划分的项目称为分部工程,如门窗工程、木作工程等。

4)分项工程。凡按施工内容和施工方法的不同划分的项目称为分项工程,如木门、木窗、钢模板等。

(2)施工组织设计的分类和内容

根据施工对象的类别、重要性和施工单位的施工能力以及施工条件的不同,分为施工组织总设计(针对一个建筑群或一个大型建筑工程);单位工程施工组织设计(针对一个建筑物或构筑物);分部分项工程施工方案(针对分部分项工程)。

编制施工组织设计的目的,就是为了更有效地指导和管理施工。因此,不论哪一类施工组织设计都必须包括以下基本内容:

1)工程概况。主要包括建设地点、结构形式、建筑面积、工程特点、工期及施工条件。

2)施工方案。包括施工顺序、施工方法、施工机械和施工组织等。

3)施工进度计划。用横道图或网络图的形式确定各项施工过程开工的先后次序,相互搭接关系,工序时间及开竣工日期。

4)施工平面图。详细标明了水电管线路、临时设施,材料、机具、构件的布置情况。

5)资源需要量计划。即劳动力、材料、构件、机具等需要量及要求一览表。

6)质量安全措施及技术经济指标。

(3)施工方案

施工方案是施工组织设计中带有决策性的重要内容。它主要包括确定施工顺序、施工起点流向、主要分部分项工程的施工方法和施工机械选择等。

1)施工顺序。合理安排施工顺序是编制施工进度计划首先考虑的问题。它主要按建筑物的部位和构造的不同划分项目,安排顺序,同时考虑工期、劳动力、材料、机械等因素。施工顺序有一定的规律性,一般不能任意变换。

民用建筑一般分为基础、主体和装饰等3个施工阶段。其顺序一般是先基础,后主体,再装饰。水电安装工程项目应与土建穿插进行。

装配式单层工业厂房一般划分为基础（柱基础、设备基础）、预制（构件制作、养护）、吊装和其他等 4 个施工阶段。由于单层厂房的构造特点及施工条件等各有差异，施工顺序也不完全一样。但施工顺序一般都要遵循"四先四后"，即先地下，后地上；先主体，后围护；先结构，后装饰；先土建，后设备。

2）施工方法与施工机械的选择。在选择施工方法和施工机械时，应突出重点。凡工程量大、工期长，在施工中占据重要地位的项目和采用新技术、新工艺、新材料、新设备对工程质量起关键作用的项目，以及工人在操作上还不够熟练的项目，均应详细具体。如在内浇外砌住宅工程中，重点应拟定基础土方工程，大型机械，大模板安装与拆除，墙体混凝土浇筑，楼板支撑加固以及安装木门窗与砌体配合等施工方法。又如现场预制重点拟定预制柱、屋架布置，模板选择，钢筋、铁件、混凝土施工，屋架预应力孔洞的预留，预应力筋的张拉工艺及设备等施工方案。

完成一个施工过程，可以采用多种不同的施工方法，但其中必然有在技术上、经济上都较好的方案，应该进行多方案比较，选取技术先进、经济合理的最优方案。

3）流水施工组织。在组织多幢同类型房屋或将一幢房屋分成若干个施工段进行施工时，可以采用依次施工、平行施工和流水施工 3 种组织施工方式。它们的特点如下：

（A）依次施工组织方式：它是将拟建工程项目的整个建造过程分解成若干个施工过程，按照一定的施工顺序，前一个施工过程完成后，后一个施工过程才开始施工。其特点是工期长，资源分散，管理简单。

（B）平行施工组织方式：在拟建工程任务十分紧迫，工作面允许以及资源保证供应的条件下，可以组织几个相同的工作队，在同一时间、不同空间上进行施工，这样的施工组织方式称为平行施工组织方式或称立体交叉作业。它的优点是可以充分利用工作面，缩短工期。但人力、物力较集中，管理复杂。

（C）流水施工组织方式：它是将拟建工程划分为几个施工区段，组织若干专业班组，按照一定的施工顺序，依次从一个施工段转移到另一个施工段，就像流水一样，连续地均衡地进行施工。在组织流水作业时，最好使施工段数与流水作业的施工过程数相等。施工段数小于施工过程数，施工班组产生窝工；施工段数超过施工过程数，施工段停歇，延长工期。

流水施工的特点是：能科学地利用工作面，工作队能连续作业，专业化施工，资源供应较为均衡。采用流水方式组织施工，可以带来较好的经济效果，缩短工期，提高工人技术熟练程度，改进操作方法和生产工具，提高劳动生产率，降低工程成本，也有助于保证工程质量和安全生产。

根据流水施工的工程对象范围，流水施工可划分为细部流水、专业流水、工程项目流水和综合流水等几种类型。

（a）细部流水。一个专业队利用同一生产工具依次连续不断的在各区段（施工对象或施工对象的各个部）中完成同一施工过程的工作。如安装模板的专业队依次在各区段上连续完成模板工作，就成为细部流水。

（b）专业流水。把若干个工艺上密切联系的细部流水组合应用，就形成专业流水。它是以各个专业队共同围绕完成一个分部工程的施工流水。例如，基础工程流水、主体工程流水、装饰工程流水等等。

（c）工程项目流水。为完成单位工程而组织起来的全部专业流水的总和，叫做工程项目流水。例如，对一幢楼房、一座厂房、一个构筑物组织的流水施工。

（d）综合流水。为完成工业企业或民用建筑群而组织起来的全部工程项目流水的总和，叫综合流水。例如，对一个住宅小区建设所组织的施工流水，一个工业厂区建设的施工流水以及一个学校建设的施工流水等等。

4）施工方案的编制。要编制好施工方案，首先要熟悉图纸，了解设计要求，知道施工队伍情况及其技术装备水平，明确单位工程施工组织设计的内容，了解各道施工工序和现场情况。

按图样计算实物工程量，进行工料分析，做到心中有数。编制施工技术方案，列出合理的操作流程，提出操作要点及注意事项，有必要还可以绘图表示其内容。

编制确保质量和安全的技术措施，最后提交有关部门审核，经批准后方可执行。

（4）施工进度计划

施工进度计划反映了从施工准备工作到工程竣工的全部施工过程，在时间和空间上的安排和相互之间的搭接和配合关系。它是控制各分部分项工程施工进度和工期的主要依据，是施工组织设计的重要组成内容之一。有助于管理人员抓住关键，统筹全局，合理布置人力、物力，正确指导生产活动的进行。

编制施工进度计划的目的是为了合理组织施工和指导施工。编制施工进度计划应根据具体的施工条件，以最少的人力、物力，合理安排各个分部分项工程的施工，保证能在规定的工期内，有计划、保质保量地完成施工任务。

编制施工进度计划的步骤是：确定工程项目，计算工程量，确定劳动量和建筑机械台班数，确定分部分项工程的工作日及分段平行流水，编排出施工进度。

施工进度计划一般常用图表表示，图表有水平和垂直的两种形式，常用的以水平居多，表12-1为水平横道图表。

施工进度计划表　　　　　　　表12-1

序号	分部分项工程名称	工程量		时间定额	劳动量	工作人数	工作天数	施工进度（天）					
		单位	数量					5	10	15	20	25	30
1	基础												
2	主体												
3	装修												

施工进度计划表分左右两大部分。左面部分反映出一个工程以分部分项为对象的施工项目，并确定其相应的工程量，根据施工定额的劳动消耗（时间定额）计算出相应项目的劳动量，再根据班组人数，确定工作天数；或根据施工过程所需天数确定人数。表的右面部分是根据左面计算确定的各施工过程的延续时间和施工要求的搭接与配合关系，以及工期等要求，编绘施工进度，以横道条形线段表示。

为了提高效率，加快进度，有条件时可以组织流水施工见表12-2。

流水施工进度表　　　　　　　表 12-2

项次	分部分项名称	工　作　日							
		1	2	3	4	5	6	7	8
1	基础	Ⅰ	Ⅰ	Ⅱ	Ⅱ				
2	主体			Ⅰ	Ⅰ	Ⅱ	Ⅱ		
3	装修					Ⅰ	Ⅰ	Ⅱ	Ⅱ

横道图的优点是直观、形象、容易掌握，可以据图算出人力需要变化情况。缺点是不能直接反映出各工序之间的内在联系和相互影响，关键工程项目不突出，薄弱环节不明显，矛盾主次不分明，不能进行电算。为了适应生产发展的需要，大型工程一般要求用网络图的形式表达施工进度的安排。网络计划的形式主要有双代号和单代号两种。在我国现在多采用双代号网络图。

网络图是有一系列"节点"用圆圈表示所组成的网络图形来

表示施工进度计划的。例如,有一项分三段施工的钢筋混凝土工程,用网络图表示,如图12-1。

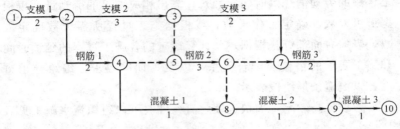

图12-1 双代号网络图

双代号是用两个数字和一个箭杆表示一个工序,工序名称写在箭杆上面,作业时间写在箭杆下面,箭尾表示工作的开始,箭头表示工作的结束。

网络计划的优点是能够反映出各个施工过程之间的相互制约和依赖关系,可进行各种时间计算,可以找出关键线路,便于管理人员抓住重点,可以优化。缺点是从图上很难清晰地看出流水施工的情况,手工绘制比较复杂,不易掌握。

(5) 施工平面图

施工平面图是进行施工现场布置的依据。为了保证施工方案的实施,不仅要确定所使用的建筑机械、各种材料、构件及人工数量、进场计划、用水、用电及运输方案等,而且还要把计算结果按照一定的布置原则,结合施工现场情况,规划布置在一张平面图上。

施工平面图内容包括:

1) 已建和拟建的永久性房屋、构筑物、道路和地下管道等。

2) 拟建房屋所需的起重机、垂直运输机械、卷扬机、搅拌机等布置位置。

3) 各种预制构件预制场、堆放场,各种材料的堆场位置、面积等。

4) 各种临时设施,如临时办公室、宿舍、食堂、木构件加工棚、钢筋加工棚、材料仓库、临时围墙及水、电管线等。

施工平面图布置原则是：

1）尽量减少施工用地；

2）尽量减少临时设施的费用，尽量用附近原有建筑物或新建建筑物作临时设施；

3）尽量减少场内运输距离，避免二次搬运；

4）要符合劳动保护、安全、防火等方面的要求。

（6）资源需要量计划和质安措施

根据施工定额、进度计划、施工平面图及施工方案的要求，编制出劳动力、材料、成品、半成品、机械需要量计划，以及构件、成品、半成品的加工、进场计划。

根据建筑工程质量检验标准和安全操作规程，制定质量、安全保证措施。

2. 现场施工准备

工程开工前，应按施工组织设计的要求，派遣人员进场，做好现场施工准备工作，为开工创造条件，满足施工要求。具体应做好以下几方面的工作：

（1）做好"四通一平"工作。在施工范围内，平整施工场地，接通施工用水、用电线路、通讯网络和道路，简称"四通一平"。具体要求清除地上、地下障碍物，计算挖填土方量，进行土方调配设计，组织土石方施工，修筑临时道路，并接通水源、电源、通讯线路及排水沟渠，做到路通、水通、电通、通讯设备通及场地平。

（2）材料、构件、机具设备进场。各种建筑材料、预制构件，按设计要求及施工组织设计规定的品种、规格、质量、数量，按照施工进度计划的要求，分期、分批组织进场。各种施工机具设备按照施工组织设计的要求运到指定地点就位、安装，接通电源，并试行运转。

（3）临时设施的搭设。各种生产、生活用的临时建筑物和构筑物，按施工组织设计规定的数量、标准、面积、位置等要求组织修建。

（4）现场施工力量的组织。组建施工项目经理部，分期分批组织施工队伍进场；进行计划、技术、安全等各项交底；对特殊工种进行专门的培训；生产班组做好施工作业的准备工作。

待施工准备工作基本完成，已具备开工条件后，应写出开工报告，经有关部门审查批准后，方可开工。单位工程应具备的开工条件如下：

1）施工图纸已经会审，图纸中存在的问题已改正；
2）施工组织设计或施工方案已经批准，并进行了交底；
3）施工合同已经签订，施工许可证已经审办；
4）施工图预算已经编制并审定；
5）施工现场"四通一平"已经完成；
6）材料、成品、半成品和工艺设备等已经能满足工程连续施工的要求；
7）各项生产、生活用的临时设施已经落实，安全消防设施已备齐。

（二）建筑工程定额与预算

施工图预算是施工组织设计的重要内容之一，施工预算是计算现场所需工、料的重要资料，是确定工程造价的基本依据。因此，必须对预算工作有一定的了解。

1. 建筑工程定额

建筑工程定额，是指在正常的施工条件下，完成一定计量单位的合格产品必须的劳动力、材料、机械台班和资金消耗的数量标准。定额具有科学性、综合性、法令性、群众性、稳定性和时效性。

建筑工程定额种类繁多，常用的定额有：劳动定额、施工定额、预算定额（综合定额）、概算定额和概算指标等。

（1）劳动定额

劳动定额又称人工定额，它规定在一定生产技术组织条件下，完成单位合格产品所必须的劳动消耗量的标准。劳动定额按其表现形式分为时间定额和产量定额两种。

时间定额——生产单位合格产品或一定的工作任务的劳动时间消耗的限额。

产量定额——单位时间内生产合格产品的数量或完成工作任务量的限额。

时间定额和产量定额互为倒数关系。

（2）施工定额

是指在正常施工条件下，以施工过程为标定对象而规定的单位合格产品所消耗的人工、材料、机械台班数量标准。

施工定额是直接用于建筑施工管理中的一种定额。它由劳动定额、材料消耗定额、施工机械台班使用定额3部分组成。

施工定额的主要作用是企业编制施工预算、施工组织设计、企业内部搞经济核算、签发任务单、计件工资和超额奖励及限额领料的依据。

（3）预算定额

它是规定完成一定计量单位的合格产品所消耗的人工、材料和机械台班数量的标准，是由国家或其授权部门统一组织编制和颁发的一种法令性指标。

预算定额的主要作用是编制施工图预算、确定工程造价、进行工程拨货款、竣工结算、编制标底、投标报价、考核成本、比较设计方案的依据。

（4）概算定额和概算指标

概算定额也称扩大结构定额，它是确定一定计量单位扩大分项工程的人工、材料和机械台班消耗的数量标准，是计划部门和设计部门使用的一种定额。概算指标是以整个房屋和构筑物为对象，以建筑面积为单位而规定的人工、材料和机械台班消耗的指标。

2. 建筑工程费用

建筑工程费用，是指直接发生在建筑工程施工生产过程中的费用，施工企业在组织处理施工生产经营中间接地为工程支出的费用，以及按规定收取的利润和缴纳的税金的总称。

建筑工程费用包括直接工程费、间接费、计划利润和税金4部分。

（1）直接工程费

直接工程费是指直接用于建筑安装工程上的各项费用。它由直接费、其他直接费和现场经费3部分组成。

直接费是指施工过程中耗费的构成工程实体和有助于工程形成的各项费用。它是根据施工图纸所含各子项工程量与工程单价的乘积计算确定的。直接费包括人工费、材料费、施工机械使用费3部分。

其他直接费是指某些直接用于工程上的费用，但又不便列入该项定额中的工程费。主要包括：冬雨期施工增加费、夜间施工增加费、材料二次搬运费、生产工具用具使用费、检验试验费、工程定位复测费、工程点交费、场地清理费等。

现场经费是指施工准备、组织施工生产和管理所消耗的费用。现场经费包括临时设施费和现场管理费两部分。

（2）间接费

间接费是指施工企业为组织施工生产和经营管理及为工人服务所发生的各项费用，由企业管理费、财务费和其他费用组成。

企业管理费是指建筑安装企业为了组织施工生产经营活动而发生的各项费用。企业管理费主要包括：企业管理人员的基本工资、工资性津贴及按规定标准计提的职工福利费、差旅交通费、办公费、固定资产折旧及修理费、工具用具使用费、工会经费、职工教育经费、劳动保险费、职工养老保险费及待业保险费、财产保险费、税金及其他。

财务费是指企业在经营活动期间为筹集资金而发生的各项费用。包括企业经营期间发生的短期贷款利息净支出、汇兑净损失、调剂外汇手续费，以及企业筹集资金发生的其他费用。

其他费用是指按规定支付工程造价（定额）管理部门的定额编制管理费及劳动定额管理部门的定额测定费，以及按有关部门规定支付的上级管理费。

（3）计划利润及税金

计划利润是指按规定应计入建筑安装工程造价内的利润。

税金是指按国家规定应计入建筑安装工程造价内的营业税、城市建设维护税及附加教育费（简称两税一费）。

3. 建筑工程预算

建筑工程预算按编制依据不同，可分为施工预算、施工图预算和设计概算 3 种。

（1）施工预算

施工预算是施工单位内部编制的一种预算，是指施工阶段在施工图预算的控制下，施工队根据施工图计算的工程量、施工定额、单位工程施工组织设计等资料，通过工料分析，预先计算和确定完成一个单位工程或其中的分部工程所需的人工、材料、机械台班消耗量及其相应费用的文件。

施工预算是签发施工任务单、限额领料、开展定额经济包干、实行按劳分配的依据，也是施工企业开展经济活动分析和进行施工预算与施工图预算对比的依据。

（2）施工图预算

施工图预算是指在施工图设计阶段，当工程设计完成后，在工程开工之前，由设计单位或施工单位根据施工图纸计算的工程量、施工组织设计和国家（或地方主管部门）规定的现行预算定额、单位估价表以及各项费用定额（或取费标准）等有关资料，预先计算和确定建筑安装工程建设费用的文件。

施工图预算是确定建筑安装工程造价、实行经济核算和考核工程成本、实行工程包干、进行工程结算的依据，也是建设单位划拨工程价款的依据。

(3) 设计概算

设计概算是指在初步设计阶段，由设计单位根据初步设计或扩大初步设计图样、概算定额、各项取费定额（或取费标准）等有关资料，预先计算和确定建筑安装工程费用的文件。

概算是控制工程建设投资、编制工程计划、控制工程建设拨款以及考核设计经济合理性的依据。

（三）木作工程施工方案的编制

1. 工程概况及施工特点

主要说明工程名称、工程性质（木作工程）、开始与结束时间，建筑面积、平面形状、层数、层高、总高、总宽、总长，主体结构类型、屋架类型与构造要求，拟建工程位置、地形、气温、风力、风向，现场水电路情况，劳动力、材料、机具落实情况，劳动组织形式，现场临时设施等问题。同时，还应指出施工特点和施工中的关键问题，以便选择施工方案、组织资源供应和技术力量的配备，以及在施工准备工作上采取有效措施。

2. 施工方案的选择

选择合理的工艺流程和构件加工方法，如屋架、檩条、木基层是现场加工还是预制厂加工；施工方法采用手工制作还是机械制作；木制品是一次全部加工完成后安装，还是分批进行；施工机械（包括吊装机械）选择机型、数量；采用什么形式的运输机械等。

3. 施工进度计划

根据木制作工程施工图样，计算各分项工程量；根据施工定额或估算方法，确定人工和材料用量。

根据开始与结束时间、施工条件及人工、材料、机械供应情况，按照工艺流程的顺序，试画出进度表；然后根据时间要求、工艺流程、施工方法等要求，反复调整计划，直到符合要求为止。最后编出工、料、配件、机械用量或进场计划表。

4. 质量安全措施

根据木制工程的质量和安全技术的要求，制定出符合本工程实际的质量、安全措施。

参 考 文 献

1. 姜学拯、武佩牛主编. 木工. 北京：中国建筑工业出版社，1997
2. 梁玉成编. 建筑识图. 北京：中国环境出版社，1995
3. 薄遵彦主编. 建筑材料. 北京：中国环境出版社，2002
4. 马福纯、赵子夫、唐利编著. 木作工程施工技术. 沈阳：辽宁科学技术出版社，1997
5. 上海家具研究所编. 家具设计手册（1989）
6. 严征涛编著. 建筑工程概论. 武汉：武汉工业大学出版社，1989